U0137376

· Elements of the Chemistry ·

"砍下他的脑袋只需一瞬间，但要再长出一颗这样的头颅也许要等一百年！"

——法国著名数学家　拉格朗日

（Joseph Louis Lagrange, 1735—1813）

科学革命：如天文学上之哥白尼，物理学上之牛顿，化学上之拉瓦锡，生物学上之达尔文，皆是划时代的革命巨擘。

——美国著名科学哲学家　库恩

（Thomas Samuel Kuhn, 1922—1996）

科学史家认为：拉瓦锡的氧化理论是一切科学革命中最急剧、最自觉的革命，它在化学史上的重要性怎样强调也不过分。

——本书《汉译者前言》

本书列入"十四五"国家重点图书出版规划

科学元典丛书

The Series of the Great Classics in Science

主　　编　任定成

执行主编　周雁翎

策　　划　周雁翎

丛书主持　陈　静

科学元典是科学史和人类文明史上划时代的丰碑，是人类文化的优秀遗产，是历经时间考验的不朽之作。它们不仅是伟大的科学创造的结晶，而且是科学精神、科学思想和科学方法的载体，具有永恒的意义和价值。

化学基础论

Elements of Chemistry

[法] 拉瓦锡 著　任定成 译

图书在版编目(CIP)数据

化学基础论/(法)安托万-洛朗·拉瓦锡著；任定成译. —北京：北京大学出版社，2008.8
(科学元典丛书)
ISBN 978-7-301-09556-0

Ⅰ. 化…　Ⅱ. ①拉…②任…　Ⅲ. 化学　Ⅳ. 06

中国版本图书馆 CIP 数据核字(2005)第 096667 号

ELEMENTS OF CHEMISTY
IN A NEW SYSTEMATIC ORDER,
CONTAINING ALL THE MODERN DISCOVERIES
By Antoine-Laurent Lavoisier
Translated by Robert Kerr
Edinburgh, 1790

书　　名　化学基础论
HUAXUE JICHU LUN
著作责任者　[法]安托万-洛朗·拉瓦锡　著　任定成　译
丛 书 策 划　周雁翎
丛 书 主 持　陈　静
责 任 编 辑　陈　静
标 准 书 号　ISBN 978-7-301-09556-0
出 版 发 行　北京大学出版社
地　　址　北京市海淀区成府路 205 号　100871
网　　址　http://www.pup.cn　新浪微博：@北京大学出版社
微信公众号　科学元典(微信号：kexueyuandian)
电 子 信 箱　zyl@pup.pku.edu.cn
电　　话　邮购部 010-62752015　发行部 010-62750672　编辑部 010-62707542
印 刷 者　北京中科印刷有限公司
经 销 者　新华书店
787 毫米×1092 毫米　16 开本　17 印张　彩插 8　380 千字
2008 年 8 月第 1 版　2023 年 6 月第 12 次印刷
定　　价　59.00 元

弁　言

· *Preface to the Series of the Great Classics in Science* ·

这套丛书中收入的著作，是自古希腊以来，主要是自文艺复兴时期现代科学诞生以来，经过足够长的历史检验的科学经典。为了区别于时下被广泛使用的“经典”一词，我们称之为“科学元典”。

我们这里所说的“经典”，不同于歌迷们所说的“经典”，也不同于表演艺术家们朗诵的“科学经典名篇”。受歌迷欢迎的流行歌曲属于“当代经典”，实际上是时尚的东西，其含义与我们所说的代表传统的经典恰恰相反。表演艺术家们朗诵的“科学经典名篇”多是表现科学家们的情感和生活态度的散文，甚至反映科学家生活的话剧台词，它们可能脍炙人口，是否属于人文领域里的经典姑且不论，但基本上没有科学内容。并非著名科学大师的一切言论或者是广为流传的作品都是科学经典。

这里所谓的科学元典，是指科学经典中最基本、最重要的著作，是在人类智识史和人类文明史上划时代的丰碑，是理性精神的载体，具有永恒的价值。

一

科学元典或者是一场深刻的科学革命的丰碑，或者是一个严密的科学体系的构架，或者是一个生机勃勃的科学领域的基石，或者是一座传播科学文明的灯塔。它们既是昔日科学成就的创造性总结，又是未来科学探索的理性依托。

哥白尼的《天体运行论》是人类历史上最具革命性的震撼心灵的著作，它向统治西方思想千余年的地心说发出了挑战，动摇了“正统宗教”学说的天文学基础。伽利略《关于托勒密和哥白尼两大世界体系的对话》以确凿的证据进一步论证了哥白尼学说，更直接地动摇了教会所庇护的托勒密学说。哈维的《心血运动论》以对人类躯体和心灵的双重关怀，满怀真挚的宗教情感，阐述了血液循环理论，推翻了同样统治西方思想千余年、被“正统宗教”所庇护的盖伦学说。笛卡儿的《几何》不仅创立了为后来诞生的微积分提供了工具的解析几何，而且折射出影响万世的思想方法论。牛顿的《自然哲学之数学原理》标志着17世纪科学革命的顶点，为后来的工业革命奠定了科学基础。分别以惠更斯的《光论》与牛顿的《光学》为代表的波动说与微粒说之间展开了长达200余年的论战。拉瓦锡在《化学基础论》中详尽论述了氧化理论，推翻了统治化学百余年之久的燃素理论，这一智识壮举被公认为历史上最自觉的科学革命。道尔顿的《化学哲学新体系》奠定了物质结构理论的基础，开创了科学中的新时代，使19世纪的化学家们有计划地向未知领域前进。傅立叶的《热的解析理论》以其对热传导问题的精湛处理，突破了牛顿《原理》所规定的理论力学范围，开创了数学物理学的崭新领域。达尔文《物种起源》中的进化论思想不仅在生物学发展到分子水平的今天仍然是科学家们阐释的对象，而且100多年来几乎在科学、社会和人文的所有领域都在施展它有形和无形的影响。摩尔根的《基因论》揭示了孟德尔式遗传性状传递机理的物质基础，把生命科学推进到基因水平。爱因斯坦的《狭义与广义相对论浅说》和薛定谔的《关于波动力学的四次演讲》分别阐述了物质世界在高速和微观领域的运动规律，完全改变了自牛顿以来的世界观。魏格纳的《海陆的起源》提出了大陆漂移的猜想，为当代地球科学提供了新的发展基点。维纳的《控制论》揭示了控制系统的反馈过程，普里戈金的《从存在到演化》发现了系统可能从原来无序向新的有序态转化的机制，二者的思想在今天的影响已经远远超越了自然科学领域，影响到经济学、社会学、政治学等领域。

科学元典的永恒魅力令后人特别是后来的思想家为之倾倒。欧几里得的《几何原本》以手抄本形式流传了1800余年，又以印刷本用各种文字出了1000版以上。阿基米德写了大量的科学著作，达·芬奇把他当作偶像崇拜，热切搜求他的手稿。伽利略以他的继承人自居。莱布尼兹则说，了解他的人对后代杰出人物的成就就不会那么赞赏了。为捍卫《天体运行论》中的学说，布鲁诺被教会处以火刑。伽利略因为其《关于托勒密和哥白尼两大世界体系的对话》一书，遭教会的终身监禁，备受折磨。伽利略说吉尔伯特的《论磁》一书伟大得令人嫉妒。拉普拉斯说，牛顿的《自然哲学之数学原理》揭示了宇宙的最伟大定律，它将永远成为深邃智慧的纪念碑。拉瓦锡在他的《化学基础论》出版后 5 年被法国革命法庭处死，传说拉格朗日悲愤地说，砍掉这颗头颅只要一瞬间，再长出这样的头颅一百年也不够。《化学哲学新体系》的作者道尔顿应邀访法，当他走进法国科学院会议厅时，院长和全体院士起立致敬，得到拿破仑未曾享有的殊荣。傅立叶在《热的解析理论》中阐述的强有力的数学工具深深影响了整个现代物理学，推动数学分析的发展达一个多世纪，麦克斯韦称赞该书是“一首美妙的诗”。当人们咒骂《物种起源》是“魔鬼的经典”“禽兽的哲学”的时候，赫胥黎甘做“达尔文的斗犬”，挺身捍卫进化论，撰写了《进化论与伦理学》和《人类在自然界的位置》，阐发达尔文的学说。经过严复的译述，赫胥黎的著作成为维新领袖、辛亥精英、“五四”斗士改造中国的思想武器。爱因斯坦说法拉第在《电学实验研究》中论证的磁场和电场的思想是自牛顿以来物理学基础所经历的最深刻变化。

在科学元典里，有讲述不完的传奇故事，有颠覆思想的心智波涛，有激动人心的理性思考，有万世不竭的精神甘泉。

二

按照科学计量学先驱普赖斯等人的研究，现代科学文献在多数时间里呈指数增长趋势。现代科学界，相当多的科学文献发表之后，并没有任何人引用。就是一时被引用过的科学文献，很多没过多久就被新的文献所淹没了。科学注重的是创造出新的实在知识。从这个意义上说，科学是向前看的。但是，我们也可以看到，这么多文献被淹没，也表明划时代的科学文献数量是很少的。大多数科学元典不被现代科学文献所引用，那是因为其中的知识早已成为科学中无须证明的常识了。即使这样，科学经典也会因为其中思想的恒久意义，而像人文领域里的经典一样，具有永恒的阅读价值。于是，科学经典就被一编再编、一印再印。

早期诺贝尔奖得主奥斯特瓦尔德编的物理学和化学经典丛书“精密自然科学经典”从 1889 年开始出版，后来以“奥斯特瓦尔德经典著作”为名一直在编辑出版，有资料说目前已经出版了 250 余卷。祖德霍夫编辑的“医学经典”丛书从 1910 年就开始陆续出版了。也是这一年，蒸馏器俱乐部编辑出版了 20 卷“蒸馏器俱乐部再版本”丛书，丛书中全是化学经典，这个版本甚至被化学家在 20 世纪的科学刊物上发表的论文所引用。一般把1789年拉瓦锡的化学革命当作现代化学诞生的标志，把1914年爆发的第一次世界大战称为化学家之战。奈特把反映这个时期化学的重大进展的文章编成一卷，把这个时期的其他9部总结性化学著作各编为一卷，辑为10卷“1789—1914年的化学发展”丛书，于1998年出版。像这样的某一科学领域的经典丛书还有很多很多。

科学领域里的经典，与人文领域里的经典一样，是经得起反复咀嚼的。两个领域里的经典一起，就可以勾勒出人类智识的发展轨迹。正因为如此，在发达国家出版的很多经典丛书中，就包含了这两个领域的重要著作。1924年起，沃尔科特开始主编一套包括人文与科学两个领域的原始文献丛书。这个计划先后得到了美国哲学协会、美国科学促进会、美国科学史学会、美国人类学协会、美国数学协会、美国数学学会以及美国天文学学会的支持。1925年，这套丛书中的《天文学原始文献》和《数学原始文献》出版，这两本书出版后的25年内市场情况一直很好。1950年，他把这套丛书中的科学经典部分发展成为“科学史原始文献”丛书出版。其中有《希腊科学原始文献》《中世纪科学原始文献》和《20世纪(1900—1950年)科学原始文献》，文艺复兴至19世纪则按科学学科(天文学、数学、物理学、地质学、动物生物学以及化学诸卷)编辑出版。约翰逊、米利肯和威瑟斯庞三人主编的“大师杰作丛书”中，包括了小尼德勒编的3卷“科学大师杰作”，后者于1947年初版，后来多次重印。

在综合性的经典丛书中，影响最为广泛的当推哈钦斯和艾德勒1943年开始主持编译的“西方世界伟大著作丛书”。这套书耗资200万美元，于1952年完成。丛书根据独创性、文献价值、历史地位和现存意义等标准，选择出74位西方历史文化巨人的443部作品，加上丛书导言和综合索引，辑为54卷，篇幅2 500万单词，共32 000页。丛书中收入不少科学著作。购买丛书的不仅有“大款”和学者，而且还有屠夫、面包师和烛台匠。迄1965年，丛书已重印30次左右，此后还多次重印，任何国家稍微像样的大学图书馆都将其列入必藏图书之列。这套丛书是20世纪上半叶在美国大学兴起而后扩展到全社会的经典著作研读运动的产物。这个时期，美国一些大学的寓所、校园和酒吧里都能听到学生讨论古典佳作的声音。有的大学要求学生必须深研100多部名著，甚至在教学中不得使用最新的实验设备而是借助历史上的科学大师所使用的方法和仪器复制品去再现划时代的著名实验。至20世纪40年代末，美国举办古典名著学习班的城市达300个，学员约50 000余众。

相比之下，国人眼中的经典，往往多指人文而少有科学。一部公元前300年左右古希腊人写就的《几何原本》，从1592年到1605年的13年间先后3次汉译而未果，经17世纪初和19世纪50年代的两次努力才分别译刊出全书来。近几百年来移译的西学典籍中，成系统者甚多，但皆系人文领域。汉译科学著作，多为应景之需，所见典籍寥若晨星。借20世纪70年代末举国欢庆“科学春天”到来之良机，有好尚者发出组译出版“自然科学世界名著丛书”的呼声，但最终结果却是好尚者抱憾而终。20 世纪 90 年代初出版的“科学名著文库”，虽使科学元典的汉译初见系统，但以 10 卷之小的容量投放于偌大的中国读书界，与具有悠久文化传统的泱泱大国实不相称。

我们不得不问：一个民族只重视人文经典而忽视科学经典，何以自立于当代世界民族之林呢?

三

科学元典是科学进一步发展的灯塔和坐标。它们标识的重大突破，往往导致的是常规科学的快速发展。在常规科学时期，人们发现的多数现象和提出的多数理论，都要用科学元典中的思想来解释。而在常规科学中发现的旧范型中看似不能得到解释的现象，其重要性往往也要通过与科学元典中的思想的比较显示出来。

在常规科学时期，不仅有专注于狭窄领域常规研究的科学家，也有一些从事着常规研究但又关注着科学基础、科学思想以及科学划时代变化的科学家。随着科学发展中发现的新现象，这些科学家的头脑里自然而然地就会浮现历史上相应的划时代成就。他们会对科学元典中的相应思想，重新加以诠释，以期从中得出对新现象的说明，并有可能产生新的理念。百余年来，达尔文在《物种起源》中提出的思想，被不同的人解读出不同的信息。古脊椎动物学、古人类学、进化生物学、遗传学、动物行为学、社会生物学等领域的几乎所有重大发现，都要拿出来与《物种起源》中的思想进行比较和说明。玻尔在揭示氢原子光谱的结构时，提出的原子结构就类似于哥白尼等人的太阳系模型。现代量子力学揭示的微观物质的波粒二象性，就是对光的波粒二象性的拓展，而爱因斯坦揭示的光的波粒二象性就是在光的波动说和粒子说的基础上，针对光电效应，提出的全新理论。而正是与光的波动说和粒子说二者的困难的比较，我们才可以看出光的波粒二象性学说的意义。可以说，科学元典是时读时新的。

除了具体的科学思想之外，科学元典还以其方法学上的创造性而彪炳史册。这些方法学思想，永远值得后人学习和研究。当代研究人的创造性的诸多前沿领域，如认知心理学、科学哲学、人工智能、认知科学等，都涉及对科学大师的研究方法的研究。一些科学史学家以科学元典为基点，把触角延伸到科学家的信件、实验室记录、所属机构的档案等原始材料中去，揭示出许多新的历史现象。近二十多年兴起的机器发现，首先就是对科学史学家提供的材料，编制程序，在机器中重新做出历史上的伟大发现。借助于人工智能手段，人们已经在机器上重新发现了波义耳定律、开普勒行星运动第三定律，提出了燃素理论。萨伽德甚至用机器研究科学理论的竞争与接受，系统研究了拉瓦锡氧化理论、达尔文进化学说、魏格纳大陆漂移说、哥白尼日心说、牛顿力学、爱因斯坦相对论、量子论以及心理学中的行为主义和认知主义形成的革命过程和接受过程。

除了这些对于科学元典标识的重大科学成就中的创造力的研究之外，人们还曾经大规模地把这些成就的创造过程运用于基础教育之中。美国兴起的发现法教学，就是几十年前在这方面的尝试。近二十多年来，兴起了基础教育改革的全球浪潮，其目标就是提高学生的科学素养，改变片面灌输科学知识的状况。其中的一个重要举措，就是在教学中加强科学探究过程的理解和训练。因为，单就科学本身而言，它不仅外化为工艺、流程、技术及其产物等器物形态、直接表现为概念、定律和理论等知识形态，更深蕴于其特有的思想、观念和方法等精神形态之中。没有人怀疑，我们通过阅读今天的教科书就可以方便地学到科学元典著作中的科学知识，而且由于科学的进步，我们从现代教科书上所学的知识甚至比经典著作中的更完善。但是，教科书所提供的只是结晶状态的凝固知识，而科学本是历史的、创造的、流动的，在这历史、创造和流动过程之中，一些东西蒸发了，另一些东西积淀了，只有科学思想、科学观念和科学方法保持着永恒的活力。

然而，遗憾的是，我们的基础教育课本和科普读物中讲的许多科学史故事不少都是误讹相传的东西。比如，把血液循环的发现归于哈维，指责道尔顿提出二元化合物的元素原子数最简比是当时的错误，讲伽利略在比萨斜塔上做过落体实验，宣称牛顿提出了牛顿定律的诸数学表达式，等等。好像科学史就像网络上传播的八卦那样简单和耸人听闻。为避免这样的误讹，我们不妨读一读科学元典，看看历史上的伟人当时到底是如何思考的。

现在，我们的大学正处在席卷全球的通识教育浪潮之中。就我的理解，通识教育固然要对理工农医专业的学生开设一些人文社会科学的导论性课程，要对人文社会科学专业的学生开设一些理工农医的导论性课程，但是，我们也可以考虑适当跳出专与博、文与理的关系的思考路数，对所有专业的学生开设一些真正通而识之的综合性课程，或者倡导这样的阅读活动、讨论活动、交流活动甚至跨学科的研究活动，发掘文化遗产、分享古典智慧、继承高雅传统，把经典与前沿、传统与现代、创造与继承、现实与永恒等事关全民素质、民族命运和世界使命的问题联合起来进行思索。

我们面对不朽的理性群碑，也就是面对永恒的科学灵魂。在这些灵魂面前，我们不是要顶礼膜拜，而是要认真研习解读，读出历史的价值，读出时代的精神，把握科学的灵魂。我们要不断吸取深蕴其中的科学精神、科学思想和科学方法，并使之成为推动我们前进的伟大精神力量。

任定成
2005 年 8 月 6 日
北京大学承泽园迪吉轩

拉瓦锡（Antoine-Laurent Lavoisier，1743—1794），法国化学家。

◀ 马扎林学院（College Mazarin）。拉瓦锡1743年8月26日出生于巴黎。其父亲是一位著名律师，母亲在他5岁时就去世了。拉瓦锡11岁进入法国这所著名的学府学习。这是一所名师云集的中等学府，如著名物理学家和数学家达朗贝尔（Jean Le Rond d' Alembert, 1717—1783）和著名画家大卫（Jacques Louis David，1748—1825）等都在此执教。在这里学习的都是贵族子女。

▶ 鲁埃尔（Guillaume-François Rouelle，1703—1770），法国著名化学家、实验化学学派的创始人。拉瓦锡上大学时，本来按父亲的意愿选择了法学专业，然而他喜欢去听鲁埃尔的化学课，并对化学产生了浓厚兴趣。

◀ 盖塔尔（Jean-Etienne Guettard，1715—1786）是法国著名的地质学家、博物学家和植物学家，也是拉瓦锡的老师和朋友。他看出拉瓦锡对科学很热爱，就引导其进入地质学和矿物学领域，因为这两门学科与化学都有密切的关系，所以又让拉瓦锡学习化学，他还竭力促成拉瓦锡去听鲁埃尔的化学课。

▼ 孚日山（Vosges）风景。1767年夏，拉瓦锡与盖塔尔一起前往孚日山进行地质考察。在4个月的考察中，拉瓦锡工作勤奋，并且很快认识到精确的科学测量的重要性，这对他后来的科学研究产生了深刻的影响。拉瓦锡在地质考察中的出色表现，使得盖塔尔常常称赞他“既有头脑，又有人品”。

1768年，25岁的拉瓦锡入选法国科学院，不久，他提交了关于各种理论或实际问题的科学报告，这些报告论述得极其完善，展示出他的确是一位科学的多面手。

拉瓦锡正在研究水的组成。1768年，法国科学院决定考察巴黎的水质问题，促使拉瓦锡开始对水进行一系列的试验。拉瓦锡认为：“水是最普遍的溶剂，是自然界中可以使用的主要试剂。”

这幅失敬的漫画嘲弄的是法国拿破仑（Bonaparte Napoléon，1769—1821）皇帝，他参与“巴黎最伟大的化学家拉瓦锡”的一次实验，结果发生了巨大的“爆炸”。

1774年，在拉瓦锡和其他院士的监督下，法国科学院制造了一个巨大的透镜。这个透镜曾被用来聚焦太阳的光线，形成强大而又集中的热量用于化学实验。

拉瓦锡有一基本信条——科学的真正作用就在于它能为公众服务。他以炽热的激情投入到科学院的研究工作中，参与了“巴黎街道照明问题”“巴黎城市供水问题”等研究工作。

图为如今美丽的巴黎夜景，可是在拉瓦锡时代，巴黎街道照明却很成问题。拉瓦锡因为参与了“巴黎街道照明问题”的研究，开始对“燃烧问题”产生了浓厚的兴趣。

1771年，28岁的拉瓦锡和14岁的玛丽·波尔兹结婚。结婚给拉瓦锡带来了一个亲密的助手和管家。玛丽全心全意地支持丈夫的工作，她还是个训练有素的画家（她曾经师从于大卫），拉瓦锡著作中的许多插图都是她亲手绘制的。

图为拉瓦锡纪念馆的一角，墙上挂着玛丽的画像。

玛丽·波尔兹（Mary Paulze，1757—1836）

大卫（Jacgues-Louis David，1748—1825）1788年创作了著名的油画《拉瓦锡夫妇肖像》，在画中无言地描绘出拉瓦锡夫妇的甜蜜爱情和美满生活。

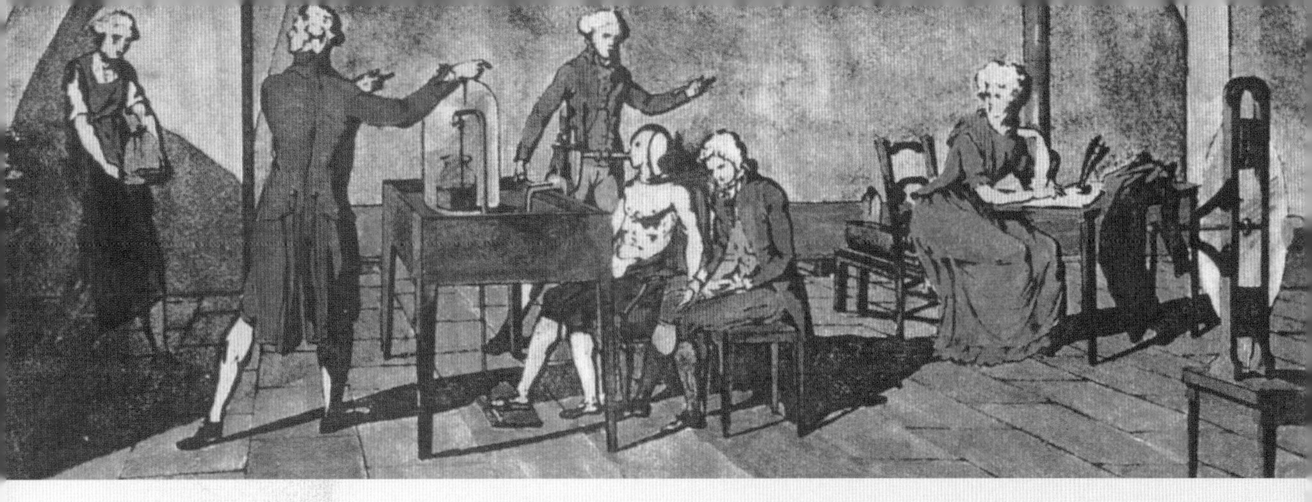

这幅油画为玛丽所作，描写进行“呼吸实验”时的情景：拉瓦锡的主要助手塞甘（Amand Séguin，1767—1835）坐在中央，把气呼入面罩，气体通过过滤瓶，拉瓦锡站在用来收集气体的容器旁边，玛丽则坐在右边的桌子旁，正在记录实验结果。

拉瓦锡夫妇经常在家举行一些科学集会,邀请巴黎的科学家们参加。图为拉瓦锡在集会上做实验演示，玛丽在对实验作详细记录。

拉瓦锡为了筹集更多的资金以支持他热爱的科学研究工作，决定参加“包税商集团”，把国王的部分征税承包下来。拉瓦锡从中赢得了大量金钱，很快就装备起自己的实验室，购置了许多当时最精密的仪器和设备。

1777年，富裕的拉瓦锡买下了位于布洛瓦附近的一个乡村城堡。

拉瓦锡乐此不疲地忙于他热爱的化学研究，他的理论是科学上的一场革命。不幸的是，它恰好与另一场革命——法国大革命——同时发生。

1789年7月14日，攻打巴士底狱宣告了法国大革命的开始。拉瓦锡因为曾经参与过“包税商集团”（包税商除了向国王上缴税款之外，还要从中牟利，这就大大加重了对百姓的盘剥），因此也成为革命的对象。

早在1780年，一个名叫马拉（Jean-Paul Marat，1743—1793）的年轻人，发表了一篇证明火是元素的论文，希望借此入选法国科学院。拉瓦锡看到这篇论文的时候，给予了很低的评价。虽然实践证明，马拉的理论的确是错误的，但他却一直记恨拉瓦锡。

马拉是法国大革命时期雅各宾党领导人之一，在法国大革命期间，他撰写过很多抨击封建专制的文章，在当时人们心目中享有很高的威望。1791年，已经是国民议会中一位重要人物的马拉写了一本小册子抨击税务官，其中谴责拉瓦锡为了防止走私所修筑的城墙污染了巴黎空气，向烟草上洒水增加重量以盘剥百姓，认为拉瓦锡早该被绞死。

1793年7月13日，马拉被当时的保皇派刺客谋害，但这对拉瓦锡来说，已为时太晚。图为大卫的著名油画《马拉之死》，描绘了马拉被刺杀在浴缸里的历史事件。

1793年，国王路易十六被法国大革命的浪潮推上了断头台。

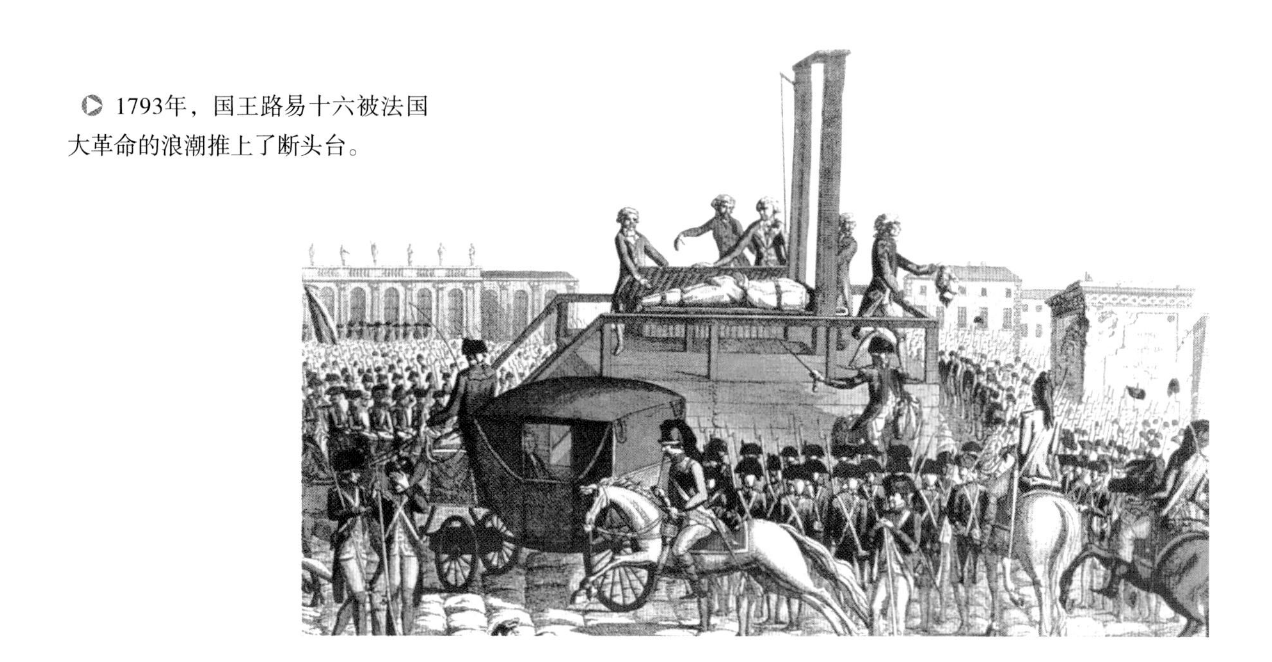

这幅画描述了拉瓦锡在1793年11月24日被逮捕时的情景。

自由港监狱（Port-Libre Prison）。拉瓦锡认为，“包税商集团”的工作是符合国家法律的，不应该有罪，而且在科学上的发现足以保障自己得到自由并不被审讯，于是他主动地走进了自由港监狱，希望在法庭上能驳倒对自己的控告。

图为1794年5月拉瓦锡和“包税商集团”的同事们站在革命法庭前接受审讯，其中，8人被无罪释放，但拉瓦锡和其他几人被直接带到革命广场。

虽然也有人为拉瓦锡辩护，指出他的化学研究为法国赢得了荣誉，应从轻发落。审判长却回答道：“共和国不需要学者！让判决给他上一课！”1794年5月8日，断头台的屠刀落在这位天才的科学家头上，法国把自己伟大的儿子判处了死刑。

断头台，拉瓦锡正是死于此种刑具下。

拉格朗日（Joseph-Louis Lagrange，1736—1813）是法国著名数学家、物理学家，也是拉瓦锡的亲密朋友。拉瓦锡被处死时，他愤懑地说：“砍掉他的脑袋只需一瞬间，但要再长出一颗这样的头颅也许要等一百年！”

目　录

DE LA BIBLIOTHEQUE,
DE M. LAVOISIER,
de l'Academie Royale des Sciences
regisseur des Poudres & Salpêtres
de France, F.er General du Roy.

导 读

金吾伦
（中国社会科学院哲学研究所　研究员）

· *Introduction to Chinese Version* ·

该书的出版是化学史上划时代的事件。氧化理论的建立造成了一场全面的“化学革命”，《化学基础论》正是这场革命的结晶，是拉瓦锡自己对他的发现以及他根据现代实验所创立的新理论思想的阐述。

北京大学出版社要我为任定成教授翻译的拉瓦锡名著《化学基础论》写导读，我深感荣幸。为这本书写一个导读，我是非常赞成的。这本书无疑完全够得上是

> 科学经典中最基本、最重要的著作，是在人类智识史和人类文明史上划时代的丰碑，是理性精神的载体，具有永恒的价值。（任定成，《科学元典丛书》弁言）

拉瓦锡是化学发展史上的巨人，是化学革命中的牛顿。科学史家赫伯特·巴特菲尔德（Herbert Butterfield，1900—1979）称他是

> 高出于所有其他的人，而且是属于在科学革命中享有最高地位的少数巨人之一。（赫伯特·巴特菲尔德著，张丽萍、郭贵春等译，《近代科学的起源》，华夏出版社，1988年，第181页）

美国哈佛大学科学史家贝纳德·科恩（I. Bernard Cohen，1914—2003）在他的名著《科学中的革命》中列出专章，第14章，论述拉瓦锡的化学革命，章题就是“拉瓦锡与化学革命”。此章开宗明义地说：

> 化学革命在科学革命中占据首要位置，因为它是最早被普遍认识并且被它的发起者A-L. 拉瓦锡称为革命的主要革命。（科恩著，鲁旭东、赵培杰、宋振山译，《科学中的革命》，商务印书馆，1998年，第288页）

从上所引，我们足可以看出拉瓦锡和他的《化学基础论》是多么的重要。拉瓦锡和他的著作的确值得大书特书。

但是，这个工作要我来承担，却使我深感不安。尽管我对拉瓦锡其人其作满怀崇敬之心，也曾经做过一些浅尝辄止的工作，但我自知难以完成这个写导读的使命。这真使我处于却之不恭、受之有愧的惶恐境地，生怕自己写出来的东西给读者造成误导。我以为这个任务由任定成教授本人承当应该更加合适，这是因为他对拉瓦锡及其著作的研究十分执着，且研究时间长。他之所以推荐我来承担这个任务是出于他的谦虚和好意，也可能是希望有更多的人倡导对拉瓦锡的研究。于是，我就只好接受这个艰难的任务。不过，这个导读的内容，主要还是根据我以前出版的一本关于拉瓦锡化学革命的书（简体字版：《科学变革论——拉瓦锡化学革命探究》，北京：科学出版社，1991年；繁体字版：《科学发现的哲学：拉瓦锡发现氧的案例研究》，台北：水牛图书出版事业公司，1993年）中的材料缩写和增补而成。

在这个导读里，我计划向读者介绍以下内容：

1. 拉瓦锡的生平；
2. 拉瓦锡所处的时代背景；
3. 《化学基础论》的主要内容和重要影响；
4. 氧化理论的形成、发展及其在科学上的重大意义。

◀思考中的拉瓦锡。

一、拉瓦锡的生平

拉瓦锡全名为安托万-洛朗·拉瓦锡(Antoni-Laurent Lavoisier),1743年8月26日生于巴黎,是一位著名律师的儿子,家住在巴黎近郊的乡村,那里绿树环抱,风景宜人。他的先祖是地位比较低等的农民。祖父当过邮局的职员。1741年,拉瓦锡父亲与一位富裕的巴黎法院法官的女儿结婚。拉瓦锡是他们的第三个儿子。拉瓦锡5岁那年,他的母亲就去世了。出于无奈,拉瓦锡的父亲就将两个儿子送到孀居的拉瓦锡外婆家去了。拉瓦锡则受到他未婚姨妈的悉心照料,在那里度过了他的童年生涯,也在那里上学,一直到拉瓦锡结婚。

拉瓦锡在他11岁那年,也即1754年秋天,过完生日不久,就进了当时法国著名的马扎林(Mazarin)学院。曾有许多著名人物在此执教,如物理学家和数学家达朗贝尔(J. L. R. d'Alembert, 1717—1783)、天文学家巴伊(Jean-Sylvain Bailly, 1736 1793)和画家大卫(J. L. David, 1748—1825)等,正所谓英才济济,学风醇厚,思想活跃,确是一所造就人才的学府。虽然这是一所中等学府,但就读的学生不仅有巴黎的,还有来自法国各地有名望人士的子女,除了教物理、化学、数学外,还教拉丁文和希腊文。拉瓦锡如鱼得水,驾驭自己的智力之舟在这个学术的海洋中漫游。这也是一座炼金的熔炉,铸就了拉瓦锡未来闪烁金光的才华。拉瓦锡在这所学校里还受到经典文学方面的坚实训练,以后多次获得文学奖金。

在学完修辞学和语言文学之后,拉瓦锡还学了两年哲学,随后就在著名天文学家拉卡伊(N-L. de Lacaille, 1713—1762)指导下攻读数学和自然科学。拉卡伊曾因远征好望角的探险而闻名。他观测过许多的星星,还于1758年首次发表了由行星引起摄动的、经过修正的太阳表。拉瓦锡在拉卡伊指导下学习天文观察。拉瓦锡不满足于仅学天文知识,还请当时闻名于法国的大化学家、实验化学学派的创始人鲁埃尔(G-F. Rouelle, 1703—1770)给他教授化学。鲁埃尔的讲课给年轻的拉瓦锡留下了很深的印象,并使拉瓦锡对化学产生了浓厚的兴趣,使拉瓦锡终身受益。

在拉瓦锡早期的教育中,影响最大的要数法国著名地质学家盖塔尔(J-E. Guettard, 1715—1786)。在盖塔尔的指引下,年轻的拉瓦锡醉心于地质学和矿物学。因为这两门科学都与化学有密切的关系,所以,盖塔尔又让拉瓦锡学习化学。

不过,拉瓦锡在大学里的真正专业既不是地质学和矿物学,也不是化学,而是法律;因为拉瓦锡遵循他的家庭传统,继循父业。在1761年在非正式哲学班取得艺术学士之后,转到法学院学习,1763年获得法学学士,第二年又获得法学硕士学位。不过拉瓦锡并没有从事法学工作,而是热衷于科学研究工作。他从法学院毕业之后的第一项研究工作是解决巴黎城市街道的照明问题。他研究了各种类型的灯和燃烧蜡烛、各种已知的反射器和灯柱,设计各种类型的灯泡并研究它们的最佳照明效果,等等。这些研究使他增加了有关燃烧的知识以及对燃烧问题研究的兴趣。同时,他并未放弃已经学到的化学分析知识和技术。他于1763年秋从事商业的同时,研究矿物学,发表了第一篇专题报告《关于石膏的分析》,于1764年提交给法国科学院,并于1765年2月25日在法国科学院宣读。他作石膏分析的方法与传统的分析方法不同，传统的分析方法是“干法”，而拉瓦锡所用的分析方法是“湿法”，他创造了这种新的分析方法。这篇报告发表于1768年。

1767年，拉瓦锡陪同盖塔尔前往孚日山脉考察。他们两人由拉瓦锡的仆人陪同，骑马足足考察了四个月。考察期间，在盖塔尔的指导下，拉瓦锡做各种定量测定、定量分析和定量计算，这不但磨炼了他的意志和毅力，也在拉瓦锡的心灵上打上了严格定量的深刻烙印，为他后来的科学发现奠定了基础。考察结束后，他又连续发表了两篇关于比重计的论文，加上他以前发表的两篇论石膏的论文，使拉瓦锡被入选巴黎科学院。此后，他作了范围广泛的研究，取得了大量成果。

1768年，拉瓦锡在成为法国科学院院士的同时，又担任了法国兵工厂厂长。他接受巴黎科学院的建议，研究巴黎城市供水问题，以便让巴黎居民能够饮用到更清洁的水。1770年，拉瓦锡分析了塞纳河水的含盐量；1771年，他向巴黎科学院提交了解决巴黎城市供水的总纲，其中包括建立一部由蒸汽机带动的水泵和一系列吸水管，这些设施还能确保巴黎城市防火所必需的水源。他不但提出方案，而且对财政需要和实际工程建设(包括建立蒸汽供水水泵所需要的费用等)长期投资都做了详细的估算。拉瓦锡既从事自然科学研究，又探讨经济和商业理论，更重视解决城市供水等关注民生的重大社会问题。

拉瓦锡对物理学的重大贡献是第一次科学地表述了质量守恒定律，它是物理学中所有守恒定律发现中的第一个。拉瓦锡在1763年的石膏实验以后，就指出了质量守恒定律的初步形式，到1774年通过一系列实验后正式表达了这个定律。从牛顿的《自然哲学之数学原理》到拉瓦锡的《化学基础论》中正式发表质量守恒定律，其间恰好是100年。

拉瓦锡从18世纪70年代开始集中研究燃烧问题。1772年，拉瓦锡开始怀疑先前用来解释燃烧现象的燃素说。他通过磷、硫的燃烧实验来验证他认为空气在燃烧和金属煅烧中的作用，从而形成一个与燃素说相对立的新理论——氧化理论。人们称这一年是拉瓦锡的“关键年”，因为拉瓦锡用氧化说取代了燃素说。1774年，拉瓦锡又做了许多实验，尤其是用天平做定量研究，以证明他的理论的正确性；1775年，法国火药硝石管理局聘请拉瓦锡担任经理；1783年，物理学家、数学家拉普拉斯(P-S. Laplace, 1749—1827)第一个接受拉瓦锡的氧化说，并且与拉瓦锡合作用实验进行验证。最后，氧化说被科学共同体所接受。总结并系统阐述其化学学说的著作《化学基础论》于1789年以法文出版，1790年译成英文出版，1791年译成意大利文出版，1792年译成德文出版，1798年译成西班牙文出版，1800年译成荷兰文出版。(Henry Guerlac, “Lavoisier”, in Charles Coulston Gillispie (ed.), *Dictionary of Scientific Biography*, New York: Charles Scribner's Sons, 1981, Vol. 8, p. 87)

1789年，法国大革命爆发，拉瓦锡因担任过包税官而于1793年11月24日被捕入狱。他被诬陷为与法国的敌人有来往，犯有叛国罪，于1794年5月8日被处以绞刑。曾经有人为拉瓦锡说情，希望免他一死，因为拉瓦锡是一个著名的学者，但得到的答复却是“共和国不需要学者”。在拉瓦锡被处死的第二天，法国数学家、物理学家拉格朗日(J. L. Lagrange, 1736—1813)悲痛地说：“砍掉他的脑袋只需一瞬间，可是，要再长出一颗这样的头颅，也许要等一百年！”这年拉瓦锡51岁。

二、拉瓦锡所处的时代背景

任何一次科学革命的发生都有其时代背景。正如科学史家、哈佛大学教授科恩在《科学中的革命》一书中所说:“每次科学革命都同当时政治的和社会的革命密切相关,总是以当时的、社会的、革命的流行理论和意识为背景。”这就是说,科学革命犹如种子,它的萌芽、生长、开花、结果,都要具备一定的土壤和空气等条件。这些条件对科学革命来说,那就是技术、社会和经济背景。这也犹如巴特菲尔德所说:

> 各种文明的兴衰都不是绝对的,恰恰有不破的历史之网,代与代之间互相重叠,互相渗透,一代接着一代不停顿地前行……(《近代科学的起源》,第159页)

作为人类活动的科学,是知识体系和知识生产过程两者的总和,它当然不是在真空中产生和发展的,而是在十分确定的历史背景下进行的,这种背景决定着科学发展的方向和科学进行的方式。我们今天可以用路径依赖理论来加以说明。这种路径依赖不仅涉及科学整体及其各部门的协调发展,而且也涉及每个科学家的科学生涯和他的创造活动。而科学正是通过科学家集体或个人的活动,他们的观点、他们的实验、他们的发现以及他们与其周围人的交往,才能得以成长和进步。当然,影响科学发展的外在因素是多方面的,而且影响的程度也各不相同。从范围上说,大到整个世界和全人类的社会经济状况、思想理论潮流和科学技术的发展状况,等等,小到在时间和空间上比较局部地起作用的因素,甚至个人的气质和性格也能影响科学的进步。拉瓦锡化学革命有着特定的历史条件和社会经济背景。可从以下几个方面作介绍。

1. 社会经济状况

18世纪之前,法国是一个封建专制国家。在封建统治下,生产力的发展,首先表现在商业方面,进一步又表现在工业方面。商业的发展尽管是以欧洲市场为主,但是,自从15世纪以后,由于新航路的发现,海外市场的忽然扩大,法国也渐渐与欧洲的西班牙、葡萄牙、荷兰和英国等国一样,在海外推行经商殖民的政策。法国在北美、印度以及公海上,都开始培植本国的势力。法国的商人们在落后的殖民地尽情地搜刮和掠夺,大批金钱流入自己的金库,成了殷富的商业资产阶级。他们之中,还有不少的人因为海外市场的扩大,对于工业品需求的增加,又以在海外得来的大批金钱经营工业,变成工业企业家。这些工业企业家常常突破当时行会的限制,利用雇佣劳动进行资本主义的工业生产。所以在18世纪,法国的工业形式除行会的手工业仍然存在之外,还有各种新形式的工业出现。

这些新形式的工业中首先出现的,有收买商经营的农村家庭手工业。因为当时的工业仍有行会的限制存在,这既束缚了工业的自由发展,又不能使工业满足当时市场的需要,所以,有的兼营工业的收买商为避免城市行会对于手工业的限制,把自己的生产事业移到农村进行。因此,法国的农村家庭手工业十分流行,在西北部地区尤其如此。

但这些家庭手工业者彼比分散,不能集中,因其分工困难,不能进行大规模的生产。到了后来,资金较多的工业企业家又出资建立手工业工场,把分散而不集中的许多家庭手工业者集合于这样的手工业工场，进行分工生产。这种工场手工业算是当时最先进的工业形式。当时法国工场手工业中比较著名的有毛织业、纺织业、玻璃业，等等，后来才出现更大的工业，如冶金工业。

当时的经营者为了追求利润，努力经营工商业，也得到政府的资助。法国的工商业在当时的欧洲各国中仅次于英国。法国的各种饮料、布匹、女子服装以及家具等，畅行于全欧洲。政府的各种间接税都由资产阶级的包税商集团出资承包，其中的领袖人物都是当时的金融巨头，他们的生活十分阔绰。他们常建造别墅，请最好的艺术家为之装饰，可与贵族们的别墅比阔。教会的教士和世俗的贵族是统治阶级，享有特权。新兴的中产阶级属于非特权阶级，他们人数较少，但势力极大。他们的势力散布很广，在工商业界的，有包税商、专卖商、银行家、高利贷者，经营殖民地或国外贸易的大商人、工厂主、船主等；散布在政府机关的，有行政官吏、司讼官、典狱官等，各地的 34 个按察使，全都出自新兴的资产阶级；散布在学术界的，有大学教授、文学家、哲学家、科学家等；从事自由职业的有律师、医生等。当时，蒸蒸日上的中产阶级，在很多方面的势力和重要性，都已超过了正在没落的贵族。但是，他们在社会上虽有势力，却无地位；在政治上虽有职位，却无权力。其中的一些优秀分子，虽然可以自己的财富、势力、文化等自豪，但却仍然遭受贵族的轻视，这自然有伤他们的自尊心，并引起他们的不平之心，常常怀有革命的倾向。这些都促使中产阶级从各个方面要求打破旧有局面，以赢得自己的地位。

资产阶级作为一个阶级，为了和封建贵族和教会争权力，争势力，迫切需要振兴实业，发展科学事业。恩格斯在谈到当欧洲脱离中世纪，新兴的城市中等阶级是欧洲的革命因素时指出：

> 随着中间阶级的兴起，科学也迅速振兴了；天文学、力学、物理学、解剖学和生理学的研究又活跃起来。资产阶级为了发展工业生产，需要科学来查明自然物体的物理特性，弄清自然力的作用方式。在此以前，科学只是教会的恭顺的婢女，不得超越宗教信仰所规定的界限，因此根本就不是科学。现在，科学反叛教会了；资产阶级没有科学是不行的，所以也不得不参加这一反叛。（恩格斯，《社会主义从空想到科学的发展》英文版导言，《马克思恩格斯选集》，人民出版社 1995 年版，第 3 卷，第 706 页）

与英国和德国的科学发展情况不同，法国的科学发展主要依靠赞助人的支持。赞助人的经济实力对科学发展有重要意义。他们提供条件让科学家聚集在一起讨论问题和交流学术，支持科学家集会，组织学术团体。后来，路易十四和他的大臣们逐渐认识到科学进步对经济发展的好处，认识到科学的应用会对扩展国家工商业的政策有利，才决定在法国国王的赞助下成立全国性的科学团体，于是，法国科学院就在 1666 年成立，从而推动了法国科学事业的发展。

拉瓦锡生活的时代，美国爆发了独立战争，需要大量的军火和炸药。为了改进火药制造技术，中产阶级强调加强能促进技术进步的基础科学的研究，加强与制造火药有关的硝酸钾及气体性质的研究，从而有力地促进了无机酸（硝酸、硫酸）工业和气体化学的发展。

拉瓦锡属于新兴的阶级，他从一开始就受到这个反叛阶级的影响，也在这个阶层中活动。他参加农业金融公司。在法国，直到大革命时期，几乎所有的关税和赋税，包括人们憎恨的盐税，都是以一种迂回的方法征收的。每个包税商向国王缴纳150万法郎，国王就批准为期6年的租约，允许他独家享有进口和出售烟草或征收盐务税等权利。包税商们总是想方设法从人们身上榨取比政府所规定的应缴纳的税额多得多的金钱，从中大发其财。这种行业的名声很坏，从而激起人们的憎恨。拉瓦锡为了搞到足够的钱支持他的科学研究活动，就参加了包税公司，并且也赚了许多钱，以购置化学药品和科学仪器，为他能自由地进行科学研究提供了充裕的条件。

拉瓦锡于1768年23岁时被选入法国科学院。

法国科学院毕竟是科学家讨论科学问题的一个场所，许多著名科学家都在其中。拉瓦锡的才华出众是他得以选入科学院的重要原因，据说还有一个原因是科学院的成员们了解到，这位年轻的拉瓦锡十分富有，而经济宽裕的人不必为生活奔波，易于在科学研究上作出成果，所以，拉瓦锡入选了。据说，有一位与拉瓦锡同样优秀但经济上不及拉瓦锡的年轻科学家就没有入选科学院。这对拉瓦锡来说，是一件幸事。

2. 工业技术的发展

科学的发展，尤其是化学的发展，离不开仪器设备。而仪器设备的发展则直接有赖于材料和制造技术等相关工业的发展。18世纪以前，仪器设备制造的水平比较低，发展很缓慢，只是到了18世纪才有了长足的进步。过去一直是零散地、偶然地出现的成果已获得综合，并且揭示出了这些成果的必然性和它们的内部联系。已有的知识资料得到清理，进行分类，彼此间有了因果联系。科学知识与哲学、实践两个方面结合得更密切了。同时，新的仪器设备不断被设计出来，并应用于科学研究。例如，压力计、温度计、真空泵、水银集气槽、精密天平等一一被发明、创制出来。这些仪器设备的发明和创制之所以能达到较高水平，是因为工业技术的发展为它提供了充分的可能性，反过来它也为工业技术的发展作出了贡献。

英国首先完成了工业革命，成为建立现代工业的先驱，这是由于英国经济和工业技术各方面条件最先发展到革命爆发点。工业部门的进步会把所有其余的部门也带动起来。工业中的一切改良必然会提高文明的程度；文明程度一提高，就会产生出新需要、新的生产部门，从而又引起新的改良。纺纱部门的革命，必然会引发整个工业的革命，工业革命又带动了科学的进步。法国与英国之间关系甚为密切，交流频繁。英国工业革命的进程和结果直接影响了法国。当时法国的封建社会制度正处于解体之中，它在一般人的心目中，已完全丧失了威信。法国资产阶级在英国工业革命的刺激下，努力发展工业生产技术。

工业生产技术的发展就为提供化学实验装置和设备提供了物质基础。18世纪以前，人们所使用的仪器既笨重又昂贵，并且还没有制造这些装置和设备的机器，要获得质地均匀的钢材往往很困难；其他材料，特别是玻璃，在制备那时实验室使用的仪器，尤其是化学仪器上，显然占有非常重要的地位，但18世纪以前生产的玻璃性能总达不到实验精度对仪器所提出的要求，只有玻璃工业有了大的发展，才能提供满足各种性能要求的玻璃。其他仪器的发明和生产都要受到机械制造工业的制约，直到18世纪由于钟表制造等精密机械的发展，才使各种化学仪器的制造成为可能。单就气体测量为例，光有天平、温度计和压力计的完善，还不足以解决所有问题，要得到确定而精密的测量还需要其他条件，即近乎真空的产生、气体的密封，还有集气槽和气量计等等。以前不论在物理学和化学上的测量都是以定性为主，对这些仪器没有什么太高的要求。而到了 18 世纪，情况就大不相同了。化学家研究气体，已从定性到定量，这就要求有新仪器设备，而这时机械制造商也有可能提供出越来越精密的仪器了。

下面我们就会看到，拉瓦锡发现氧，实现化学革命，是在他的前人、同时代人和他自己做了大量实验的基础上达到的。而这些实验设备与仪器都以生产技术的发展为前提，这些生产技术包括冶金、玻璃制造、机械制造、酿造，等等。有了这些作基础，才能提供出煅烧金属、收集气体、分析称量气体等所需要的设备；没有这些，想要对气体化学作全面综合的研究，是极其困难的。

以天平为例。天平在拉瓦锡的发现中起了极为重要的作用。

天平的制造技术直到 17 世纪末才得到了较大发展，这是由于天平当时在金融库房、钱币兑换和金工首饰上的用途。但当时，物理学家所做的工作只是直接注意到天平革新后的某些结构细节：重心的位置、使刀口平行、支撑面的水平等。只有能进行机械加工的硬质钢的发明，尤其是精细调节技能的发展，才能使 18 世纪高度精密天平的制造成为可能。卡文迪什（H. Cavendish，1731—1810）所使用的天平是著名的钟表匠哈里森（J. Harrison，1693—1776）提供的。拉瓦锡最初使用的天平则是由梅格尼（A. Megnie）制造的，后来使用的则是福廷（J. N. Fortin，1750—1831）制造的，拉姆斯登（J. Ramsden，1735—1800）也曾为拉瓦锡制造过天平。

拉瓦锡的成功，在很大程度上得益于使用天平进行定量研究，而天平技术的发展和完善直到 18 世纪才达到，这与工业技术发展的关系极为密切。

3. *启蒙运动*

在英国工业革命的进程中，法国的民主主义者正准备破坏路易十四以来的封建专制制度。以自由经济为背景的英国自由主义和自由科学思想传入法国后，立即与法国的理性精神及当时的社会形势结合起来。这时的中心人物有伏尔泰（Voltaire，1694—1778）、狄德罗（D. Diderot，1713—1784）、达朗贝尔、孟德斯鸠（C. Montesquieu，1689—1755）、卢梭（J-J. Rousseau，1712—1778）、霍尔巴赫（P. Holbach，1723—1789）、爱尔维修（C. A. Helvétius，1715—1771）、孔狄亚克（A. de Condillac，1714—1780）等。

这些启蒙运动的代表人物首先对封建主义的思想基础进行批判。

> 在法国为行将到来的革命启发过人们头脑的那些伟大人物，本身都是非常革命的。他们不承认任何外界的权威，不管这种权威是什么样的。宗教、自然观、社会、国家制度，一切都受到了最无情的批判；一切都必须在理性的法庭面前为自己的存在作辩护或者放弃存在的权利。（恩格斯，《反杜林论》，《马克思恩格斯选集》，人民出版社，1995 年，第 3 卷，第 355 页）

启蒙运动的代表人物以摧枯拉朽之势，把一切陈腐的思想观念和理论都放到理性的审判台前面了。

启蒙运动者们具有广博的学识，他们在各个不同的文化领域内都表现出了非凡的才干，在人类知识的一切领域中，他们都发表了新颖的创见。一大批哲学家、作家、艺术家、政治思想家、法学家、科学家，活跃在各个领域内，也包括对宗教经典所作的科学批判。启蒙运动者们还在教育学方面做了不少创造性的工作，这些人的才华集《百科全书，或科学、艺术和工艺详解辞典》于一炉。该书吸收了直到18世纪中叶为止的各方面知识，其中包含翻译出版的大量化学知识和矿物学方面的知识，尤其是1766年将燃素说的代表人施塔尔(G. E. Stahl，1660—1734)的《硫黄论》译成法文版。

启蒙运动者们直接向封建制度和传统思想体系发起了猛烈的攻击。他们自称自己首先是科学家，是在科学上开辟新道路的人，是科学思想成就的宣传者。科学成为启蒙运动者们关注的中心，他们希望借助于科学来解决政治和社会问题，甚至要使艺术也服从于科学。启蒙运动的代表人物把17世纪科学发现成果转变为一种新世界观。他们赢得了学术界的领导地位，同时影响了政治领域，甚至把科学中的归纳方法也应用到政治领域。

启蒙运动者们对技术在人类知识领域中的重要作用给予了很高的评价，强调技术的重要性。《百科全书，或科学、艺术和工艺详解辞典》把16、17世纪及18世纪前半叶所有的科学技术成果系统地汇集起来，使以往一般群众无法直接获得的知识得到广泛普及，这大大有利于科学和技术的综合发展。启蒙运动者们修正17世纪哲学家们的旧哲学体系，对抽象的哲学体系作了批判。他们依据英国唯物主义者，特别是洛克(J. Locke，1632—1704)和牛顿(I. Newton，1642—1727)的哲学，批评和拒绝一切包罗万象的体系，把自己的注意力集中在实际活动上。他们把自然和陈腐的宗教神学对立起来。他们努力运用自然科学的知识，力图揭示各门科学的相互联系，形成关于统一的自然知识体系。

启蒙运动者们的新思想，特别是关于物质世界统一性的思想，对拉瓦锡的科学工作有着直接或间接的影响。拉瓦锡生于1743年，正处于启蒙运动的激流中。拉瓦锡崇尚启蒙运动的代表人物，用启蒙运动者们的思想指导自己的工作。他非常尊重启蒙运动思想家孔狄亚克，曾多处引用孔狄亚克的观点。他在《化学基础论》的序言开篇说到，在写作这部著作时，他

> 比以前更好地领悟到，阿贝·德·孔狄亚克在其《逻辑》及其他一些著作中所述下列箴言的确当性。"我们只有通过言词之媒介进行思考。——言词是真正分析方法。——代数在每一种表达中都以最简单、最确切和尽可能好的方式与其目的相适合，它同时也是一种语言和一种分析方法。——推理的艺术不过是一种被整理得很好的语言而已。"(本书《序》第3页)

拉瓦锡说，他的化学命名法著作就是受到孔狄亚克这一思想的启示而具体进行的。在这个序言的结尾处，拉瓦锡还引用了孔狄亚克的话以说明自己的思想与孔狄亚克的一致性。

由此我们可以看到，启蒙运动对拉瓦锡的科学思想和科学方法有很深的影响。

4. 笛卡儿和牛顿

拉瓦锡不但是氧的发现者，而且是通过对化学反应的研究提出质量守恒定律的第一人，这些成就的获得直接或间接地受笛卡儿(R. Descartes，1596—1650)和牛顿物理学的

影响。

法国对牛顿理论的接受较晚。笛卡儿学说在法国科学院直到17世纪后期还受到歧视。1699年，法国启蒙运动的先驱者之一、笛卡儿学说的最积极倡导者丰特涅尔(B. le B. de Fontenelle, 1657—1757)当选为科学院秘书之后，笛卡儿学说在科学院内才占优势。科学院为了纪念牛顿，在1734年第一次悬赏征文，而1740年则悬赏征求纪念笛卡儿的论文。此后，赋有"几何学精神"的笛卡儿机械论哲学才逐渐在法国扩展开来，牛顿学说也被带入法国。伏尔泰给予牛顿很高的评价，当人们争论恺撒、马其顿的亚历山大、成吉思汗等人谁最伟大时，伏尔泰说：

> 是伊萨克·牛顿最伟大，因为其他那些人物只是破坏，而伟大的牛顿却是创造。恺撒和马其顿的亚历山大都是残暴的野蛮天性产生出来的，而牛顿却是文明所产生出来。(转引自阿尔塔蒙诺夫著，马雍译，《伏尔泰评传》，作家出版社，1958年，第35页)

由于伏尔泰、狄德罗、霍尔巴赫等启蒙运动思想家们的宣传，牛顿的科学思想日益为法国科学家所熟悉。

拉瓦锡生逢其时，在他从事化学研究工作时，牛顿学说已被法国科学界所广泛承认并推崇。这就使拉瓦锡一开始就受到牛顿范式的影响，这种影响使拉瓦锡在分析各种实验结果时能抓住一个极端重要的事实，即要解释他自己所做的磷、硫和金属煅烧的实验以及普里斯特利(J. Priestley, 1733—1804)的实验，并不需要燃素说，不需要臆造一种与其他物质在性质上根本不同的物体(即具有负重量的燃素)。牛顿力学建立在质量不变的假设上，这假设由于牛顿力学的成功而证明无误。牛顿还证明质量和重量虽然是两个不同的概念，但在实验中加以比较时，它们是精确地成比例的。拉瓦锡用经过称量的不可反驳的证据证明物质虽然在一系列化学反应中改变状态，但物质的量在每一反应之终与每一反应之始却是相同的，这可以从重量上寻找出来。拉瓦锡正是以牛顿的质量概念作依据，表述了质量守恒定律，并否定了具有负重量的燃素概念，发现氧从而完成了化学革命。

5. 气体化学的发展

化学本身也已经为氧的发现准备好了条件，这首先是气体化学的发展。

千百年来，人们一直把空气当做一种元素。这种观点非常古老，且从未被怀疑。只有从波义耳(R. Boyle, 1627—1691)和胡克(R. Hooke, 1635—1702)开始，大量的科学研究活动集中于燃烧、煅烧和呼吸等关键性的和相互联系的过程，同时也对空气作了大量的研究，并使上述研究与空气的研究联系起来。17世纪早期，比利时医生范·赫尔孟特(V. Helmont, 1579—1644)认为，只有一种气体，这种气体只是水所呈现的一种形式，水乃是一切物质性东西的基础。所以，尽管他做过许多有关空气的实验，但对空气的本质并没有真正的认识。

波义耳的同时代人通过对燃烧现象和呼吸作用等作了细致广泛的观察研究，对气体性质和组成才有了深入的认识。1630年，法国医生雷伊(J. Rey, 1582—1645)发表了一篇论文《关于煅烧锡和铅重量增加原因的研究》。文中提出，锡铅煅烧后重量增加是由于

“浓密的空气混进烧渣中”，就像干燥的沙土吸收了水分变得更重一样。英国医生梅西(J. Mayow，1641—1679)做过很多燃烧实验。他把一支蜡烛和一块樟脑放在一块浮在水面的木板上并点燃蜡烛，然后用大玻璃罩扣上。他看到罩内水面慢慢上升了，这说明罩内空气在减少。他又把一只老鼠放在罩内做试验，经过一段时间后，罩内的空气少了，他设想是罩内的空气被燃烧和呼吸消耗了。他还做了不少有关老鼠在蜡烛燃烧后的生存情况。但在当时大多数人都还没有认识到有不同气体的存在，还是把空气当做一种基本元素看待。

18 世纪开始，随着生产技术的发展，化学实验无论在规模上还是在技术水平上都有了大的进展。由于采用了新的实验方法，分离出来的新元素数目越来越多，尤其是随着许多气体被分离出来，人们认识到空气是许多性质相异的化学物质组成的。这一进展为新的化学树起了一根重要支柱，化学由此获得了前所未有的发展。

首先是英国牧师黑尔斯(S. Hales，1677—1761)运用集气槽，对加热物质所产生的气体进行定量的研究，从中发现了多种气体的存在。1757 年，英国化学家布莱克(J. Black，1728—1799)在定量研究石灰石反应时，证明白镁氧(碱性碳酸镁)受热后会放出某种气体，证明这种气体是被石灰固定在固体中的气体，就是我们现在知道的二氧化碳气体。布莱克是最先接受拉瓦锡新理论的人之一，约在 1784 年，就承认了拉瓦锡的氧化理论。

1766 年，卡文迪什在金属与酸的反应中发现了氢气。1772 年，英国化学家卢瑟福(D. Rutherford，1749—1819)发现了不能助燃和不能维持生命的氮气。与此同时，瑞典化学家舍勒(C. W. Scheele，1742—1786)、法国化学家贝银(P. Bayen，1725—1798)、英国神父普里斯特利等都对气体化学的发展作出了贡献。气体化学的发展对传统化学以极大的冲击。首先，空气不是单一的成分，它是多种气体的化合物，因此，空气是一种基本元素的古老观念动摇了。人们充分认识到，空气对于燃烧是必要的，没有空气，燃烧就不能发生。其次，当金属在空气中煅烧时，人们观察到金属渣比金属重。到 18 世纪时人们对这些现象有了相当深入的认识。

总之，拉瓦锡氧的发现和氧化学说的建立，有其深刻的社会经济和科学技术发展的背景，但它必须从已有的思想材料出发。社会、经济和生产技术的基础性影响，是通过它们对现存的思想材料和已有成果发生作用而表现出来的。气体化学发展的成果正好直接为拉瓦锡氧的发现和氧化学说的产生积累了和奠定了实验依据和思想材料。

三、《化学基础论》的主要内容和重要影响

《化学基础论》全名是《以一种新的系统秩序容纳了一切现代发现的化学基础论》。该书已被人们将它与牛顿的《自然哲学之数学原理》和达尔文的《物种起源》一起列为世界自然科学的“三大名著”。它的出版是化学史上划时代的事件。氧化理论的建立造成了一场全面的“化学革命”，《化学基础论》正是这场革命的结晶，是拉瓦锡自己对他的发现以及他根据现代实验所创立的新理论思想的阐明。

全书包含序、三大主体部分和附录。

序中特别强调了命名法和化学语言的重要性。拉瓦锡认为，

> 物理科学的每一个分支都由三样东西构成：作为该门科学对象的系列事实，阐述这些事实的观念，以及表达这些观念的言辞。……言辞应当展现观念，而观念则应当是事实的写照。（本书《序》第3页）

在这篇序中，拉瓦锡着重论述科学方法和科学态度问题。我在这里特别提到这一点，希望读者注意。

全书第一部分的标题是：论气态流体的形成与分解，论简单物体的燃烧以及酸的形成。这部分的中心是拉瓦锡对化学秩序的一种新安排，纠正以往错误，以充分的实验为根据，使之与自然秩序相一致。开始讲物体的结合和分解放出热量。拉瓦锡用“热素”概念表达。这里的热素就是我们通常说的热量。自然界的每一种物体都有三种不同的存在状态，即固态、液态和气态。这三态及其变化取决于与物体化合的热量素，热量素引起物质粒子的分离或结合。接着讲空气，空气是一种蒸汽态的自然存在的流体，或者是流体的复合物。空气可分解为宜于呼吸与不宜于呼吸的两种成分。宜于呼吸的成分命名为氧气，叫纯粹空气或生命空气，而不宜于呼吸或有害部分就是氮气。接着用硫、磷、碳实验研究氧气的性质，氧气与可燃物质燃烧后化合而生成酸，并且作定量分析，然后制定原则对各种酸加以命名，并用氧化度定义不同的酸，如亚硝酸或硝酸，又进一步定义了氧化物。随后有实验研究水的成分，从而发现了氢气。确定了水的组成，分析了水的分解与重组形成的伴生现象，最后对中性盐进行命名。

第二部分论酸与成盐基的化合，论中性盐的形成。此部分不用章而用节，共44节。主要是对中性盐的命名，但标题全都是“对于……观察”。拉瓦锡将各种观察结果，把成为酸和氧化物的组成部分的一切简单物质，以及这些元素各种可能的化合物都列入其中。“其目的是指出获得不同种类的酸的最简单的过程”。（本书第63页）

第三部分是化学仪器与操作说明。拉瓦锡在全书的序中强调，这里“我对与现代化学有关操作作了详细描述”。这一部分所包含的主要项目，都是他做实验时所用到的仪器和操作程序。这对我们今天了解拉瓦锡的科学成就，同样是珍贵的。虽然今日所用的化学仪器远比拉瓦锡时代大大进步了，但我们仍然能从中获得不可多得的启示。我们可以从《化学基础论》这本经典中深深体会到拉瓦锡是如何开创化学新纪元的。

谈到拉瓦锡的这本《化学基础论》对化学发展的深远影响，我禁不住想起了我多年以前的几位科学史和科学哲学的老朋友集体于1985年所写的《化学思想史》，他们中有周嘉华、许健、陈念文、乔世德、王德胜、廖正衡、熊汉缙等人，其中有几位已经作古，令我对已作古的朋友深深怀念。他们在《化学思想史》这本书中，对拉瓦锡《化学基础论》一书的划时代意义作了如下介绍：

> 拉瓦锡在书中详细叙述了推翻燃素说的实验依据，系统阐明了氧化说的科学理论，重新解释了各种化学现象，明确了化学研究的目标，认为化学应当是“以自然界的各种物体为实验对象，旨在分解它们，以便对构成这些物体的各种物质进行单独的检验”。他还发展了波义耳的元素概念，并依此提出了包括33种元素的化学史上第一张真正的化学元素表；还依照新的化学命名法对化学物质进行了系统命名和分类。书中还以充分的实验根据明确阐述了质量守恒定律，提出了化学方程式的雏形，并

把质量守恒定律提到了一个作为整个化学定量研究基础的地位。这是一部依照新理论体系写出的化学教科书，为培养未来几代化学家的工作奠定了基础。(《化学思想史》编写组编，《化学思想史》，湖南教育出版社，1986 年，第 60 页)

《化学基础论》一出版就受到各国化学界的重视，很快被译成多种文字，

从而迅速廓清了燃素说的残余，广泛传播了新的氧化理论，使化学建立起从元素概念到反应理论的全面的近代科学体系。这样，化学作为一门科学才得以最后确立。(同上书，第 60～61 页)。

对于《化学基础论》的重要影响，我要强调以下几点：

第一，如上所述，它为化学发展奠定了科学的基础。

第二，它为科学发现提供了特别著名的范例。库恩(T. S. Kuhn，1922—1996)在《科学革命的结构》一书的第六章中，用氧的发现作为范例说明：

发现绝非孤立的事件，而是很长的历史过程，它们具有一种有规则地反复出现的结构。发现始于认识到反常，即始于认识到自然界总是以某种方法违反支配常规科学的范式所做的预测。于是，人们继续对反常领域进行或多或少是扩展性的探索。这种探索直到调整范式理论使反常变成与预测相符时为止。消化一类新的事实，要求对理论做更多的附加调整，除非完成了调整——科学家学会了用一种不同的方式看自然界——否则新的事实根本不会成为科学事实。(托马斯・库恩著，金吾伦、胡新和译，《科学革命的结构》，北京大学出版社，2003 年，第 48～49 页)

库恩用氧的发现作为范例论证了科学发现是一个复杂的过程，不能简单地认为，一个发现是某一时刻由某人做出了这个发现，它必须使观察与概念同化，事实与理论同化，就是说，需要有一次重大的范式修改，才能真正被认为是发现。所以，科学发现既是范式变化的原因，又是范式变化的结果。这也就是说，发现中包含着范式的变化。这就是为什么

使拉瓦锡能够在实验室里看到像普里斯特利那样的气体，而普里斯特利自己却始终未能在实验中看到这种气体。反过来说，需要有一次重要的范式修改以使拉瓦锡看到他所能看到的东西，也是为什么普里斯特利终其一生却未能看到它的根本原因。(同上书，第 52～53 页)

库恩又说，

拉瓦锡从 1777 年起在他的论文中所宣告的内容也是燃烧的氧化理论多于氧气的发现。氧化理论是重新表述化学的基石，它对化学是如此的重要，以致人们通常称之为化学革命。(同上书，第 52 页)

由此，我们也可以看到，科学史与科学哲学之间的密切关系，科学史上的重大发现常常为科学哲学的理论创新提供重要的思想资源和坚实的事实依据。

第三，正如拉瓦锡所强调的，化学家从事化学工作所应抱持的态度，就是重视实验事实。

> 事实是自然界给我们提供的，不会诓骗我们。我们在一切情况下都应当让我们的推理得到实验的检验，而除了通过实验和观察的自然之路之外，探寻真理别无他途。（本书《序》第4页）

> 由于完全确信这些真理，我一直强使自己除了从已知到未知之外，绝不任意前进，并将此作为一条定律；除了由观察和实验必然引出的直接结果之外，绝不形成任何结论；并且始终整理事实以及由事实引出的结论，以这样一种秩序最易于使它们为开始从事化学研究的人们所完全理解。（本书《序》第4页）

拉瓦锡所论是他自身的真实体会，它们对于后来者则是巨大而宝贵的财富。

四、氧化理论的形成、发展及其在科学上的重大意义

我们将从以下四个方面对氧化理论的形成和发展进行阐述。

1. 对燃素说的批判

如前所述，在拉瓦锡从事化学研究前，那时的化学家大都研究燃烧现象。人们普遍认为，所有物质燃烧都有火伴随着，这种火的微粒或火质就是燃素。用燃素的吸收或释放来解释燃烧化学反应的理论就是燃素说。拉瓦锡以前的化学家都信奉燃素说。如波义耳、舍勒、普里斯特利、卡文迪什等。以普里斯特利为例，他研制出许多新仪器，做了许多实验，发现了许多气体，甚至研制了"活命空气"（能维持动物呼吸、能助燃的气体），但指导他研究的理论却是燃素理论。他用燃素说来解释他的研究成果。结果，这种本来可以推翻全部燃素说观点并使化学发生革命的元素，在那些燃素说信奉者手中却没有能结出果实而陷入歧途。

拉瓦锡与前述笃信燃素说的化学家不同，虽然他开始也信奉燃素说，但从他亲身实践中逐渐怀疑燃素说，其中一个重要的实验结果就是，物质（如硫、磷）燃烧后重量增加。按照燃素说，物质燃烧后放出燃素，这就出现了一个与物理学理论相矛盾的事实，燃素具有负重量！这是拉瓦锡怀疑燃素说的重要依据。

按照燃素说，物质燃烧是一个分解反应，金属在燃烧中分解而放出燃素，而拉瓦锡坚信物质燃烧不是分解反应，而是化合反应。

拉瓦锡越来越认识到，燃素理论概念体系中的逻辑矛盾。拉瓦锡进一步认识到燃素概念的含糊不清，燃素说的逻辑矛盾与不自洽性。他批判说，

> 它（燃素）时有重量时无重量；它有时是游离之火，有时却是与土结合之火；它有时穿过容器壁孔，有时却又穿不过；它既解释苛性又解释非苛性，既解释通透性又解释非通透性，既解释颜色又解释无色。它是一个每时每刻都在改变形式的真正的普罗透斯(Proteus)！（转引自 George Gale, *Theory of Science: An Introduction to the History, Logic, and Philosophy of Science*, New York: McGraw-Hill, 1979, p. 250）

普罗透斯是希腊神话中变幻无常的海神。拉瓦锡以此说明"燃素"是个自相矛盾、捉摸不

透的概念。

2. 新研究纲领的启发

研究纲领是指计划进行的精神定向，也是具体实施的理论框架。从 1772 年开始拉瓦锡一面怀疑揭示燃素说的矛盾与错误，一面逐渐形成一个与之对立的新研究纲领，并规划用新的保证措施以重复以前的所有实验，以验证燃素说纲领的错误与他的新纲领的合理性。

拉瓦锡研究纲领前期的中心内容是：空气在燃烧和金属煅烧中的作用——空气在反应中是分解还是结合是化合关键，由此检验燃素概念，并提出自己的新概念，是新纲领的起点。

拉瓦锡有两条基本设定：(1) 物质不能有负量；(2) 化学反应过程中的量是守恒的。

这表明，拉瓦锡一开始就对燃素说表示怀疑，而要用自己的实验来确立自己的新范式，即远在拉瓦锡在这个发现中还没有起什么作用以前很久，他就深信燃素说有点不对头，燃烧物体也吸收了大气中的一点什么。在这个意义上我们可以说，理论框架要比一个具体实验更加重要。新研究纲领制定以后，拉瓦锡的任务就相对明确了。现在摆在他面前的任务，首先是进一步搞清空气的本质，以及它是怎样与燃烧物实现结合的。这也就是拉瓦锡实现了一种格式塔转换，使他能看出前人看不到的东西，从而导致了氧的发现，氧成为氧化理论的硬核。

3. 观察实验的验证

有了新的思想观念和理论框架可以形成清晰的思路、逻辑推理和理论结论，但真正形成科学理论，则必须要进行相关的实验来对原有的设想、推断、猜测乃至理论进行观察、检验和认证。

我们从《化学基础论》可以看出，第一部分共 17 章，其中前 16 章多是"论"，最后一章，即第 17 章，其标题是"对于成盐基及中性盐形成的继续观察"；进入第二部分，共 44 节，其标题全部是"对……的观察"。从中我们不难体会到，观察在拉瓦锡心目中具有何等重要的地位！但他又极其重视理论，在第三部分，讲"化学仪器与操作说明"，除第 3 章，其标题用"说明"之外，其余标题全都用"论"。拉瓦锡在这本重要著作中这样安排，我相信绝非偶然。我在此不敢做随意的猜测，留待读者思考。

拉瓦锡重视实验，而且贯穿其全部生活的始终。拉瓦锡做了无数次的实验。呼吸现象、燃烧现象、发酵现象、成盐现象，等等，他都用实验去分析和验证。氧化理论的每一步进展都是与实验分不开的。拉瓦锡在本书序言中说到，他一直关心与现代化学有关的所有操作。他说：

> 实施实验的方法，尤其是实施现代化学实验的方法，尚不为人所共知，但却应当为人所共知；假如我在已经提交给科学院的学术论文中特别详细地叙述了我的实验操作的话，我本人对此就会有更好的理解，科学也许会更迅速地进步。(本书《序》第 8 页)

拉瓦锡还告诉读者，有关主要项目中的所有实验，都是他亲自做的。

4. 科学共同体的协作

在拉瓦锡发现氧并提出了氧化理论的过程中，科学共同体在其中起了重要的作用。首先，氧的发现是一个过程，具有一个历史的结构。客观地说，氧并非拉瓦锡一个人发现的，应该说，拉瓦锡是第一个了解到氧在燃烧过程中的作用，从而确认了氧的存在。在这个过程中，许多拉瓦锡的前辈和同事都对氧的发现和氧化理论的形成和发展作出了贡献。

我们可以氧化汞的实验为例。化学家贝银第一个将氧化汞加热分解，并将分解出来的空气收集起来，但他却把这种气体当成是"固定空气"。普里斯特利接过贝银的工作，他认识到，加热氧化汞所得到的气体不是"固定空气"，他认为是三种氮空气中的一种。第三位做这个实验的人是舍勒，他把这种气体称为"火焰空气"。舍勒还与他的好友贝格曼（T. O. Bergman，1735—1784）作过长久讨论，他们猜想，金属汞中原本就含有可燃素空气，燃烧时它把燃素给了汞灰，自己就变成助燃的"火焰空气"。他们之所以作这样的猜想是因为他们都相信燃素说，他们的思想都被燃素说束缚着。实际上，他们只要抛弃燃素说，就能立即认识到，那种气体就是氧气。其实这个反应式极其简单，即：

$$2HgO \longrightarrow 2Hg + O_2\uparrow$$

客观上说，前面几位化学家都制得了氧气，但他们由于受到旧范式燃素说的束缚，都相信自己发现的是燃素，却并没有认识到是氧气。只有拉瓦锡冲破了旧范式的束缚，才使他"既觉察到这一发现，同时又理解到他所发现的东西是什么"。但是，从发现的过程来说，我们应当给前面几位化学家的工作以重要的评价，因为他们设计出这样简单的实验，也许是拉瓦锡当时没有想到的。他们实际上已经发现了氧，只是没有认识到和理解到而已。正是拉瓦锡驱散了云雾。如果说失败是成功之母，那么，拉瓦锡发现氧这个新生儿，自然就含有他之前那些化学家所做工作的贡献。

科学共同体的贡献还包括拉瓦锡与他们私下的交往、通信等活动，对拉瓦锡氧的发现和氧化理论的提出都有不同的启发作用。尤其是普里斯特利在关键的时候，把自己的实验结果，甚至细节都告诉拉瓦锡。拉瓦锡是听了普里斯特利的介绍后才做关于氧化汞分解的实验的。

这个科学共同体还为氧化理论的发展做了大量的工作，包括建立新的化学命名法，撰写新的化学教科书，共同批判燃素说和共同创办新刊物《化学年鉴》等。所有这些工作为氧化理论的发展都作出了不可或缺的贡献。

由氧的发现和氧化理论的形成所导致的化学革命是化学史上的大事件。它扫清了化学发展道路上的障碍，奠定了现代化学的基础，指明了化学研究的方向和任务，使化学成为19世纪自然科学的带头学科，同时也促进了其他学科的发展。

拉瓦锡所创造和运用的科学方法对化学以及其他学科的发展产生过深刻的影响。他运用天平作定量分析的工具，第一次表述了物质不灭定律，并把定量方法提高到新的水平。

拉瓦锡关于单质和化合物的划分，为道尔顿科学原子论的提出奠定了基础。他从元素和化合物性质的研究出发，促进了大量新元素的发现，并提出了包括33种元素在内的第一张化学元素表，还依照新的化学命名法对化学物质进行了系统的命名和分类。他的工作增加了对元素之间关系和变化的了解并导致对元素分类的研究，从而为发现化学元素周期律准备了条件。他依照新理论体系写出的化学教科书——《化学基础论》，为培养其后几代化学家的工作奠定了基础。他开创了解决实用问题和探讨理论问题相结合的先河。

拉瓦锡以他孜孜不倦地探求真理的精神和严峻的科学态度相结合写就的这本《化学基础论》，是历史上科学创新的典范，值得我们认真地阅读。

拉瓦锡的科学精神永放光芒！

汉译者前言

· Preface to Chinese Version ·

本书是第一次译成汉文出版。本汉译本译自罗伯特·克尔的英译本。克尔的译本在上个世纪中被多次重版和重印，也是专家们进行研究引用频率最高的版本。

本书作者安托万-洛朗·拉瓦锡(Antoine-Laurent Lavoisier,1743—1794)对生理学、地质学、经济学和社会改革均作出过贡献,但主要因在化学科学中的划时代成就而受到后世的景仰。

拉瓦锡是近代化学的奠基者。他创立了在化学中具有普遍意义的氧理论,这一理论战胜燃素理论被认为是一切科学革命中最急剧、最自觉的革命。对这场化学革命的研究,早已成为一个专门的领域,在国际上已形成多个研究中心,因拉瓦锡研究方面的成就而获德克斯特奖(the Dexter Award)者就有5人之多。据I. 伯纳德·科恩(I. Bernard Cohn)考证①,拉瓦锡是弗里德里希·恩格斯为了衡量卡尔·马克思的伟大而借以与之比较的仅有的两位伟人之一(另一位是查尔斯·达尔文)。托马斯·S. 库恩(Thomas S. Kuhn)在他系统论述他的科学发现的历史结构的第一篇论文②中,篇幅最大的一节便是分析氧的发现。保罗·撒加德(Paul Thagard)甚至用人工智能技术,对这场革命的概念结构和机制进行探索③。由此可见拉瓦锡研究之深入。实际上,这个领域的文献已经如此之多,以致如果我们不把主要注意力集中在爱德华·格里莫克斯(Edouard Grimaux)、埃莱娜·梅斯热(Hélène Metzger)、丹尼斯·I. 杜维恩(Denis I. Duveen)、道格拉斯·麦凯(Douglas McKie)、亨利·格拉克(Henry Guerlac)、莫里斯·多马斯(Maurice Daumas)、W. A. 斯米顿(W. A. Smeaton)、罗伯特·西格弗里德(Robert Siegfried)和卡尔·E. 佩林(Carl E. Perrin)等人的工作上的话,我们就把握不住拉瓦锡研究的学术走向。

本书是拉瓦锡的代表作。科学史学家认为,"它就像牛顿的《自然科学之数学原理》在一个世纪前奠定了现代物理学的基础一样,奠定了现代化学的基础"④,它"在化学史上的重要性怎样强调也不过分"⑤。作者在1778至1780年间写出了书的提纲,法文书稿于1789年3月在巴黎面世,13年之内在法国出了8版,即1789年巴黎2版,1793、1801、1805年巴黎各1版,1793年被人盗印2版,1804年在阿维尼翁出1版。法文版初版不久,很快就被译成多种文字在其他国家出版。罗伯特·克尔(Robert Kerr)的英译本于1790、1793、1796、1799和1802年在英国爱丁堡5次出版(其中1802年版为2卷本),1799年在美国费拉德尔菲亚、1801和1806年在美国纽约共3次出版;温琴佐·丹多洛(Vincenzo Dandolo)的意大利译本于1791、1792和1796年在威尼斯3次出版;S. F. 赫尔姆布施泰特(S. F. Hermbstadt)的德译本于1792和1803年在柏林2次出版;曼努埃尔·穆纳里斯(Manuel Munarriz)的西班牙译本于1798年在马德里出版;N. C. 德·弗雷里

① 见 *Revolution in Science*, The Belkanp Press of Harvard University Press, 1985, pp. 514—515.

② 见 *Science*, Vol. 136(1962), No. 3518, pp. 760—764.

③ 见 *Philosophy of Science*, Vol. 57(1990), No. 2, pp. 183—209.

④ Douglas McKie, *Antoine Lavoisier: Scientist, Economist, Socical Reformaer*, Da Capo Press, Inc., 1980, pp. 274—276.

⑤ H. M. Lecicester, *The Historical Background of Chemistry*, John Wiley & Sons, Inc. 1956, p. 147.

◀拉瓦锡(Antoine-Laurent Lavoisier,1743—1794),法国化学家。

(N. C. de Fremery)的荷兰译本于1800年在乌得勒支出版;此外,1791年在阿姆斯特丹、1794年在格赖夫斯瓦尔德、1797年在墨西哥还分别出版过荷兰、德文和西班牙文节译本。这部科学经典巨著在17年的时间内,就在8个国家以6种文字出版了26次,足见其在当时的影响之广泛。

克尔的英译本在最近半个世纪中还被多次重版和重印,如1952年收入罗伯特·梅纳德·哈钦斯(Robert Maynard Hutchins)主编、不列颠百科全书出版公司(Encyclopaedia Britannica,Inc.)出版的《西方世界名著》(*Great Books of the Western World*)第45卷(删去了副书名、附录和大部分英译者注)已印刷20余次,1965年多佛出版公司(Dover Publication ,Inc.)按1790年版原貌重印,等等。而且,我们在《爱西斯》(*Isis*)、《英国科学史学报》(*British Journal for the History of Science*)、《科学史》(*History of Science*)、《科学史年刊》(*Annals of Science*)、《奇米亚》(*Chymia*)、《安比克斯》(*Ambix*)等权威刊上看到,克尔译本也是专家们进行研究引用频率最高的版本。因此可以说,这个译本是国际上最通行的版本。

本书是第一次译成汉文出版。本汉译本译自克尔的英译本。英译本出版于200多年前,其中所用的一些现已废弃了的古异拼词甚至在《牛津英语词典》(*The Oxford English Dictionary*,second edition, Oxford University Press,1989)中都查不到,加上拉瓦锡革命的一个重要内容就是化学语言改革,这就给本书的翻译工作带来许多困难。译者在译述过程中力图谨慎地(但不一定是高水准地)按英译本原貌用汉语再现这座历史丰碑。有些物质名词,如compound和bond,在拉瓦锡著作中的意义与在现代化学文献中的意义相差甚远,我们必须按拉瓦锡的用法而不是现代用法去翻译。同一种物质往往有不同名称,如quicksilver(水银)与mercury(汞),muriatic acid(盐酸)与marine acid(海酸),hepatic air(肝空气)、sulphurated hydrogen gas(硫化氢气)与foetid air from sulphur(来自硫的臭空气),base(基)与radical(根),等等,汉译本中尽量采用不同的对应名称分别表示之。有些在今天看来是完全相同的物质,而在拉瓦锡看来却是不同的物质,如acetic acid与acetous acid,我们均按拉瓦锡的本意将它们译成不同的汉语术语。有些物质名词原本是俗名,在今天的英汉词典中却被"现代化"了,译者遇到这类名词时注意还其历史原貌,比如butter of arsenic和butter of antimony在各种现代英汉词典中分别被译为三氯化砷和三氯化锑,其实拉瓦锡时代根本就不知道氯元素的存在,因此我们只能将它们分别译作砒霜酪和锑酪。有些物质名称由于其历史源衍关系和化学源衍关系的不同而在译述时必须特别注意,如potash和potassium,在化学上是先有后者、后有前者,但在历史上则是先有前者、后有后者,而且拉瓦锡时代还不知道后者的存在,这样,本书中只能把前者译为草碱而不是钾碱。

为保证译文的准确性,我们除了根据汉语表达习惯对逗号作了必要的增删处理(少数地方还转换成为顿号)之外,对其他标点符号都维持原有用法。英文本中的数字并没有全用阿拉伯数字表示,汉译本中也相应的将英文数字译为汉文数字,而阿拉伯数字则一仍旧贯。英文本中,第一、三部分有章有节而第二部分却有节无章,第一部分的表格在目录中均未列出而在正文中还有编号,第二部分的表格统统列于目录之中而又皆无编号,译者在汉译本中完全保留了这些特点。原书目录和正文中的标题并不精确一致，如第一部分第九章之中的各个小标题前，目录中标有节数而正文中未标节数，再如第一部分第十六章目录和正文中标题的文字略有不同、节数的表示也不完全一样，等等，我们在翻译中有意保持了诸如此类的不一致，以使汉译文与英译文更加一致。译者冒昧改动的只是第二部分正文中的一些节的序数。这一部分正文中的标题与目录中的标题文字上基本一致，只有详略区分，未作改动；但正文中有些节的序数重复，有些序数又没有，故译述中按目录节序将正文中的一些混乱节序纠正过来。

英译者在他的“告白”中谈到他的一个疏忽，即在第一部分没有把炭和碳区别开来（作者本来是加以区分了的）。实际上，英译者在全书中都没有区分。汉译本中，保留了英译本中的这种疏忽。英译者对附录所作的改动，“告白”中已有交代，不赘述。作者注和英译者注均按英译本分别以字母 A 和 E 标明，汉译者注以 C 标明。

汉译本所依据的爱丁堡 1790 年版中的图安排得较松散：图版Ⅷ和Ⅺ的版心分别为 33 厘米宽、21 厘米长和 28 厘米宽、24 厘米长，两个图版各占 1 页；其他 11 个图版都各占 1 页以上，每页的版心约为 11 厘米宽、16 厘米长；全部 13 个图版共 27 页。《西方世界名著》第 45 卷中将每个图版中的图作了密集重拼处理，在保持每个图版中各图图序不变的情况下，使 13 个图版只占 17 页，同时将每页版心安排得大小相同（约 13 厘米宽、29 厘米长），并删去了图版Ⅴ、Ⅵ、Ⅶ、Ⅷ、Ⅸ和Ⅺ中标出的比例尺。汉译本中采用了后一版本中的图，只是相应地略有缩小。

本书法文版绪论（*Discours préliminaire*）即英文版的序（*Preface*），是作者的一篇较著名的作品，金吾伦教授首先将其译成汉文发表于《自然科学哲学问题丛刊》1984 年第 4 期第 23～28 页。译者不仅在翻译序文的过程中参考了金先生的这篇译文，而且还采纳了他通过法英文比较而琢磨出的对于本书主书名的译法。刘兵教授、李先锋博士为译者复制了有关资料。天主教中南神哲学院陈定国先生在拉丁文的翻译方面提供了帮助。辛凌教授和王丹华博士在语言理解方面提供了帮助。此译本于 15 年前纳入我主编的《科学名著文库》，由武汉出版社出了第一版。当初这部译著的面世，得益于彭小华先生的策划、李兵先生的组织、吴涛先生的装帧。此次再版，金吾伦老师撰写了导读，陈静小姐选配了辅助性的图片并撰写了相应的文字说明。译者谨向他（她）们致以谢意！

任定成
2008 年 6 月 21 日
于承泽园

拉瓦锡

以一种

新的系统秩序

容纳了

一切现代发现的

化学基础论

附有十三幅铜版说明

科学院院士

皇家医学学会会员

巴黎农学会会员

奥尔良、波伦亚、巴塞尔、费拉德尔菲亚、哈莱姆、曼彻斯特等地诸哲学学会会员

拉瓦锡　先生　著

皇家学会会员

苏格兰古物收藏家协会会员

皇家外科医学院院士

爱丁堡孤儿院外科医师

罗伯特·克尔

译自法文

威廉·格里奇在爱丁堡印刷

G. G. 鲁滨逊和 J. J. 鲁滨逊在伦敦销售

拉瓦锡 1792 年位于马德琳(de la Madeleine)的住所。

英译者告白

· Preface to English Version ·

拉瓦锡先生作为一位化学哲学家的非常高尚的品格，以及依照许多杰出化学家的看法由他在化学理论中所实行的伟大革命，长期以来就使人们期待着有一个出自他本人手笔的关于他的发现以及他根据现代实验所创立的新理论的连贯的解说。这件事现在由于他的《化学基础论》的出版而完成了；因此，将此著作以英译本出版根本就用不着任何理由。

拉瓦锡先生作为一位化学哲学家的非常高尚的品格，以及依照许多杰出化学家的看法由他在化学理论中所实行的伟大革命，长期以来就使人们期待着有一个出自他本人手笔的关于他的发现以及他根据现代实验所创立的新理论的连贯的解说。这件事现在由于他的《化学基础论》的出版而完成了；因此，将此著作以英译本出版根本就用不着任何理由；译者的踌躇仅仅与他本人胜任此项任务的能力有关。他极乐意承认，他的合乎出版要求的语言写作知识远远在他对于这门学科的感情之下，远远在他在世人作出评判之前就像样地出版此译本的愿望之下。

他已经以一丝不苟的精确性真诚地竭尽全力表达作者的意思，无限注意的是翻译的准确性而不是门梃的优雅。甚至他经过适当的努力的确能够达到这后一点的话，那么，由于十分明显的理由，他也得被迫忽略它，与其愿望相去甚远。法文本在 9 月中旬之前还没有到达他的手中；而出版者认为必须要在 10 月底新学期开始之前准备好译本。

他起初曾打算把拉瓦锡先生所用的所有衡量和度量都变换成它们相应的英制单位，但是尝试之后立即发现，对于允许的时间来说，这个任务太大；而且，准确地完成这一部分工作，必定既对读者无用又使读者误入歧途。在这个方面已经尝试的一切，就是在括号( )中加上与作者所采用的列氏温标的温度相应的华氏温标的温度。在附录中，还增加了把法制衡量和度量变换成英制的规则，读者想将拉瓦锡先生的实验与英国作者的实验加以比较时，靠此就可以随时对出现的量进行计算。

由于疏忽，此译本的第一部分没有对炭及其简单的基本部分加以区分就付印了，此简单的基本部分成为化学化合物的一部分，与氧或成酸素化合形成碳酸时尤其如此。此纯元素大量存在于烧得很好的炭中，拉瓦锡先生将其命名为碳(carbone)，翻译中也本该如此；不过，细心的读者很容易纠正这个错误。图版Ⅺ中有一处错误，此图版严格按原版镌制，这个错误直到图版印出，《化学基础论》论及此处描绘的装置的这一部分开始翻译时为止，都没有发现。把气体送入碱溶液瓶子 22、25 的两个管子 21 和 24 应当浸入溶液中，而带走气体的另外两个管子 23 和 26 则应当设法在瓶子中的液面之上截断。

增加了少量解释性注释；的确，由于作者的表达很清楚，需要加注的地方极少。在极少的地方，冒昧地在页末以注释的形式加上了某些附带说明性的词句，这些词句仅仅与原来容易弄错意思的地方的问题有关。这些注与作者的原注以字母 A 和 E 加以区分，译者斗胆增加的极少的注释附的是字母 E。

拉瓦锡先生在附录中加上了几个非常有用的方便计算的表，这些计算如今在现代化学的高级状态中是必需的，现代化学中需要一丝不苟的精确性。对这些表以及删略其中几个表的原因加以说明是适当的。

法文附录一是盎司、格罗斯和格令向法磅的十进小数的变换表；附录二用来把这些十进小数再折合成普通分制。附录三包含的是法制立方吋数以及与确定重量的水相应的十进小数。

译者本可以极容易地把这些表变换成为英制衡量和度量；但是，必要的计算所占去

◀大约 1789 年拉瓦锡在巴黎的实验室(模型)。

的时间必定比为出版而在有限期间抽出的时间要多得多。由于这些表就其目前的状态而言对英国化学家完全无用,因此就被删略了。

附录四是吩即时的十二分之几份以及吩的十二分之几份向十进小数的变换表,主要是为了根据气体的气压计压力对气体的量做必要的校正。由于英国使用的气压计是按时的十进小数刻度的,因此此表几乎可能是完全无用或不必要的,不过,由于作者在正文中提到了,因此还是保留了下来,这就是此译本中的附录一。

附录五是气体化学实验中所用的广口瓶中观察到的水的高度向相应的汞的高度的变换表,用来校正气体的体积。这在拉瓦锡先生的著作中,水用吩表示,汞用时的十进小数表示,因此,由于表四给出的理由,必定是无用的。所以,译者计算出一个用于这种校正的表,在此表中,水用十进小数表示,汞也一样。这个表就是英文附录二。

附录六包含的是法制立方吋数以及在我们的著名同胞普里斯特利(Priestley)博士的实验中所使用的相应的盎司制中所含的十进分数。此表增加了一栏成为英文附录三而被保留了下来,这一栏中所表示的是相应的英制立方吋和十进小数。

附录七是用法制盎司、格罗斯、格令和十进小数表示的不同气体法制一立方吋和一立方吋的重量表。经过相当大的努力,此表已经折算成英制衡量与度量,成为英文附录六。

附录八分栏给出了许多物体的比重,包含的是所有物质法制一立方吋和一立方吋的重量。这个表中的比重保留了下来,此表就是英文附录七,不过附加栏由于对英国哲学家无用而删略了;要把这些变换成为英制单位,必须经非常冗长和费劲的计算。

在此译本的附录中,增补了把拉瓦锡先生所采用的一切衡量和度量都变换成为相应的英制单位的规则;译者荣幸地向爱丁堡大学博学的自然哲学教授表示感谢,承蒙他为此提供了必要的信息。还增加了一个表,即英文附录四,用来把拉瓦锡先生采用的列氏温标的度数变换成为在英国普遍采用的相应的华氏度数①。

这个译本伴着极羞怯的心情被送往世人手中,不过,令人欣慰的是,虽然它必定缺乏优雅,甚或缺乏得体的语言,缺乏每一位作者都应当达到的这一切,但是通过传播这位真正著名的作者所采用的分析模式,它不能不提高人们对于真正的化学科学的兴趣。假若公众要求再出一版,那么,就一定要尽全力更正现在这个译本中不得已出现的不完善之处,并且要从几个有关学科中其他有声望的作者那里,取出有价值的增补材料来改进此项工作。

1789年10月23日
于爱丁堡

① 译者后来承蒙上面提到的那位先生的帮助,已经能够给出与拉瓦锡先生的表格性质相同的表格,用以方便化学实验结果的计算。

序

· Preface ·

由于完全确信这些真理，我一直强使自己除了从已知到未知之外，决不任意前进，并将此作为一条定律；除了由观察和实验必然引出的直接结果之外，决不形成任何结论；并且始终整理事实以及由这些事实引出的结论，以这样一种秩序最易于使它们为开始从事化学研究的人们所完全理解。

TRAITÉ
ÉLÉMENTAIRE
DE CHIMIE,

PRÉSENTÉ DANS UN ORDRE NOUVEAU
ET D'APRÈS LES DÉCOUVERTES MODERNES;

Avec Figures :

Par M. LAVOISIER, *de l'Académie des Sciences, de la Société Royale de Medecine, des Sociétés d'Agriculture de Paris & d'Orléans, de la Société Royale de Londres, de l'Institut de Bologne, de la Société Helvétique de Basle, de celles de Philadelphie, Harlem, Manchester, Padoue, &c.*

TOME PREMIER.

A PARIS,

Chez CUCHET, Libraire, rue & hôtel Serpente.

M. DCC. LXXXIX.

Sous le Privilège de l'Académie des Sciences & de la Société Royale de Médecine.

当我着手撰写本书时，我的唯一目的，就是更充分地扩充和解释我于1787年4月在科学院的公开会议上所宣读的论述改革和完善化学命名法的必要性的论文。而在忙于此项工作之时，我却领悟到，而且是比以前更好地领悟到，阿贝·德·孔狄亚克(Abbé de Condillac)在其《逻辑学》(*Logic*)及其他一些著作中所述下列箴言的确当性。

> 我们只有通过言词之媒介进行思考。——语言是真正的分析方法。——代数在每一种表达中都以最简单、最确切和尽可能好的方式与其目的相适合，它同时也是一种语言和一种分析方法。——推理的艺术不过是一种整理得很好的语言而已。

这样一来，尽管我想到的仅仅只是制定一种命名法，尽管我自己打算的只不过是改进化学语言，但我却无可奈何，这部书自身逐渐变成一部论述化学基础的著作了。

将一门科学的命名法与该门科学本身分离开来是不可能的，这是因为物理科学的每一个分支都由三样东西构成：作为该门科学对象的系列事实，阐述这些事实的观念，以及表达这些观念的言词。如同同一枚印章的三个印迹一样，言词应当展现观念，而观念则应当是事实的写照。而且，由于观念依靠言词得以留存和交流，由此必然得出，不同时改进一门科学本身，我们就不能改进该门科学的语言；反之，不改进一门科学所属的语言或命名法，我们也不能改进该门科学。不论一门科学的事实多么可靠，不论我们形成的关于这些事实的观念多么合理，只要缺乏借以充分表达观念的言辞，我们就只能向他人交流假的印象。

这部论著的第一部分将对上述言论的真实性，向那些留意研究本书的人们提供常见的证据。不过，由于在本书的处理上，我不得已采用了与业已出版的其他化学著作全然不同的排列顺序，解释一下我之所以这么做的动机，还是适当的。

在探索进程中应当从已知事实进到未知事实，这是几何学乃至一切知识部门中的一条普遍公认的准则。在幼年时期，我们的观念出自我们的需求；需求感唤起关于客体的观念，这客体使需求感得到满足。某种连续的观念秩序就这样由一系列感觉、观察和分析而产生，这些观念如此联系在一起，以致留心的观察者能够在某一点上追溯到人类知识总和的秩序和联系。

当我们开始研究任何科学时，我们就处于某种情境之中，重视该门科学，就像孩子一般；我们必须借以进步的过程恰恰与孩子们的观念形成中自然遵循的过程相同。在孩子身上，观念只是由某种感觉产生的结果；同样，在开始研究一门物理科学的时候，除了必要的推断以及实验和观察的直接结果之外，我们不应当形成什么观念。再者，我们开始科学生涯之时的处境，还没有一个孩子在获得最初的观念时的处境更为有利。对孩子来说，自然赋予他各种方法纠正他可能犯下的任何错误，以使他重视他周围的客体是有益还是有害。他的判断在每个场合下都被经验所矫正；需求与疼痛是由错误判断所

◀1789年首次出版的《化学基础论》的扉页。

产生的必然结果；满足与愉悦则由正确判断引起。在这些感觉之中，我们不会不变得富于见识；而且，当需求和疼痛是某个相反举动的必然结果时，我们马上就学会了恰当地进行推理。

在各门科学的研究和实践中，情况就极为不同；我们形成的错误判断既不影响我们的生存，也不影响我们的幸福；而且我不为任何物理必然性所迫去纠正它们。正相反，一直在真理范围之外游荡，并且与自负，与我们沉溺于其中的自信搅和在一起的想象，促使我们引出那些并非直接源于事实的各种结论；结果我们变得有几分爱好自欺。因此，在一般物理科学中，人们往往作出推测而不是形成结论，这一点就不足为奇了。这些代代相传的推测，由于权威们的支持而得到额外的分量，直至最后连天才人物都把它们当做基本真理来接受。

防止这类错误发生，以及纠正发生了的这类错误的唯一方法，就是尽可能充分地限制和简化我们的推理。这完全取决于我们自己，而忽视这一点便是我们错误的唯一根源。除了事实之外我们什么都不必相信：事实是自然界给我们提供的，不会诓骗我们。我们在一切情况下都应当让我们的推理受到实验的检验，而除了通过实验和观察的自然之路之外，探寻真理别无他途。因此，数学家们通过对资料的单纯整理获得问题的解，通过把他们的推理化为如此简单的步骤得出十分明显的结论，就是因为他们从来没有忽视引导他们的证据。

由于完全确信这些真理，我一直强使自己除了从已知到未知之外，决不任意前进，并将此作为一条定律；除了由观察和实验必然引出的直接结果之外，决不形成任何结论；并且始终整理事实以及由这些事实引出的结论，以这样一种秩序最易于使它们为开始从事化学研究的人们所完全理解。因此，我只得违反讲课和化学论著的通常次序，这种次序总是假定基本的科学原理是已知的，可是在后续课程中对这些原理加以解释之前，竟不会料想到学生或读者们并不懂得这些原理。几乎在所有情况下，这些课程和化学论著都是由论述物质的元素和解释亲和力表开始的，而没有考虑到他们这么做一开始就必须把重要的化学现象放入视界之中：他们使用的术语尚未加定义，他们假定他们刚开始教的人理解科学。同样还应考虑到，在一门基本课程中只能学到极少的化学知识，这种课程简直不足以使人耳谙科学语言，眼熟仪器设备。没有三四年恒心致志的努力，成为一位化学家几乎是不可能的。

这些不便之处与其说是这门学科的本性所带来的，不如说是教授它的方法所带来的；于是，为了避免它们，这就促使我对化学采用一种新的安排，在我看来，这种安排与自然的秩序较为一致。不过我承认，在我努力避免此一种困难时，我发现自己却陷入了彼一类不同的困难之中，而其中的有些困难是我所未能消除的；不过我相信，诸如此类的困难不是由我所采用的次序的本性所引起，而是某种不完善性的结果，化学还要在这种不完善之中艰难前进。这门科学还有许多断层，它们打断了事实的连续性，而且常常使这些事实彼此一致极为困难：它不像几何学基础那样具有完善科学的优点，完善科学的各个部分全都紧密相连：不过，化学的实际进步如此迅速，事实在现代学说指导下又安排得如此巧妙，以致我们有理由期待，甚至在我们这个时代就能见到它接近达到最完善的状态。

决不形成没有充分实验保证的结论，决不弥补缺乏的事实，我从未违背过的这条严格规律，禁止我把涉及亲和力的化学分支包括在本书之中，尽管这个分支也许是化学的各个部分之中最适合于划归为十分系统的部分。乔弗罗瓦（Geoffroy）、盖勒特（Gellert）、伯格曼（Bergman）、舍勒（Scheele）、德·莫维（de Morveau）、柯万（Kirwan）诸位先生以及许多其他人已经搜集了不少有关这门学科的特殊事实，这些事实唯一等待的就是恰当的安排；但是，仍然缺乏主要的资料，至少我们拥有的资料既没有充分加以界定，又没有充分证明成为构筑十分重要的化学分支的基础。这门亲和力科学或有择吸引科学，相对于化学的其他分支所处的地位，与高等几何学或超验几何学相对于几何学的简单或基础部分所处的地位，是相同的；而我认为，使我以为我的绝大多数读者极容易理解的那些简单明了的基础知识，陷入化学科学的另一个非常有用和必要的分支中仍然存在的晦涩与困难之中，是不合适的。

也许，某种自负的情绪在我没有察觉到的情况下，可能已经给这些想法以额外的力量。德·莫维先生目前正忙于发表《方法全书》（*Methodical Encyclopaedia*）中的《亲和力》（*Affinity*）一目，我就更有理由谢绝再开始做他所从事的一项工作了。

在一部论述化学基础的著作中居然没有论述物质的组成或基本部分的专章，无疑是一件令人惊奇的事；不过，我将趁这个机会指出，把自然界的一切物体都归结为三种或四种元素的癖好出自于一种偏见，这种偏见已经从希腊哲学家那里传到我们这里。四元素说认为，四种元素通过比例的变化而构成自然界中一切已知物质，这种看法是一个纯粹的假说，是在实验哲学或化学的基本原理出现之前很久被人们设想出来的。当时，他们不掌握事实就构造体系；而我们已经搜集了事实，但当它们与我们的偏见不一致时，我们似乎决意要抛弃它们。这些人类哲学之父的权威至今仍然很有分量，并且我们有理由担心它还会对后代人施以沉重的压迫。

非常值得注意的是，尽管有一批哲学化学家曾赞成四元素说，但却没有一个人出于事实证据而不得不在他们的理论中承认有更多的元素。在文艺复兴之后从事著述的第一批化学家们认为，硫和盐是组成许多物质的基本物质；因此，他们认为存在六种元素，而不是四种。贝歇尔（Becher）假定存在三种土质，认为各种金属就是它们以不同比例化合而成的。施塔尔（Stahl）对这个体系作了新的修正；而后来的化学家们则贸然作出了或设想出了一种类似性质的改变或增补。所有这些化学家都受他们生活于其中的那个时代的思潮的影响而弄昏了头，这种思潮满足于不加证明地作出断言；或者起码认为证明的可能性极小，得不到现代哲学所要求的严格分析的支持。

在我看来，关于元素的数目和性质所能说的一切，全都限于一种形而上学性质的讨论。这个主题仅仅给我们提供了含糊的问题，我们可以用一千种不同的方式解决这些问题，而很可能又没有一种解答与自然相一致。因此，关于这个主题我要补充的只是，如果我们所说的*元素*（elements）这个术语所表达的是组成物质的简单的不可分的原子的话，那么我们对它们可能一无所知；但是，如果我们用*元素*或者*物体的要素*（principles of bodies）这一术语来表达分析所能达到的终点这一观念，那么我们就必须承认，我们用任何手段分解物体所得到的物质都是元素。这并不是说，我们有资格断言，那些我们认为是简单的物质，不可能是两种要素甚或更多要素结合而成，而是说，由于不能把这些要素分离开来，或者更确切地说，由于我们迄今尚未发现分离它们的手段，它们对于我们来说就相当于简单物质，而且在实验和观察证实它们处于结合状态之前，我们决不应当设想它们处于结合状态。

对化学观念进步的前述看法，自然适用于这些观念据以得到表达的言词。在德·莫维、贝托莱(Berthollet)、德·佛克罗伊(de Fourcroy)诸位先生和我于1787年出版的关于化学命名法的著作的指导下，我已竭尽全力，用简单术语给简单物体命名，而且我自然得首先给这些物体命名。人们将会想起来，我们曾不得已保留了长期以来天下通称的物质名称，只在两种情况下我们不揣冒昧地做了改动；第一种情况是，新发现但尚无名称者，或者至少是虽被命名但时间不长且未获公众认可者；第二种情况是，无论已被古人还是近人所采纳，而在我们看来却明显地表达了错误观念的名称，这些名称把适用它们的物质与其他那些具有不同甚或相反性质的物质给混淆了。在这种情况下，我们毫不迟疑地代之以其他名称，这些名称的绝大多数都是从希腊语中借用来的。为表达这些物质最一般和最具特征的性质，我们力图用这样一种方式拟订名称：这种方式带有更多的优点，既帮助那些觉得记忆无意义的新词很困难的初学者，又使他们较早地习惯于认可没有不与某种确定的观念相联系的词。

对于那些由几种简单物质结合而成的物体，我们按这些简单物质的本性所决定的结合方式，给它们赋予新的名称；但是，由于二元化合物的数目已极为可观，因此我们能够避免混乱的唯一方法，就是给它们分类。按照正常的观念秩序，类或属的名称表达大量个体的共有之质：相反，种的名称则仅仅表达某些个体的特有之质。

人们可以想象，这些区别不仅是形而上学的，而且是由自然所确定的。阿贝·德·孔狄亚克说，

> 指给一个孩子看第一棵树，教他把它叫做树。他看到第二棵树就产生相同的观念，并且给它赋予同样的名称。对第三和第四棵树，他也照样这么做，直到最后他原先用于个体的树这个词，开始被他用来作为类或属的名称这样一种抽象观念，包括了所有一般的树。但是，当他认识到所有的树并非具有相同的效用，它们并非全都结出同样的水果时，他就会立即学会用具体的、特定的名称去区分它们。

这是一切科学的逻辑，自然适用于化学。

例如，酸由两种物质大量构成，这两种物质我们认为是简单的；一种构成酸性，为一切酸所共有，类或属的名称应当根据这种物质来确定；另一种则为各种酸所特有，并且将一种酸与他种酸区别开来，种的名称要根据这种物质来确定。但是，绝大多数酸中，两种组成元素，即酸化要素及其酸化的东西，可以按不同比例存在，构成了一切可能的平衡点或饱和点。硫酸和亚硫酸(the sulphuric and the sulphurous acids)的情况就是这样；我们通过改变特定名称的词尾来标明这同一种酸的两种不同状态。

经受了空气和火的共同作用的金属物质失去其金属光泽，重量增加，呈现出土状外观。在这种状态下，它们就与酸一样，由一种为所有金属所共有的要素和一种为各种金属所特有的要素结合而成。因此，我们按同样的方式，认为把它们归在取自共同要素的

属名之下是适当的；为此目的，我们采用了氧化物这一术语；并且，我们用金属所隶属的特殊名称将它们彼此加以区分。

可燃物质在酸和金属氧化物中是一种特别或特殊的要素，但也能够成为许多物质的共同要素。长期以来，人们认为亚硫结合物是唯一属于这一种类的结合物。然而，现在我们从范德蒙特（Vandermonde）、蒙日（Monge）和贝托莱诸位先生的实验中得知，炭可以与铁，或许还可以与其他几种金属化合，而且从这种按比例的化合中，可以得到钢、石墨等。同样，我们从佩尔蒂埃（Pelletier）先生的实验中得知，磷可以与许多金属物质化合。我们已经把这些不同的结合物归在根据共同物质所确定的属名之下，并带上标明这种相似性的词尾，再用与各种物质相应的另一个名称一起来表示它们。

由三种简单物质结合而成的物体的命名仍然还有较大困难，这不仅仅在于它们的数目计算方面，尤其是因为我们不用更复杂的名称就不能表达其组成要素的本质。对于构成这一类的物体，譬如中性盐，我们就得考虑，第一，它们全都共有的酸化要素；第二，构成特定酸的可酸化要素；第三，决定盐的特殊种的含盐碱、土碱或金属碱。这里，我们由这类个体全都共有的可酸化要素的名称推衍出每类盐的名称，并通过特定的含盐碱、土碱或金属碱的名称来区分每个种。

一种盐，尽管由同样三种要素结合而成，然而仅仅由于它们的比例不同，就可以处于三种不同的状态。假若我们一直采用的命名法没有表达出这些不同的状态，那么它就有缺陷；我们主要通过改变一致适用于不同盐的相同状态的词尾来达到这一点。

简言之，我们已经前进到了这样的程度，从一个单独的名称就可以立即知道是什么可燃物质参与化合；可燃物质是否与酸化要素化合，以什么比例化合；酸的状态怎样；它与什么碱结合；饱和是否精确；酸或碱是否过量。

人们也许容易设想到，在某些情况下，不与既定习惯相脱离，而采用那些看上去就显得粗俗和不规范的术语，就不可能达到这些不同目的。不过我认为，耳朵会很快习惯于新词，当这些新词与某个一般的、合理的体系相联系时尤为如此。而且，以前使用的名称，譬如阿尔加罗托粉（*powder of algaroth*）[①]、阿勒姆布罗斯盐（*salt of alembroth*）[②]、庞福利克斯（*pompholix*）[③]、崩蚀性溃疡水（*phagadenic water*）、泻根矿（*turbith mineral*）、铁丹（*colcothar*）等等，既不规范又不常见。记住这些名称所适用的物质，需要多次练习，而且比记住它们所属的化合物的属要难得多。潮解酒石油（*oil of tartar per deliquium*）、矾油（*oil of vitriol*）、砒霜酪和锑酪（*butter of arsenic* and *of antimony*）以及锌华（*flowers of zinc*）等名称就更不合适，因为它们暗含着错误观念：在整个矿物界，尤其是金属类，并不存在诸如酪、油、华之类的东西；简言之，被冠上这些荒谬名称的物质简直就是极坏的毒药。

我们发表关于化学命名法的论著时，人们指责我们改变了大师们所讲的语言，这种

---

① 以17世纪意大利医生维托里奥·阿尔加罗托（Vittorio Algarotto）的姓氏命名，是由大量的水与三氯化锑作用生成，主要成分为氯氧化锑的一种成分可变的白色粉末，以前在医学上主要用于吐酒石的制备。——C

② 炼丹术士认为能溶解一切物质的万能溶剂，亦称“技艺钥”（key of art）或“哲人盐”（salt of wisdom），成分为复式氯化铵汞。——C

③ 亦称“锌华”（flowers of zinc），燃烧锌或焙烧锌矿石所形成的不纯的氧化锌。——C

语言是大师们以其权威性加以分辨的，并且已经留传给了我们。不过，那些为了这个缘故而指责我们的人却忘记了，正是伯格曼、马凯(Macquer)本人激励我们进行这种改革的。博学的乌普萨拉大学教授伯格曼先生在去世前不久写给德·莫维先生的一封信中，吩咐他说，不要吝惜不适当的名称；那些博学的人总会学会，而且那些无知的人不久也会熟悉。

对于我要奉献给公众的这部基础更好的著作，人们也有异议，因为我没有考虑那些走在我前面的人的看法，没有考查他人的看法。这就使我没能公平地对待我的同行，尤其是外国化学家，虽然我本想公平地对待他们。不过，我恳求读者考虑，假若我用一大堆语录塞满一部基础性的著作，假若任由我对科学史以及研究科学史的著作发表冗长的论述，那么，我必定就会忘记我原先所考虑的真正目的，而写出来的书初学者读起来必定极为厌烦。它不是科学史，也不是人类心智史，我们专注的是一部基础性论著：我们的唯一目的应当是自在不拘，清晰明白，并极其谨慎地防止一切可以分散学生注意力的东西进入视野；这是我们要不断提供的一条较为平坦的道路，因此，我们会尽力搬掉能够造成延误的一切障碍。各门科学就其本性而言，就呈现出足够多的困难，即使我们不给它们增加外来的困难。不过，除此之外，化学家们将容易察觉到，在本书的第一部分，除了我本人所做的实验，我很少利用其他任何实验：无论何时，如果我采用了贝托莱先生、德·拉普拉斯(de Laplace)先生和蒙日先生的实验与想法，或者一般的采用了他们那些与我本人的原则相同的原则，而又未言明的话，那么，这应归因于以下情况，即我们经常往来，彼此交流我们的思想、我们的观察以及我们的思维方式已经成为习惯，我们各自的见解已经为我们所共有，每个人要想知道哪个观点是他自己的往往很困难。

我就自己认为在安排证据和思想时必须遵循的秩序所发的这些议论，仅仅适用于本书第一部分。这是载有我所采纳的学说的总的要点的唯一一个部分，我希望赋予它一个十分基本的形式。

第二部分主要由中性盐命名表组成。我只对这些表作了些一般性的解释，其目的是指出获得不同种类已知酸的最简单过程。这一部分不包含可以算作是我自己的东西，仅仅提供了从不同作者的著作中选录出来的非常简单的一个概略。

在第三部分，我对与现代化学有关的所有操作作了详细描述。我很久以来一直认为非常需要这样一种工作，而且我确信它不会没有用处。实施实验的方法，尤其是实施现代化学实验的方法，尚不为人所共知，但却应当为人所共知；假若我在已经提交给科学院的学术论文中特别详细地叙述了我的实验操作的话，我本人对此就会有更好的理解，科学也许会更迅速地进步。这一部分所含内容的次序在我看来几乎是随意的；我所唯一注意到的，就是在构成它的每一章中，把那些彼此联系最为密切的操作归在一起。几乎不用说，这一部分不会是从其他任何著作中借用来的，在它所包含的主要项目中，除了我亲自做的实验之外，我没有得到任何东西的帮助。

我将逐字抄录阿贝·德·孔狄亚克的某些言论来结束这篇序言，我认为这些言论极为真实地描述了离我们现在不远的某个时期化学的状况。这些言论是就某门不同的学科所发表的；不过由于这个缘故，即使认为应用它们是恰当的，它们的说服力也就较弱了。

对于我们想知道的东西，我们不是应用观察，相反却愿意去想象它们。从一个站不住脚的推测到另一个站不住脚的推测，最后我们在一大堆错误中把自己给弄糊涂了。当然，这些成为偏见的错误被当做原理来采纳，我们因此也就愈发糊涂了。我们用来进行推理的方法，同样也是荒谬的；我们滥用我们不理解的词，并且把这叫做推理的艺术。当毛病达到这个程度，错误因此而堆积起来时，只有一种疗法能使思维功能恢复到正常状态；这就是忘掉我们所学的一切，追溯我们的思想渊源，沿着思想浮现的秩序前进，并像培根（Bacon）所说的那样，重新构造人类理解的框架。

这种治疗随着我们认为自己更加博学而变得愈发困难。未必可以认为极为明白、极为精确、极有秩序地论述的科学著作必定为每一个人所理解吧？事实是，那些从未研究过任何东西的人，要比那些已做了大量研究，尤其要比那些写过大量著作的人理解得更好。

在第五章末，阿贝·德·孔狄亚克补充说，

不过，科学终究还是取得了进步，因为哲学家们已较为注意致力于进行观察，已沟通了他们在其观察中所使用的精确和准确的语言。在纠正他们语言的过程中，他们也就能更好地进行推理。

拉瓦锡

第一部分

论气态流体的形成与分解，论简单物体的燃烧以及酸的形成

Of the Formation and Decomposition of Aeriform Fluids, of the Combustion of Simple Bodies, and the Formation of Acids

我关于我自己以为较满意地符合证据和思想而安排的次序所作的评论，只适合于这部著作的第一部分。这是包含我已采纳的学说的一般要求的唯一部分，我希望它能给出一个完整的基础。

——拉瓦锡

第一章 论热素的化合以及弹性气态流体或气体的形成

一切物体，无论是固体还是流体，由于其显热的增加而使整个体积增大，这在很久以前已被著名的波尔哈夫(Boerhaave)完全确立为一条物理公理或全称命题。曾经被人们用来反驳这个原理的普遍性的各种论据，所提供的只是些靠不住的结果，至少，这些论据由于无关的情况而被弄得非常复杂，以至于使判断误入歧途。不过，当我们分别考虑这些结果，以根据它们分别所属的原因演绎出各个结果时，就容易看出，热引起粒子的分离，乃是一条恒定而普遍的自然规律。

如果我们已经把某个固态物体加热到一定程度，使其粒子彼此分离，然后再让该物体冷却，其粒子就会按与升高温度使它们彼此分离相同的比例而彼此靠近；该物体以它原先扩展时相同的膨胀程度恢复原状；而且，如果温度恢复到我们在实验开始时所测定的相同温度，它就会完全恢复到它以前所拥有的体积。但是，由于我们仍然远远不能达到绝对零度或者排除一切热，而且不知道我们难以推测的能够进一步增大的冷却程度，因此，我们仍然不能使物体的终极粒子尽可能地彼此靠近，所以，一切物体的粒子不会在迄今尚不知道的任何状态下彼此接触，尽管这是一个奇特的结论，但却是不可否认的。

假定由于物体的粒子就这样不断地受热推动而彼此分离，它们就会失去彼此之间的联系，那么自然界就不会有固体了，除非有某种另外的力使它们结合起来，或者说是把它们束缚起来；这种力，无论其作用的原因或方式是什么，我们均将其称为吸引。

因此，可以认为一切物体的粒子皆受两种相反力的作用，一种是排斥力，另一种是吸引力，它们在这二者之间处于平衡。只要吸引力较强，物体必定仍然处于固态；但若反之，热使这些粒子彼此远远脱离，置其于吸引范围之外，它们失去了原先所具有的彼此黏附力，该物体也就不再是固体了。

水给我们提供了这类事实的一个普通、常见的例子；当温度在法式温度计零下或华氏 32°以下时，它是固体，称为冰。在该温度以上，其粒子不再相互吸引而结合在一起，它就成为液体；当我们将其温度升高到 80°(212°)① 以上时，热引起的排斥便会起作用，水就变成气态流体。

可以肯定地说，自然界的一切物体都与此相同：随其粒子内在的吸引力与作用于粒

① 本书中出现的热度，是作者根据列氏温标陈述的。括号中的度数是译者所加的相应的华氏温标度数。——E

◀这是拉瓦锡夫人绘制的一幅画。画中的拉瓦锡正在指挥助手们进行"呼吸实验"。

子的热斥力之间的比例不同，它们不是固体，液体，就是处于弹性气态蒸气状态；或者说，与它们所受之热度相比，其结果仍然一样。

不承认这些现象是巧妙地潜入物体粒子之间使其彼此分离的某种真实有形的物质，或极为细微的流体的结果，就难以理解这些现象；即使承认这种流体的存在是假说性质的，我们在后面也将看到，它也以一种极为令人满意的方式解释了这类自然现象。

无论这种物质是什么，它总是热的原因，或者换言之，我们称之为暖和的感觉就是由这种物质的积聚引起的，所以按照严格的语言，我们不能用热这个术语来表示它，因为这同一个名称既表示原因又表示结果不太合适。因此之故，我在 1771 年发表的学术论文中[①]，把它命名为火流体(*igneous fluid*)和热质(*matter of heat*)：自那以后，在德·莫维先生、贝托莱先生、德·佛克罗伊先生和我本人发表的论述化学命名法的改革的著作[②]中，我们认为，必须排除一切转弯抹角的表达方式，这种表达方式既拖长了自然语言，又使自然语言更加使人厌烦、更加不清楚，甚至常常不能充分转达人们对于所考虑的问题的恰当想法。因此，我们已经用*热素*(*caloric*)这个术语来表示热的原因，或者使热得以产生的极富弹性的流体。这种表达方式除了在我们采纳的体系中达到了我们的目的之外，还具有另一个优点，即它与每一种看法都一致，因为严格地讲，我们不必假定这是一种真实的物质；这种表达方式是充分的，因为不管这种东西是什么，都可以把它看做是排斥的原因，这样我们就仍然可以自由地用一种抽象的和数学的方式去探查其结果，在本书的后一部分还将更清楚地看到这一点。

就我们目前的知识状态，我们还不能确定光是热素的变体，还是相反，热素是光的变体。然而无可争辩的是，在只可能接受明确的事实，并且尽可能地避免设想有什么我们并不真正知道其是否存在的东西的体系之中，我们应当暂时用独特的术语来区别那些已知是引起不同结果的东西。因此，我们把热素与光区别开来；尽管我们并不因此而否认它们具有某些共同的质，不否认它们在某些情况下几乎以同样的方式与其他物体化合，而且在某种程度上还引起同样的结果。

我所讲过的这些话，也许足以确定赋予*热素*一词的观念；但是，要给出一个恰当的概念，说明热素借以作用于其他物体的方式，仍须做出更艰难的努力。由于这种细微的物质渗透了所有已知物质的微孔；由于没有什么器皿它不能够穿透逃逸，因此也就没有什么东西盛留住它，所以，我们只能通过稍纵即逝、难以弄清的结果去获得有关其性质的知识。对于那些看不见摸不着的东西，特别需要防止过度的想象，过度的想象总是跨越真理的范围，极难以限制在狭小的事实限度之内。

我们已经明白，同一种物体呈固体、流体还是气态，取决于其渗入的热素的数量；或者严格地讲，取决于热素所施加的推斥力是等于，强于还是弱于受热素作用的物体粒子的吸引力。

不过，假若只存在这两种力，物体成为液体的温度区间就会十分微小，而且几乎在一瞬之间就由固体聚集态转化为气体弹性状态。例如，水在它不再是冰的那一瞬间就会开

---

① 当年的《法国科学院文集》，第 420 页。

② 《化学命名法》。

始沸腾,转变成为气态流体,通过周围空间使其粒子无限地扩散开来。这种现象没有发生,就意味着必定有某种另外的力在起作用。大气压阻止这种分离,使水在温度升至法式温度计零上 80°(212°)之前一直处于液态,它所得到的热素的量不足以克服大气压。

由此看来,没有这种大气压,我们就不会有任何永久液体,只能在熔化的瞬间见到各种物体处于这种存在状态,因为增加的极少热素会很快使它们的粒子分离开来,并通过周围的介质使其消散。而且,没有这种大气压,我们甚至不会有任何气态流体,因为严格地讲,在热素的排斥力超过吸引力的瞬间,粒子就会无限地自相分离,没有任何东西限制它们的扩展,除非它们自身的重力能够使它们聚集起来,形成气体。

对于最普通的实验的简单思考,足以表明这些看法的真实性。这些看法尤为我发表于 1777 年《法国科学院文集》第 426 页的以下实验所证实。

盛满硫醚[①]的一个小而严密的玻璃瓶 A(图版Ⅶ,图 17),瓶脚 P 立地,玻璃瓶直径为十二至十五吩(line),瓶子要用一张潮湿的膀胱盖住,用结实的线在瓶颈处绕几圈扎住;为了更加保险,在第一张膀胱上再蒙一张膀胱。瓶子要盛满硫醚,在这种液体与膀胱之间不应留有极少量的空气。现在将玻璃瓶置于带有气泵的容器 BCD 之下,容器的上部 B 应当配有一个皮质盖子,穿透盖子的是金属丝 EF,金属丝的 F 端非常尖利;而且,在这同一个容器中应当装一个气压计 GH。整个装置这样安排好后,把容器抽空,然后把金属丝 EF 往下按,在膀胱上穿一个孔。硫醚立刻开始激烈沸腾,变成弹性气态流体,充满容器。如果硫醚的量足够多,在蒸发结束之后小瓶里还剩那么几滴,那么产生的弹性流体就将使与气泵相连的气压计里的汞冬天维持八或十吋,夏天维持二十至二十五吋[②]。为了使这个实验更完善,我们可以把一个小温度计插入盛有硫醚的瓶 A,蒸发时温度将会明显下降。

这个实验的唯一作用,就是消除大气的影响,而大气在通常情况下会对硫醚表面施加压力;而且,消除大气影响的结果,显然证明在地球上的通常温度下,如果没有大气的压力,醚总是会以气态方式存在,还证明醚由液态向气态的转化,伴随着热相当大的减少;因为一部分热素在蒸发前处于游离状态,或者起码在周围物体中处于平衡状态,而在蒸发时则与醚化合,使其呈气态。

用各种挥发性流体,譬如酒精、水甚至汞,做这个实验也是成功的,所不同的只是酒精形成的气氛仅仅使附加的气压计在冬天大约维持一吋,夏天大约维持四或五吋;水形成的气氛在相同情况下只会使汞上升几吩,而水银形成的气氛则使汞上升不到一吩。因此,由酒精气化的流体比由硫醚气化的流体少,由水气化的比由酒精气化的少,而由汞气化的则比由酒精和水气化的更少;所以,花费的热素较少,产生的冷也较少,这就使这些实验的结果完全一致起来。

另一种实验非常明显地证明,气态是物体靠温度以及物体所受压力而引起的物体形变。在德·拉普拉斯先生和我于 1777 年在科学院宣读,迄今尚未刊行的一篇学术论文

① 由于我在后面要下一个定义,解释被叫做醚的这种液体,因此在这里就只先提到,这是一种极易挥发的易燃液体,其比重比水甚或酒精要小得多。——A

② 要是作者详细说明了气压计中产生汞的这个高度时的温度计度数,那就更加令人满意了。

中，我们已经阐明，当醚受到与气压计二十八吋相等的压力或普通大气压时，它就会在约32°(104°)或33°(106.25°)的温度沸腾。德·吕克(de Luc)先生用酒精做了一个类似的实验，发现酒精在67°(182.75°)沸腾。而且举世皆知，水在80°(212°)沸腾。由于沸腾只是液体的气化，或者是它由这种流体向气态转化的瞬间，那么很明显，如果我们使醚持续地处于33°(106.25°)的温度和普通大气压下，我们就会使其一直处于弹性气体状态；酒精在67°(182.75°)以上，水在80°(212°)以上，也会发生同样的事情；这一切都与下述实验完全一致。①

我把一个大容器ABCD(图版Ⅶ，图15)盛满35°(110.75°)或36°(113°)的水；假定该容器是透明的，我们可以看见实验中所发生的事；而且在这个温度的水中可以毫不费力地手握着手而没有什么不便。我将两个小颈瓶F和G放入容器中，灌满水，然后将其翻转以使瓶口置于容器底部。接下来往瓶颈*abc*有两个弯曲部分的一个很小的长颈卵形瓶放进水中，使瓶颈插入其中一个小颈瓶F的瓶口内。一接触到容器ABCD中的水传给它的热，它就开始沸腾；而且热素开始与其化合，使其变成弹性气态流体，我用这种流体连续装满了F、G等等好几个瓶子。

这里不是着手研究这种极易燃烧的气态流体的本质和属性的地方；不过，由于现在所考虑的目的，并不是期望研究那些我料想读者尚不知道的细节，我将讨论的只是，根据这个实验，醚在我们这个世界上几乎只能以气态存在；因为，假若大气的重量只相当于气压计的20至24吋而不是28吋的话，我们绝不可能得到液态的醚，起码夏天如此；而且在中等高度的山上也就不可能形成醚了，因为它一旦产生就会迅速转变成为气体，除非我们所采用的容器强度特别大，再加上进行冷冻和压缩。最后，由于血液的温度差不多就是醚由液体转变成气态的温度，它必定在第一管(the primae viae)中蒸发，因此这种流体的医疗性能很可能主要取决于其机械作用。

用亚硝醚做这些实验更为成功，因为它的蒸发温度比硫醚的蒸发温度低。要得到气态的酒精则较为困难，因为使其变成蒸气需要67°(182.75°)，浴器中的水差不多就沸腾了，因此不可能把手伸进这个温度的水中。

显然，假若在上述实验中用的是水，那么它在经受比它沸腾的温度更高的温度时，就会变成气体。尽管确信这一点，但德·拉普拉斯先生以及我本人仍然认为有必要通过下述直接实验来加以确证。我们将一个玻璃广口瓶A(图版Ⅶ，图5)盛满汞，使其口朝下放在一个盘子B中，同样盛满汞，并往广口瓶中加进大约两格罗斯的水，其升至汞的顶部CD处，然后我们将整个装置放入铁质蒸煮器EFGH中，蒸煮器中盛满温度为85°(223.25°)的沸腾海水，并置于炉子GHIK上。汞上面的水一达到80°(212°)的温度，就开始沸腾；它转变成气态流体充满整个广口瓶而不仅仅是ACD这个小空间；汞甚至下降到盘子B中汞的表面以下；如果广口瓶不是很厚、很重并且被铁丝固定在盘子上，那么它必定会翻倒。把装置从蒸煮器上移开以后，广口瓶中的蒸汽立即开始凝结，汞又回升到它原来的位置；但将装置置于蒸煮器内几秒钟之后，它就再次变成气态。

因此，我们有一定数量的物质可以在不比大气温度高很多的温度作用下变成弹性气

① 参见《法国科学院文集》，1780年，第335页。——A

态流体。后面我们还将发现另外的几种物质，譬如盐酸或海酸、氨或挥发性碱、碳酸或固定空气以及亚硫酸等等，在类似条件下也发生同样的变化。这些物质在通常的大气温度和大气压力下总是弹性的。

如有必要，增加这类事实倒也容易，不过以上所有这些事实赋予我充分的权力设想有这样一条基本原理，即几乎自然界的每一种物体都可以有三种不同的存在状态，也就是固态、液态和气态，而且这三种存在状态均取决于与物体化合的热素的量。以后，我将用气体（*gas*）这个一般性术语表示这些弹性气态流体；而且我将把每一种气体中的热素与实物加以区分，热素部分地起溶剂作用，实物则与热素化合构成气体的基。

对于这些已知极少的不同气体的基，我们已经不得已给它们指定了名称；我说明了物体的加热和冷却所伴随的现象，并且确立了与我们大气的组成有关的精确观念之后，将在本书第四章指出这些基。

我们已经指出，自然界每种物质的粒子，都处于有助于使这些粒子结合起来并保持在一起的吸引，与使它们分离的热素的作用之间的某种平衡状态。因此，热素不仅到处都包围着一切物体的粒子，而且填满了物体粒子彼此之间留下的一切空隙。我们可以这样设想，即假定有一个装满小铅丸的器皿，倒进一些细沙，细沙慢慢渗入铅丸之间，将会填满每个空隙。铅丸之相对于包围它们的沙粒所处的情况，与物体粒子之相对于热素的情况，恰恰相同；不同之处仅仅在于铅丸被设想为处于彼此接触状态，而物体的粒子由于热素使它们彼此之间隔开一点距离，因此并不处于接触状态。

如果我们用六面体、八面体或者其他任何形状规则的固体代替铅丸，那么它们之间空隙的容量就将减小，因此也就不再容纳等量的沙。就自然物体而论，情况亦相同；由于物体粒子的形状和大小不同，由于粒子保持的距离随其内在吸引力与热素对其施加的排斥力之间实际比例的不同而不同，粒子之间剩下的空隙并不具有相等的容量，而是有所不同。

按这种方式，我们必定会理解英国哲学家们所提出的下列措辞，他们使我们对这个问题有了极为确切的了解：*物体容纳热质的容量*（*the capacity of bodies for containing the matter of heat*）①。由于与可感觉到的客体的比较在帮助我们形成对于抽象观念的清晰见解方面极为有用，我们将把被水浸湿和渗透的物体与水之间所发生的现象作为例子，加上一些见解，尽力对此进行说明。

如果我们把不同种类但大小相同的木块，譬如每块一呎大小，浸入水里，那么这种流体就会逐渐渗入其微孔之中，木块在重量和大小上都会增加：不过每块木头吸收的水量则不相同；较轻和多孔的木头吸收的量较大；木纹致密和紧实的则吸收的较少；因为被木块吸收的相应的水量取决于木头的组成粒子的本质以及粒子与水之间亲和力的大小。譬如，富树脂性木头尽管它同时是多孔的，也吸收不了多少水。因此我们可以说，不同种类的木头容纳水的容量不同；我们甚至可以通过其重量的增加来确定它们实际上所吸收的水量；不过，由于我们不知道它们在浸透前含有多少水，我们就不能确定从水中取出之后它们所含的绝对水量。

---

① 在英语中，“capacity”一词既指“容量”，又有“能力”，尤其是“接受能力”的意思。——C

毋庸置疑，对于浸入热素之中的物体来说，会发生同样的情况；然而，考虑到水是一种不可压缩的流体，而热素则相反，它有非常大的弹性；换言之，热素的粒子在受到其他任何趋近力的作用时，具有极大的彼此分离倾向；在就这两种物质所做的各种实验的结果中，这个不同之处不可避免地会引起各种相当大的差异。

由于确立了这些清楚而简单的命题，对于下列措辞应当包含的观念进行解释就十分容易了，这些措辞决不是同义的，它们各自具有下列定义中严格而明确的含意：

游离热素（*free caloric*）是没有以任何方式与其他任何物体化合的热素。不过，由于我们生活于热素对其有极强的黏着力的系统之中，因此我们决不会获得处于绝对游离状态的热素。

化合热素（*combined caloric*）是被亲和力或有择吸引力固定在物体内，以致成为物体的物质的一部分，甚至是其体积的一部分的热素。

我们可以通过物体的*比热素*（*specific caloric*）这一措辞，了解使具有相同重量的许多物体升到某个相同温度各自所必需的热素的量。热素的这种相应的量取决于物体的组成粒子之间的距离以及结合程度的大小；这种距离，或者更确切地说，由它形成的空间或空隙，正如我们已经说过的，称为*物体容纳热素的容量*（*capacity of bodies for containing caloric*）。

被认为是一种感觉的*热*（*heat*），或者换言之，可感觉到的热，只是由于脱离了周围物体的热素的运动或流通，作用于我们的感觉器官所产生的结果。一般说来，我们只是由于运动的缘故才得到各种印象，我们也许可以把它确立为一条公理，即*没有运动就没有感觉*。这条一般原理非常准确地适用于热和冷的感觉：当我们接触一个冷物体时，在所有物体中总是趋向于 in equilibrio[①] 的热素，便从我们的手进入我们所接触的物体，给我们以冷的知觉或感觉。当我们接触一个暖和的物体时，正好相反的事情就会发生，热素从物体进入我们的手，引起热的感觉。如果手与接触的物体温度相同或者是极为接近，我们就得不到什么印象，不论是热是冷，因为没有热素的运动或流通；因此，没有引起感觉的相应运动，就不可能产生感觉。

当温度计上的温度上升时，就表明游离的热素正在进入周围物体：温度计不可避免地会得到与其质量以及容纳热素的容量相应的一份热素。因此，由温度计上所发生的变化，仅仅知道在那些物体中热素位置的变化，而温度计则是这些物体当中的一部分；这种变化仅仅表明得到的部分热素，并不是离析、取代和吸收了的总量的量度。

确定后一项的最简单、最精确的方法，也就是德·拉普拉斯先生在1780年《科学院文集》第364页所描述的方法，在本书快要结尾的地方可以找到对此方法的扼要解释。这个方法就在于，把一个物体或者使热素由之分离的数个物体的组合置于一个中空冰球的最中间；而熔化的冰量就是被分离的热素的精确量度。依靠我们按照这个办法所构造的装置测定的，可能不是所谓物体容纳热的容量，而是被测定的温度所引起的容量的增加或减少的比例。很容易用同样的装置，把若干个实验配合起来，去测定使固体物质转变成液体或者使液体物质转变成弹性气态流体所需要的热素的量；反过来，测定弹性蒸

① 拉丁文，意为“处于平衡状态”。——C

气变成液体时逃逸出来的热素的量，情况也一样。或许，在足够精确地做了实验之后，我们也许有一天能够测定制造几种气体所必需的热素的比例量。我将在后面的一章中专门说明在这一方面所做的那类实验的主要结果。

在结束这一章之前，尚须就气体的弹性和处于蒸气状态的流体的弹性交代几句。理解这一点并不难，即这种弹性依赖于热素的弹性，热素似乎是自然界最优良的弹性物体。而更易于理解的就是，一个物体通过与另一个具有弹性的物体化合，会变得富于弹性。我们必须承认，这只是用弹性假定对弹性作出的一种解释，因此我们仅仅把困难向前移动了一步，而弹性的本质以及热素具有弹性的原因尚未得到解释。抽象地讲，弹性不过是物体的粒子在被迫压到一起时用以使彼此恢复到原状的属性。热素粒子的这种分离倾向甚至发生在相当远的距离上。当我们考虑到空气可以被大大地压缩，这就必须假定其粒子原来相隔很远时，我们就会确信这一点；因为靠近到一起的能力必然意味着原先的距离至少与靠近的程度相等。因而，本来就相距甚远的这些空气粒子势必会进一步彼此分离。事实上，如果我们在一个大容器中制造波义耳真空(Boyle's vacuum)，那么最后剩下的一点空气自身就会均匀地扩散，占满该容器的全部容量，不论容器有多大，空气都会完全将其充满，并且冲压四处，撞击器壁。然而，不假定这些粒子到处都在尽力自相分离就不能解释这种效应，我们完全不知道这些粒子在多远的距离上或者稀薄到何种程度这种自相分离的努力才会不再起作用。

因此，在这里，弹性流体的粒子之间存在着真正的排斥力；至少情况确实发生了，就仿佛排斥力实际上存在过似的；我们完全有权断定，热素的粒子彼此推斥。一旦允许我们假定有这种推斥力的时候，对气体或气态液体形成的理论阐述(*rationale*)就变得十分简单；不过我们必须同时承认，就作用于彼此离得很远的微小粒子的这种推斥力，形成一个精确的思想，是极为困难的。

也许，更为自然的，是假定热素粒子比任何其他物质粒子具有更强的相互吸引力，是假定后一种粒子由于热素粒子之间的这种较强的吸引力而被迫分离，这种吸引力作用于其他物体粒子之间的热素，使它们能够彼此再结合起来。干海绵吸水时所发生的现象，与这个思想有些类似：海绵膨胀了；其粒子彼此分离；全部空隙都充满了水。显然，海绵在膨胀时所获得的容纳水的容量比它干燥时所具有的容量更大。但是我们不能肯定认为，水进入海绵粒子之间，就给它们赋予了推斥力，有助于使它们彼此分离；正相反，所有这些现象都是靠吸引力所产生的；这些吸引力第一是水的重力，以及与所有其他流体相同的那种到处都起作用的力；第二是产生于水粒子之间，使其结合在一起的吸引力；最后是存在于海绵粒子与水粒子之间的吸引力。容易理解，对这个事实的解释，有赖于对这几种力的强度及其之间的联系作出恰当的估价。由热素引起的物体粒子的分离，很可能以类似的方式依赖于各种吸引力的某种结合。与我们知识的不完善性相一致，我们力图通过热素传递对物体粒子的某种推斥力这一假定去表示这种结合。

第二章 与我们大气的形成和组成有关的一般看法

我所采取的有关弹性气态流体或气体的这些看法，极有助于阐明行星大气，尤其是我们这个地球的大气最初形成的情况。我们很容易设想，它必定是下列物质的一种混合物：第一是可以蒸发的所有物体，更严格地讲是能够在我们大气的温度下，在与气压计的28吋水银柱相当的压力下，保持气体弹性状态的所有物体；第二是能够被这些不同气体的混合物所溶化的一切物质，不论是液体还是固体。

最好是确定我们关于这个问题的思想，这个问题迄今还没有得到充分的考虑，让我们设想一下，假若地球的温度突然变了，组成我们地球的各种物质中会发生什么变化。例如，假若我们被突然送到水星的范围之内，那里的常温很可能比沸水的温度高得多，那么，地球上的水以及在接近沸水温度时可呈气态的所有其他流体，甚至水银，都会变得极为稀薄；所有这些物质都会变成永久的气态流体或气体，而成为新的大气的一部分。这些新的空气或气体种类就会与那些业已存在的气体混合，发生相互的分解和新的化合，直至存在于所有这些新旧气态物质之间的一切有择吸引力或有择亲和力完全起作用时为止；此后，组成这些气体的基本要素被饱和，才会静止下来。然而，我们必须注意这一点，即甚至在上述假设的情况下，这些物质的气化也会有个界限，而这个界限正是由这种气化本身所产生的；因为大气压会随弹性流体的增加而成比例地增大，任何一点压力多少都会阻止气化，就是最易气化的流体也能抗拒极高温度的气化作用，如果按比例地加压，水和其他流体在帕平蒸煮器(Papin's digester)中就能保持炽热状态；我们必须承认，新的大气终会达到某个重度以致还没有气化的水停止沸腾，并且保持液体状态；因此，照这种想象，对于同样性质的所有其他物质，大气重力的增加都会达到某个不能超过的极限。我们也许可以进一步扩展这些想法，考察石头、盐以及组成我们地球的物体的绝大部分可熔物质会发生什么变化。这些东西会软化、熔化，变成流体等等。不过这些推测使我离开了我的目的，我得赶紧回到我的目的上来。

按照与我们已经形成的想象相反的一个想象，假若地球竟然被送进某个极为寒冷的区域，那么现在组成我们的海洋、江河和流泉的水，以及我们所知道的可能更多的流体，就会变成密实的山脉和坚硬的岩石，它们本来像水晶一样透明、均质，但是由于与外来的异种物质混合，迟早会变成带有各种颜色的不透明岩石。在这种情况下，空气，至少是现在组成我们大气的气态流体的某些部分，由于缺乏使其保持流体状态的足够温度，无疑会失去其弹性：它会回到液体存在状态，而且还会形成新的液体，我们目前还不能就其性质形成隐约的想法。

这两种相反的想象清楚地证明了下列定理(corollary)：第一，固性(*solidity*)、液性(*liquidity*)和气态弹性(*aeriform elasticity*)是同一种物质仅有的三种不同存在状态或三种特殊变态，几乎所有的物质都可被依次设想为这些状态，而这些状态唯一取决于它们所经受的温度；或者换句话说，取决于渗入其中的热素的数量[1]。第二，极为可能的是，空气是一种以蒸气状态自然存在的流体；或者我们可以更好地表达为，我们的大气是在常温和普通压力下所能呈蒸气弹性状态或永久弹性状态的所有流体的一种复合物。第三，并非不可能的是，在我们的大气中我们也许可以发现某些天然地极为坚实的物质，甚至是金属；因为金属物质，例如仅仅比汞更易挥发一点的某种金属，可能存在于那种情况之中。

在我们所知道的流体当中，某些流体，譬如水和酒精，可以按各种比例混合；而相反，另一些流体，如水银、水和油，只能瞬时地结合；而且在混合到一起之后，它们便分离开来，按照各自的比重排列。大气中应当会发生，至少也许会发生同样的事情。可能，甚至极为可能的是，最初形成的气体和平常形成的气体难以与大气混合，不断从中分离。如果这些气体与大气相比特别轻，当然，它们必定会聚集在较高的区域，形成飘浮在普通空气之上的气层。伴有似火效应的大气现象使我认为，在我们大气的上部存在着一个与产生北极光现象及其他类燃烧现象的空气层相接触的可燃流体气层。——我打算以后在一部单独的论著中继续讨论这个问题。

① 必须考虑它们所受压力的程度。——E

第三章　大气的分析，将其分为两种弹性流体：一种适宜于呼吸，而另一种则不能被呼吸

由以上所述可见，我们的大气是由在普通温度和它所受到的常压下能够保持气态的各种物质的混合物所组成的。这些流体构成气团，其中部分是同质的，气团由地球表面扩展到迄今所达到的最高处，其密度与压在上面的重量成反比地逐渐减小。不过，正如我在前面所谈到的，这第一个气层有可能被极为不同的流体所组成的另外几个气层所覆盖。

在这里，我们的任务是尽力通过实验，去确定组成我们生活于其间的下部气层的弹性流体的本质。现代化学已经在这种研究方面取得了重大进展；从下列详细叙述将会看到，与确定其他种类的物质的分析方法相比，人们已经更为严格地确定了空气分析方法。化学提供的确定物体组成要素的一般方法有两种，即分析方法和合成方法。譬如，当水与醇化合得到各种酒，也就是商业语言中所说的白兰地或酒精时，我们肯定有权断言，白兰地或酒精是由与水化合了的醇所组成的。我们可以用分析方法得到同样的结果；总的说来，没有这两种证明决不满足，这应当被看做是化学科学中的一个原理。

我们在空气分析方面有这个有利条件，既能够将其分解，又能够用极为令人满意的方式重新使其形成。然而，我现在将只限于详细叙述与这个标题有关的极具结论性的那些实验；我可以认为这些实验的大多数都是我本人的，我用全新的观点，以分析空气为目的，或者首先发明了这些实验，或者重复了他人的实验。

我取一个容积约为 36 立方吋的长颈卵形瓶 A，其长颈 BCDE 的内径有六或七吩，使瓶颈弯曲如图版Ⅳ图 2，以便使其置于炉子 MMNN 之中，用颈端 E 能够插入玻璃钟罩 FG 的这样一种方式，将其置于水银槽 RRSS 之中；我用一个虹吸管往长颈卵形瓶中导入四盎司纯汞，抽出容器 FG 中的空气以使水银上升至 LL，并贴一张纸条仔细地标明这个高度。精确地标明了温度计和气压计的高度之后，我点燃炉子 MMNN 中的火，让火持续燃烧了差不多十二天，使水银几乎总是处于其沸点状态。第一天没有发生异常情况：汞虽然没有沸腾，但却不断蒸发，以微滴形式覆盖了器皿的内表面，这些汞滴起初由于不断增大至足够的体积，结果掉回器皿底部的汞中。第二天，汞的表面开始出现红色微粒，接下来的四五天，这些微粒在大小和数目上不断增加，此后，两方面的增加便停止下来。在十二天末，由于见汞根本就不再煅烧，我就熄灭了炉子，让器皿冷却。长颈卵形瓶瓶体和瓶颈以及钟罩中的空气减少至气压计中的介质处于 28 吋处，温度计的标度至 10°(54.5°)，而实验开始时空气则约有 50 立方吋。实验结束时，减少至同样的介质压力和温度，剩下的空气只有 42 或 43 立方吋；因此它失去了约$\frac{1}{6}$的体积。后来，我收集了实验中形

成的漂浮在流动的汞中的红色微粒,发现它们共有 45 格令。

由于难以在一个实验中既保存我们所处理的全部空气,又因为收集煅烧过程中形成的全部红色微粒或汞灰,所以我不得不数次重复这个实验。因此,以后将常常发生这种情况,即我对一个细节给出性质相同的两三个实验结果。

这个实验中汞煅烧后所剩下的空气减少到原有体积的$\frac{5}{6}$,既不再适宜于呼吸又不再适宜于燃烧;置于其中的动物在数秒之内便窒息,而且小蜡烛一伸进去就熄灭,就好像它浸在水里一样。

其次,我取这个实验中形成的 45 格令红色物质,将其置于一个小玻璃曲颈瓶之内,取一个适当的装置接受能够被提取的液体或气态产物:用火加热了炉子中的曲颈瓶之后,我观察到,随红色物质逐渐受热,其颜色愈来愈深。当曲颈瓶接近炽热时,红色物质开始逐渐地大量减少,几分钟之后就全部消失了;同时在容器中收集到 41 $\frac{1}{2}$格令的流动汞,在玻璃钟罩中收集到 7 或 8 立方吋的弹性流体,该流体助呼吸和助燃烧的能力比大气要强得多。

将这种空气的一部分置于直径约为一吋的玻璃试管中,显示出如下性质:小蜡烛在其中燃烧发出炫目的光辉,炭不是像它在普通空气中那样平静地燃烧,而是像磷一样腾起火焰燃烧,放出耀眼之光使双眼几乎难以忍受。这种空气几乎同时被普里斯特利(Priestley)先生、舍勒先生以及我本人所发现。普里斯特利先生给它取了个名字叫做脱燃素空气(*dephlogisticated air*),舍勒先生把它称作火空气(*empyreal air*)。起初我把它命名为极适宜于呼吸的空气(*highly respirable air*),后来则用生命空气(*vital air*)这一术语代替它。一会儿我们就会明白,我们应当如何看待这些名称。

在思考这个实验细节的过程中,我们易于看出,汞在煅烧时吸收了空气中有益健康和适宜于呼吸的部分,或者更严格地说,是这种适宜于呼吸部分的基;剩下的空气是一种毒气,不能助燃烧或助呼吸;因此大气是由两种具有不同和相反品质的弹性流体所组成。作为这个重要真理的一个证明,如果我们让这两种弹性流体重新组合,这两种流体我们已在上述实验中分别得到,即 42 立方吋毒气和 8 立方吋适宜于呼吸的空气,我们就会再造出恰好与大气类似并且几乎具有同样的助燃烧、助呼吸以及有助于金属煅燃的能力的空气。

尽管这个实验给我们提供了获取彼此独立地组成我们的大气的两种主要弹性流体的一个极其简单的手段,但它对于这二者按什么比例成为大气的组成部分却没有使我们得到一个确切的概念:汞之对于空气的适宜于呼吸部分的吸引,更确切地说对于其基的吸引,还不足以强到克服反抗这种结合的一切情况。这些障碍就是大气的两个组成部分的彼此黏附力,以及使生命空气的基与热素结合的有择吸引力;由于这些缘故,当煅烧完结时,或者至少在某一确定量的大气中煅烧尽可能进行得很完全时,仍然会剩下一部分适宜于呼吸的空气与毒气结合着,汞不能将其分离出来。以后我将说明,至少在我们这个地带,大气是由适宜于呼吸的空气与有毒空气按 27 与 73 之比组成的;此外我还将讨论就这个比例的精确性而论仍然存在着不确定性的诸种原因。

由于汞煅烧时空气被分解,其适宜于呼吸部分的基被固定并且与汞化合,因此由已经确立的诸原理可以推定，在这个过程中，热素和光必定被分离出来，不过下列两个原因妨碍我们去感觉这种情况的发生：由于煅烧持续数天，因此热素和光的分离在很长的时间范围内展开，而在每个特定的时刻就微乎其微，结果就不可察觉了；其次，由于依靠炉子中的火进行操作，煅烧本身所产生的热与由炉子所发生的热相混淆了。我也许增加了空气的适宜于呼吸部分，或者确切地说是其基，这部分空气在开始与汞化合时没有放弃由它原来所容纳但在新化合物形成之后仍然部分保留的所有热素；不过关于这一点的讨论以及来自实验的证据，不属于我们这个部分的主题。

然而，促使空气以较快的方式发生分解，易于使热素和光的分离对于知觉来说变得明显。铁极适合这个目的，因为它所具有的对适宜于呼吸的空气的基的亲和力比汞要强得多。英根豪茨(Ingenhouz)先生关于铁的燃烧的第一流实验，众所周知。取一段细铁丝弯成螺旋形 BC(图版Ⅳ，图 17)，将其一端 B 固定在软木塞 A 中，软木塞适合于瓶 DEFG 的颈，将铁丝的另一端 C 上固定一点点引火物。这样准备好了时，将瓶子 DEFG 充满失去了有毒部分的空气；然后点燃固定在铁丝上的引火物，将其迅速插入瓶中，用软木塞 A 将瓶塞住，如图所示(图版Ⅳ，图 17)。引火物一与生命空气接触，就开始极为剧烈地燃烧；而且，当烧到铁丝上时，铁丝也着火迅速燃烧起来，放出耀眼的火花，火花以小圆球形状落至器皿底部，小圆球冷却时变黑但仍有一定程度的金属光泽。这样燃烧了的铁甚至比玻璃更脆，易于弄碎成为粉末，而且仍然可被磁铁吸引，不过吸引程度不如它燃烧前那么强。由于英根豪茨先生既没有检查铁所发生的变化，也没有检查这个操作所引起的空气的变化，因此我就用一套适合于阐明我的独特见解的装置，在不同情况下重复了这个实验，实验如下。

将玻璃钟罩 A(图版Ⅳ，图 3)充满约六品脱的纯粹空气或极适宜于呼吸的那部分空气之后，我用一个非常平的容器将钟罩移进水银浴槽 BC 中，并用吸墨水纸小心地使钟罩内外的汞面完全干燥。然后我配备了一个非常平敞的小瓷皿 D，将若干个小铁片扭成螺旋形放入其中，以看上去最利于燃烧传到每个部分这样一种方式放置铁片。将一点点引火物固定在其中一个铁片的末端，在引火物上加上约十六分之一格令的磷，接着把钟罩稍微提起，将装有东西的瓷皿放进纯粹空气之中。我知道，用这种方法，一些普通空气必定会与玻璃钟罩内的纯粹空气混合；不过要是行动敏捷的话，这就微不足道，无碍于实验的成功。这么做时，用弯管 GHI 从玻璃钟罩内吸出一部分空气，以使玻璃钟罩内的汞上升至 EF；为了防止汞进入弯管，用一小片纸绕盖住其末端。在吸空气时，如果仅仅利用两肺的运动，我们就不能使汞升到一吋或一吋半以上；但是，适当地利用口腔肌肉，我们就能毫不困难地使它升高六或七吋。

然后，我把一段铁丝 MN(图版Ⅳ，图 16)有意适当弄弯，用火使其炽热，将其透过汞插入容器之中，使其与引火物上的小块磷接触。磷立即着火，又引起引火物着火，再引起铁着火。如果铁片放置得适当，全部的铁都会燃烧，直至最后的一个铁粒，放出与中国烟花类似的耀眼白光。这种燃烧产生的强热使铁熔为大小不同的小圆球，其中的大部分落进瓷杯中；但有一些却离开瓷杯浮在汞面上。燃烧开始时，由于热引起的膨胀，使玻璃钟罩中的空气体积略有增加；但是不一会儿，空气就迅速减少，汞在玻璃钟罩内上升；如此，当铁量足够多且操作空气极纯时，所用空气几乎全都被吸收。

在这个地方注意这一点是适当的,即除非是为了发现所做的实验,用适量的铁燃烧较好;因为如果这个实验被扩展得太多以致吸收了许多空气的话,浮在水银上的杯子D就会与玻璃钟罩的底部靠得太近;产生的强热由于与冷汞接触引起突然冷却,易于使玻璃破碎。在这种情况下,玻璃上最小裂缝产生的瞬间所发生的汞柱的突然下降,会使槽中喷射出一大部分水银,产生一股射流。为避免这种麻烦,确保实验成功,在一个装有约八品脱空气的玻璃钟罩中燃烧一格罗斯半铁就够了。而且玻璃应当强固,能够承受它必须承受的汞柱的重量。

靠这个实验不可能一次即确定铁所得到的额外重量,又确定空气中发生的变化。如果要弄清铁所增加的额外重量,以及该重量与吸收的空气之间的比例,我们就得小心地用金刚石在玻璃钟罩上刻下实验前后汞的高度①。此后,像以前那样,用一小片纸防止弯管GH(图版Ⅳ,图3)充汞,将弯管插入玻璃钟罩之下,把拇指放在弯管的G端上,控制空气的通路;用这种方法让空气逐渐进去,使汞降至其水平线。这么做时,要小心地移动玻璃钟罩,要精确地搜集落在杯子中、散布在周围以及浮在汞面上的小熔铁球,全部都要称量。我们将发现,铁处于老化学家们所说的玛尔斯黑剂(*martial ethiops*)②状态,有一定程度的金属光泽,非常脆,在小锤之下或研杵钵之间易成粉末。若实验极为成功,由100格令的铁能得到135或136格令的黑剂,增加35%。

如果全力关注这个值得关注的实验,我们就会发现减少的空气重量正好等于铁所得到的重量。因此,由于燃烧的100格令的铁得到35格令的额外重量,就将发现空气正好减少70立方吋;结果,我们将发现,生命空气的重量差不多相当于每立方吋半格令;结果,一种物质增加的重量实际上恰好与另一种物质失去的重量相一致。

我要在这里说一次以后就不再提到的是,在每一个这类实验中,空气在实验前后的压力和温度在计算中均须化为温度计上10°(54.5°)、气压计上28吋的普通标准。在接近本书书末的地方,会精确详细阐述进行这种必要换算的方式。

如果需要对这个实验之后所剩空气的本质加以检验,我们就得用一种稍微不同的方式进行操作。在燃烧结束之后,器皿冷却下来,我们首先从水银中把手伸进玻璃钟罩,取出瓷杯和燃烧过的铁;接着导入一些草碱、苛性碱或草碱硫化物的溶液,或者经鉴定适合用于检验某种与剩余空气作用的其他物质。后面,在我对这里只是偶然提及的这些不同的物质的本质加以解释之后,我要对这些分析空气的方法作一说明。在这种检验之后,向玻璃钟罩中引入其中的水银那么多的水将其取代,然后把一个浅底盘放在玻璃钟罩下面,将其移进普通水封气体化学装置之中,在这里可以详细、方便地对剩余空气进行检验。

如果在这个实验中使用十分柔软、十分纯的铁,并且燃烧是在极纯的适宜于呼吸的空气或生命空气之中完成,那么就可发现,燃烧之后剩下的空气与它在燃烧之前一样纯,完全没混进有害或有毒部分;但是很难发现铁完全不含一点点炭状物质,该物质主要富

---

① 还必须同样注意,要把实验前后玻璃钟罩中所盛空气折合成普通温度和压力,否则,后面的计算结果就是错的。——E

② 玛尔斯(Mars),火星,罗马神话中的战神,西方古代炼金术士用它表示铁;黑剂(ethiops),已被废除的词,古指暗色化学制剂,尤指金属盐类。所谓玛尔斯黑剂,实际上是磁性氧化铁。——C

含于钢中。也极难获得完全不含某种毒气混合物的纯粹空气，纯粹空气几乎总是被毒气所污染；但是这种有害空气对实验结果没有丝毫的影响，因为总是发现它在最后的份额正好与最初的相同。

我在前面提到，我们有两种方法确定大气的组成部分，即分析的方法与合成的方法。汞的煅烧给我们提供了这两种方法的例子，因为用汞夺取了大气的基中的适宜于呼吸的部分之后，我们又使其恢复了原状，结果重组了与大气完全相似的一种空气。但是，我们从不同的自然界[①]借用的组成材料，可以同样合成这种大气的成分。今后我们将看到，当动物物质在硝酸中被溶解时，就分离出大量的气体，这种气体使火光熄灭，而且不适宜于动物的呼吸，恰恰与大气的有害部分或有毒部分相似。而且，如果我们取 73 份重量的这种弹性流体，使其与由煅汞中获得的 27 份极适宜于呼吸的空气相混合，我们就将制得在所有性质上皆与大气严格相似的一种弹性流体。

把大气的适宜于呼吸部分与有害部分分离开来有多种方法，不过，不预先介绍严格说来属于后续各章的知识，就不可能在这一部分之中注意到这些方法。已经引证的实验对于一部基础论著来说，也许足够了；就这个实质而论，我们选择证据的种类比其数目要重要得多。

我在结束这一章时要指出的是，大气及所有已知气体皆具有溶解水的属性，这种属性极为重要，在所有这种性质的实验中都要注意。索修尔(Saussure)先生通过实验发现，一立方呎的大气能够容纳 12 格令处于溶化状态的水；其他气体，如碳酸一样，似乎能够溶解更大量的水；不过还缺乏确定其比例的实验。这种被气体所容纳的溶化状态的水，在许多实验中引起各种特殊的现象，需要给予足够的注意，这通常证明是化学家们在确定其实验结果过程中出现大的失误的根源。

---

① 这里的自然界(kingdoms of nature)是指动物、植物、矿物三界。——C

第四章　大气的几个组成部分的命名

到目前为止，我不得已一直采用迂回说法来表示构成我们大气的几种物质的本质，暂时使用了空气的适宜于呼吸、有害或不适宜于呼吸的部分等术语。但是，我打算进行的研究需要更直接的表达方式；而且，由于现在已经就构成大气的组成部分的不同物质尽力给出了简单而清楚的思想，今后我将用同样简单的言词表达这些思想。

我们地球的温度十分接近于水成为固体及由固体相应的变为流体时的温度，而且，由于这种现象通常都发生在我们的观察之下，由此自然得出，至少在每个有冬季温度的地带的语言中，都有一个术语用来表示失去了热素的固态水。然而，尚未发现必定就有一个名称表示由于增加热素的量而变成蒸汽状态的水；由于那些并不特别研究这种对象的人们仍然不知道，当温度只比沸腾热高一点点时，水就变成一种弹性气态流体，像其他气体一样，能被容纳或装于器皿之中，而且只要仍然处于 80℃(212℃)的温度上及不超过汞气压计 28 吋的压力下，它就维持其气体状态。由于一般没有观察这种现象，因此没有哪种语言使用一个特别的术语来表示这种状态的水[①]；就一切流体以及处于我们大气的普通温度及平常压力而不蒸发的所有物质来说，出现的也是同样情况。

由于类似的原因，大多数气态流体的液态或有形状态也一直没有被赋予名称。人们以前不知道它们是由热素与某些基化合而产生的；而且，由于没有看见它们处于液态或者固态，因此甚至连自然哲学家们都不知道它们以这两种形式存在。

我们没有妄自更换这些被古来的习惯神圣化了的术语，而继续在通常的词意上使用水和冰这两个词。我们照样保留空气这个词来表示组成我们大气的那种弹性流体的集合；但是我们并没有认为必须同样看重被近来的哲学家们所采用的现代术语，而认为我们自己有权抛弃诸如此类被用来表示物质，而看上去易于引起错误的物质观念的术语，无论是以新术语代替的，还是采取在对旧术语加以限定之后，再用来表达更为确定的观念这样一种方式所采用的。新词主要按照其词源所表示的关于那种要被代表的东西的某种观念这种一种方式，取自希腊语；而且我们总是尽力让这些词简短，并且使其具有可变成形容词和动词的特性。

遵循这些原则，我们已经仿照马凯(Macquer)先生的范例，保留了范·赫尔蒙特(van Helmont)所使用的气体(*gas*)这个术语，把很多种弹性气态流体归在这个名称之下，唯将大气除外。因此，气体在我们的命名法中就成了一个全称术语，表示任何物体最高程度地被热素所饱和；事实上，这是一个表示存在方式的术语。为了对每种气体加以区分，我们使用由基的名称衍生而来的另一个名称，这种基被热素所饱和，形成每种特殊的气体。于是，我们把与热素化合而饱和形成弹性流体的水命名为水汽(*aqueous gas*)；把按同样

---

① 在英语中，水蒸气(*steam*)一词专门用来指蒸汽(vapour)状态的水。——E

方式化合了的醚命名为醚气(*etherial gas*);醇与热素的化合物就是醇气(*alcoholic gas*);遵循同样的原则,对于每种易与热素化合的物质,都设想它们呈气态或弹性气态,按这种方式,我们就有盐酸气(*muriatic acid gas*)、氨气(*ammoniacal gas*)等等名称。

我们已经明白,大气是由两种气体或弹性流体组成的,其中的一种通过呼吸能够有助于动物的生命,金属在其中可煅烧,可燃物体在其中能燃烧;相反,另一种则具有正好相反的特性;它不能被动物呼吸,既不容许易燃物体燃烧也不容许金属煅烧。我们由*οζυs* 即 *acidum*[1] 以及 *γειvoμαl* 即 *gignor*[2] 将前者或者空气的适宜于呼吸部分的基命名为氧(*oxygen*);因为实际上,这种基最一般的性质之一,就是能与许多不同物质化合形成酸。我们把这种基与热素的结合称作氧气(*oxygen gas*),它与以前叫做纯粹或生命空气(*pure* or *vital air*)的东西是同一种东西。这种气体在 10°(54.50°)温度及与气压计 28 吋相等的压力的重量,是每立方吋半格令,或者是每立方呎一司半。

由于大气的有害部分的化学性质迄今只知道一点点,因此我们已经满足于根据它具有杀死那些被迫呼吸它的动物的这种已知性质,得出其基的名称,由希腊文否定词 *α* 和 *ζωη* 即 *vita*[3] 把它命名为氮(*azote*);所以,大气的有害部分的名称 就是氮气(*azotic gas*);在同样温度和同样压力下其重量是每立方呎 1 盎司 2 格罗斯 48 格令,或每立方吋 0.4444 格令。我们不能否认,这个名称看上去有点怪;但是对于所有的新术语来说,情况必定如此,新术语直到某个时候通行之前,不能指望人们就熟悉它们。我们长期尽力寻找一个更恰当的名称,却没有成功;最初提出把它叫做碱气(*alkaligen gas*),因为根据贝托莱先生的实验,它似乎是氨或挥发碱的组成部分;但是我们至今尚无证据表明它是其他各种碱的一种组成元素;此外,它被证明是硝酸的组成部分,这就为以前把它称为氮(*nitrogen*)提供了很好的理由。由于这些原因,由于发现有必要抛弃按照系统的原则所提出的任何名称,我们认为我们在采用氮(*azote*)和氮气(*azotic gas*)的术语时没有犯错误的风险,这术语表达的只是一个事实,或者说表达它所具有的使呼吸它的动物丧失生命这样一种性质。

假若我在这个地方开始讨论几种气体的命名法的话,我就应当提前讨论更适合于留在以下各章中的主题:在本书的这一部分,足以制定出据以得到这些气体的名称的各种原则。我们采用的这种命名法的主要优点就是,一旦有一个适当的术语来辨识一种简单的基本物质,那么就可以很快由这个第一名称必然地导出其所有化合物的名称。

---

① 希腊文和拉丁文,意为“酸”。——C

② 希腊文和拉丁文,意为“产生者”。——C

③ 希腊文和拉丁文,意为“生命”。——C

第五章 论用硫、磷与炭分解氧气，酸形成通论

在做实验的过程中，一个决不应当违背的必要原则就是，实验要尽可能地简化，每个能使实验结果变得复杂的情况都要仔细地予以消除。为此，在构成本章对象的实验之中，我们决不使用大气，因为它不是简单物质。构成其混合物的一部分的氮气，在燃烧和煅烧中确实仅仅处于钝态；但是，除了它非常严重地妨碍这些操作之外，我们并非有把握认为它在某种情况下不会改变其结果；由于这个理由，我认为必须在下述表明纯氧气中的燃烧所产生的种种效应的实验中，只使用这种气体，来消除可能引起这种疑虑的原因；当氧气或纯粹的生命空气以不同比例与氮气相混合时，我将会谈到发生这些结果之中的各种差异。

将容量为六七品脱的玻璃钟罩 A（图版Ⅳ，图 3）充满氧气之后，我用一个下面滑溜的浅底玻璃盘将其从充满水的水槽中移进水银浴中，并且在使汞干燥之后，将 61 $\frac{1}{4}$ 格令的孔克尔磷（Kunkel's phosphorus）导入玻璃钟罩 A 下面两个像 D（图版Ⅳ，图 3）所描绘的小瓷杯之中；而且，我可以分别点燃每一份磷，而为了防止一个盘子的引燃另一个盘子的，其中一个盘子要用一块玻璃板盖住。然后，我用弯管 GHI 吸出一份足够的氧气，使水银在玻璃钟罩内升至 EF 处。此后，我用红热状的弯铁丝（图版Ⅳ，图 16），相继点燃两份磷，先点燃没用玻璃板盖住的那一份。燃烧极为迅速，伴有耀眼的光芒，放出大量的光和热。由于引起的强热，气体首先大量膨胀，但此后不久汞就恢复到原来的水平面上，气体被大量吸收；同时，玻璃钟罩的内壁被层层固化了的白亮的磷酸所覆盖。

在以上所说明的这个实验的开始，氧气的量化为普通标准总量时为 162 立方吋；在燃烧结束之后，同样化为该标准，则只剩下 23 $\frac{1}{4}$ 立方吋；因此燃烧时吸收的氧气的量是 138 $\frac{3}{4}$ 立方吋，等于 69.375 格令。

杯底剩下的一部分磷没有消耗掉，将其冲洗下来与酸分开，重约 16 $\frac{1}{4}$ 格令；因此，约有 45 格令的磷燃烧了。但是，由于不可能避免一二格令的误差，就此而言，我认为余下的量是可靠的。因此，在这个实验中，由于约 45 格令的磷与 69.375 格令的氧结合，由于有重量的物质不能穿过玻璃冒出来，所以我们就有权断定，由燃烧产生的白色片状物质的重量，必定等于所用磷和氧的重量，也就是 114.375 格令。我们不久就将发现，这些片状物完全由一种固体酸或固化酸所组成。当我们把这些物质的重量折算为一百份时，就会发现，100 份磷需要 154 份氧来饱和，这种化合将产生 254 份白色羊毛似的片状固化磷酸。

这个实验以最使人信服的方式证明，在一定的温度上，氧所具有的对磷的有择吸引或亲和力强于对热素的有择吸引或亲和力；由于这个缘故，磷吸引氧气的基，使其脱离热

素,而被离析出来的热素便使自己扩散于周围物体上。不过,虽然这个实验这么具有完全的决定性,但它仍不具有足够的严密性,因为在所描述的装置中,不可能弄清所形成的片状固化酸的重量;因此,我们只能通过计量所用的氧和磷的重量来确定它;但是,由于在物理学和化学中,对能用直接实验开清的东西进行猜想,是不可允许的,因此我认为必须在更大的规模上,用一套不同的装置重复这个实验如下。

我取一个直径为三吋开口的球形玻璃瓶 A(图版Ⅳ,图 4),配一个用金刚砂磨了的水晶瓶塞,塞上打有两个孔插管子 *yyy* 和 *xxx*。在用塞子塞上球形瓶之前,我放进一个支座 BC,支座顶上放一瓷杯 D,杯中装有 150 格令磷;然后把塞子装到球形瓶口上,用厚厚的封泥封住,盖上涂有生石灰和蛋白的亚麻布。当封泥完全干燥时,整个装置的重量经测定在一格令或一格令半之内。接着,我用一个接在管子 *xxx* 上的气泵抽空球形瓶,然后用配有一个活塞的管子 *yyy* 导入氧气。用默斯尼尔(Meusnier)先生和我在 1782 年《科学院文集》第 466 页所描述的水气机(hydropneumatic Machine),能极容易极精确地完成这种实验,由于默斯尼尔后来所做的增补和更正,在本书后面的部分将对这种水气机加以解释。用这个仪器,我们能以极精确的方式,弄清导入球形瓶中的氧气的量及实验过程中消耗的氧气的量。

当一切准备就绪时,我就用一面取火镜(burning glass)引燃磷。燃烧极为迅速,伴有耀眼的光芒和大量的热;由于实验过程能继续进行,大量白片贴在球形瓶的内表面,最后使球形瓶变得极不透光。这些白片最后变得如此之多,以致虽然不断补充本已维持了燃烧的新鲜氧气,然而磷却很快就熄灭了。让装置完全冷却下来之后,我首先弄清了所使用的氧气的量,并且在打开球形瓶之前对其精确称量。我接着冲洗下杯子中剩下的少量磷,并且使其干燥,进行称量,以便确定实验中消耗的磷的总量;磷的这种残留物是黄赭色的。显然,靠这几个预防措施,我可以容易地确定,第一,所消耗的磷的重量;第二,由燃烧产生的白片的重量;第三,与磷化合的氧的重量。这个实验得到了与前一个实验极为接近的同样结果,因为它证明,磷在其燃烧过程中吸收的氧的重量只比其本身重量的一倍半稍稍多一点;我更有把握地认识到,该实验中产生的新物质的重量恰好等于所消耗的磷的重量与所吸收的氧的重量之和,这的确易于演绎地确定。如果所使用的氧气是纯的,那么燃烧之后的残留物就与所使用的气体一样纯;这证明没有什么东西能够离开磷去改变氧气的纯度,证明磷的唯一作用就是把以前与热素结合着的氧与热素分离开来。

我在上面提到,当任何可燃物体在一个中空的冰球或完全按这个原理构造的一套装置中燃烧时,燃烧过程中融化的冰量正好就是被释放的热素的量。关于这一点,可查阅德·拉普拉斯先生和我提交的论文(1780 年,第 355 页)。在对磷的燃烧做了这种试验之后,我们发现,一磅磷在其燃烧过程中熔化了 100 磅多一点的冰。

磷在大气中的燃烧与在氧气中的燃物同样彻底,差异在于,由于与氧气相混合的比例很大的氮气的妨碍,使得磷在大气中的燃烧要缓慢得多,而且,由于只有氧气被吸收,氮气的比例变得很大,有利于终止实验使燃烧结束,以致所使用的空气只有五分之一被吸收。

我已经指出过,磷经燃烧变成了一种极亮的白色片状物质;而且其性质完全被这种转化所改变：它不仅由不溶于水而变成可溶的，而且极为贪潮以致吸引空气中的湿气迅速得惊人；它用这种方式变成一种比水稠得多，比水的比重大的液体。磷在燃烧前所处的状态中，几乎没有任何感觉得到的味道；通过与氧结合，它获得了一种极强烈的酸味：一句话，它由一种可燃物体变成了一种不可燃物质，并且成为被称作酸的那类物体中的一种。

不一会儿我们就会发现，可燃物质由于加氧而被转化成为酸的这种性质，为许多物体所具有。因此，严密的逻辑要求我们采用一个一般的术语，来表示所有这些产生类似结果的操作；这是简化学习科学的真正途径，因为不分类整理就记住所有细节是完全不可能的。由于这个原因，我们将用氧化(*oxygenation*)这个术语来表示磷由于与氧结合而向酸的转化，以及更为一般的，氧与可燃物质的每种化合：据此，我将采用动词氧化(*oxygenate*)，而且因此要说，在氧化(*oxygenating*)磷的过程中，我们将其转化为酸。

硫也是一种可燃物体，或者换言之，它是一种具有把氧从曾与之化合的热素那里吸引过来而使氧气分解的能力的物体。这可以通过与我们用磷所做的实验极为相似的实验，非常容易地得到证明；不过有必要提出这个前提，即在用硫所进行的这些操作当中，不能指望结果与用磷所进行的操作结果同样精确；因为硫的燃烧所形成的酸难以凝结，还因为硫的燃烧较为困难，而且硫可溶于不同气体之中。但是，由我自己的实验，我可以有把握地断言，燃烧中的硫吸收氧气；产生的酸比燃烧了的硫重得多；其重量等于燃烧了的硫的重量与吸收的氧的重量之和；最后，这种酸重而不燃，能以任何比例与水相溶合。关于这一点所剩下的唯一不确定的东西，只是关于成为该酸的组成部分的硫和氧的比例。

按照我们目前关于炭的所有知识，它必定被看成是一种简单的可燃物体，炭也具有吸收氧气的基使之与热素分离从而分解氧气的性质，但是由这种燃烧产生的酸在常温下并不凝结；在我们大气的压力下，它处于气体状态，需要很大比例的水与其化合或使其溶解。然而，虽然程度较弱，这种酸却具有其他酸所有已知的性质，而且它和它们一样，与能形成中性盐的所有的基化合。

炭在氧气中的燃烧可以像磷在置于汞上面的玻璃钟罩A(图版Ⅳ，图3)中的燃烧那样完成，但是，由于红热状态的铁的热不足以点燃炭，我们就得加一粒很微小的磷作为一点点引火物，照用铁点火所做的实验中说明的方式去进行。这个实验的详细说明，可在1781年《科学院文集》第448页中找到。通过这个实验，似乎28份重量的炭需要72份氧来饱和，而且，所产生的这种气态酸的重量正好等于所使用的炭和氧气的重量之和。这种气态酸曾被最初发现它的化学家们称作固定空气或可固定空气(*fixed* or *fixable air*)；他们当时并不知道它是否就是与那种被燃烧所污染或腐蚀了的大气或其他弹性流体相似的空气；但是，因为现已弄清，它是一种酸，就像通过其特定基的氧化而形成的所有其他酸一样，因此，固定空气这个名称显然就是极不可取的了①。

通过在第35页所提到的装置中燃烧炭，德·拉普拉斯先生和我发现，一磅炭熔化

① 虽然这里被作者省略了，但可以适当注意到，依照新命名法的一般原理，此酸被拉瓦锡先生及其同事们称做碳酸，处于气态时称作碳酸气。——E

96 磅 6 盎司的冰；燃烧过程中，有 2 磅 9 盎司 1 格罗斯 10 格令的氧被吸收，形成 3 磅 9 盎司1 格罗斯 10 格令的酸。这种气体在上面提到的普通标准的温度和压力下每立方吋重0.695格令，因此一磅炭燃烧产生34.242立方吋的酸气。

我可以成倍地增加这些实验，并可以用为数甚多的一个接一个的事实说明，所有的酸都是由某些物质燃烧形成的；但是，我所制定的由已弄清的事实到未知的东西，以及只从已经得到解释的细节引出例子的计划，阻止我在这个地方这么做。不过，在此期间，上面引证的这三个例子或许足以对酸形成的方式给出一个清晰、精确的概念。通过这些例子，可以清楚地看到，氧是所有由其构成酸性的物质所共有的一种元素，这些物质随被氧化或被酸化的物质本性的不同而相互区别。因此，在每一种酸中，我们必须注意对可酸化的基，即德·莫维先生所称的根（*radical*），与酸化要素或氧加以区分。

第六章　论酸的普通命名，尤其是从硝石和海盐中提取的酸的命名

根据上一章所制定的原则，极容易制定酸的系统命名法：由于酸这个词被用作全称术语，每种酸在语言上自然就由其基或根的名称区分开来。这样，我们就把酸的总称赋予磷、硫和炭的燃烧或氧化产物；这些产物分别被称为磷酸（*phosphoric acid*）、硫酸（*sulphuric acid*）和碳酸（*carbonic acid*）。

然而，在可燃物及部分可转化为酸的物体的氧化过程中，有一件值得注意的事情，即它们与氧可以有不同的饱和度，而且，所产生的酸虽然是由相同的元素结合而形成，但依比例的差异而具有不同的性质。关于这一点，磷酸，尤其是硫酸，给我们提供了例子。当硫与小比例的氧化合时，它就形成一种处于第一或较低氧化度的挥发性酸，该酸有刺激性气味，具有非常特殊的性质。用较大比例的氧，它就变成一种没有气味的固定的重酸，而且它与其他物体化合得到的产物与由前者提供的产物差异甚大。在这种情况下，我们的命名原则似乎是失败的；而且似乎不啰唆就难以由可酸化基的名称导出那些清楚地表达这两种饱和度或氧化度的术语来。然而，通过对这个问题的思考。或者更确切地说是出自这种情况的必然性，我们一直认为，简单地改变它们的特殊名称的词尾来表达酸在氧化过程的这些变体，是可以允许的。从前施塔尔所知道的由硫产生的挥发酸名叫亚硫酸（*sulphurous acid*）①。我们已经保留了这个术语，表示未被氧充分饱和的硫所产生的这种酸；用硫酸这个名称表示另一种完全饱和或氧化了的酸。因此，我们将用这种新的化学语言来说，硫在与氧化合的过程中可有两种饱和度：第一饱和度或低饱和度构成亚硫酸，该酸是挥发性的和刺激性的；而第二饱和度或高饱和度产生硫酸，该酸是固定的和无气味的。我们将采用词尾的这种差异表示所有取几种饱和度的酸。因此，我们就有亚硫酸、亚醋酸和醋酸（an acetous and an acetic acid）以及类似情况下的其他名称。

假若每种酸本身被发现时人们就知道其基或根的话，那么化学科学的这一部分就会极为简单，酸的命名法根本就不会像现在这样在旧的命名法中被弄得混乱不堪。例如，由于磷在其酸被发现之前就是一种已知的物质，因此这后一种物质当然就用一个由其可酸化基的名称导出的术语来表示。但是，当正好相反，一种酸的发现碰巧在其基的发现之前时，或者更确切地说，当它由之形成的可酸化基尚属未知时，用来表示二者的名称连极少的联系都没有；这样，不仅记忆被无用的名称所拖累，而且，甚至学生的心智，以及经验丰富的化学家的心智，都会充满错误的观念，只有时间和思考能够将其根除。我们可

---

① 英国化学家们以前用来表示这种酸的术语写作 *sulphureous*；不过我们认为像上面那样拼写才合适，因为这样可以更好地与后面所采用的 *nitrous*（亚硝）、*carbonous*（亚碳）等等的词尾一致。我们一般用英语词尾 *ic* 和 *ous* 译述作者的带有 *ique* 和 *cux* 词尾的术语，几乎无任何其他变化。——E

以举一个硫的例子，这个混乱的例子与酸有关：以前的化学家们由铁矾（the vitriol of iron）获得这种酸，由产生这种酸的物质的名称，给它取了个名字叫做矾酸（the vitriolic acid）；而且，他们当时不知道，通过燃烧由硫获得的酸恰恰就是同一种酸。

以前称为固定空气（*fixed air*）的气态酸也发生过同样的事情；由于不知道这种酸就是炭与氧化合的结果，人们就赋予它种种名称，这些名称没有一个真正表达了关于其本质或起源的观念。我们发现，如果把*矾酸*的名称变成*硫酸*，把固定空气的名称变成*碳酸*，那么，更正和修改与由已知基产生的这两种酸有关的老式语言，就极为容易；但是对于其基尚不知道的酸来说，不可能遵循这个方案；对于这些酸，我们只得采用一种相反的方案，不是由其基的名称来形成酸的名称，而是被迫由已知酸的名称来给未知基命名。对于由海盐获得的酸，情况就是如此。

为了使这种酸和它与之化合的碱基相分离，我们只有往海盐上倒硫酸；泡腾立即发生，带有很强的刺激性气味的白气出现，而且只要缓缓加热这种混合物，所有的酸就被驱除了。由于在我们大气的普通温度和压力下这种酸自然处于气态，因此我们就必须十分小心地将其保留在适当的容器之中。为了做小实验，最简单、使用起来最方便的装置由一个小曲颈瓶 G（图版Ⅴ，图 5）组成，里面导入很干[①]的海盐，然后我们倒上一些浓硫酸，立即把曲颈瓶口放在事先充满水银的小广口瓶或玻璃钟罩 A（同一个图版，同一幅图）之下。被分离出来的酸气按其比例进入广口瓶，到达水银的顶部，将其取代。当气体的分离减弱时，稍微加热曲颈瓶，然后逐渐加热，直至没有东西放出为止。这种酸气对水有非常强的亲和力，水吸引大量的酸气，这一点通过往装有这种气体的玻璃瓶中导入薄薄的一层水便可得到证明；因为全部酸气马上就消失而与水化合。

这后一个细节在意欲获得液态海盐酸的实验室和工厂里得到了利用；为此目的，要利用一个装置（图版Ⅳ，图 1）。其组成首先是一个平底曲颈瓶 A，其中放进海盐，然后通过开口 H 导入硫酸；第二是一个球形瓶或容器 C、B，用来容纳实验过程中放出的少量液体；第三是各有两个口、装有半瓶水的一套瓶子 L、L、L、L，用来吸收经蒸馏分离出来的气体。这个装置将在本书的后一部分详加描述。

虽然我们既不能构成这种海盐酸，又不能分解它，但我们丝毫都不能怀疑，这种酸与所有其他酸一样，是由氧与一种可酸化基结合而成的。因此，我们照伯格曼先生和德·莫维先生的样子，由以前用来表示海盐的拉丁词 *muria* 导出这个名称，把这种未知物质叫做*盐基*（*muriatic base*）或*盐根*（*muriatic radical*）。因此，由于不能确切地确定*盐酸*（*muriatic acid*）的组成成分，我们就用这个术语来表示这种挥发性酸，该酸在我们大气的普通温度和压力下保持气体形态，极容易大量地与水化合，其可酸化基与酸黏附得如此密切，以致迄今尚未设计出什么方法将它们分开。如果发现盐酸的这种可酸化基是一种已知物质，尽管它现在的身份尚属未知，那就必须用一个与其基的名称相类似的名称来代替其现名称。

与硫酸及其他几种酸一样，盐酸可以有不同的氧化度；不过，过量的氧对它产生的作

---

① 为此目的，采用称为烧爆（*decrepitation*）的操作，此操作就在于在一个合适的器皿中使其处于近于炽热状态，以使其所有的结晶水蒸发。——E

用与同样情况对硫的酸(acid of sulphur)产生的作用相反。低氧化度使硫变成挥发性气态酸，它只以很小的比例与水混合，而高氧化度则形成具有许多强酸性质的酸，它极为固定，不能保持气体状态，但在高温下无气味而且以很大比例与水混合。而对于盐酸，发生的情况正好相反；用氧增加饱和度使其更具挥发性，更具刺激气味，更不易与水混合，并且削弱了其酸性质。我们起初倾向于按照我们给硫的酸命名同样的方式，给这两种饱和度命名，把氧化程度较小的叫做亚盐酸(*muriatous acid*)，把被氧饱和较多的称为盐酸。但是，由于后者在其各种化合作用中产生了非常特殊的结果，由于化学中尚不知有什么东西与其类似，因此，我们就把盐酸的名称留给了饱和程度较低者，而给后者一个复合的名称，即氧化盐酸(*oxygenated muriatic acid*)。

尽管从硝石(nitre or saltpetre)提取的这种酸的基或根较为熟知，但我们却认为只有同样用盐酸的名称来规定其名称才是恰当的。用与所描述的提取盐酸的程度相同的程序，用同样的装置(图版Ⅳ，图1)，加入硫酸，从硝石提取它。按该酸放出的比例，它在球形瓶或容器中部分冷凝，其余部分被瓶子L、L、L、L中所盛的水所吸收；水依酸的浓度比例起初变绿，然后变蓝，最后变黄。在这个操作过程中，混有少部分氮气的大量氧气被分离出来。

这种酸与其他所有酸一样，由与一种可酸化基相结合的氧组成，而且恰恰就是已完全弄清氧就存在于其中的那第一种酸。它的两种组成元素结合得很弱，提供任何与氧的亲和力比这种酸特有的可酸化基对氧的亲和力更强的物质，就易于将这两种组成元素分离出来。最初，通过这种类型的某些实验发现，氮，即毒气或氮气的基，构成了其可酸化基或可酸化根，因而，硝石的酸实际上是一种硝酸，由作为其基的氮与氧化合而成。由于这些原因，我们很想能始终如一地遵循我们的原则，似乎不用氮的名称来称呼该酸，就得把该基命名为硝根(*nitric radical*)；但是，下述考虑阻止我们采用这两个名称中的任何一个。第一，看来难以改变硝石的名称，这个名称在社会上、制造业和化学中已被普遍采用；另一方面，贝托莱先生已发现氮是挥发性碱或氨的基，我们认为根据这种酸而将它称作硝根也不合适。因此，我们仍然用氮这个术语表示这个部分大气的基，亦即硝根或氮根；而且，我们已经对硝石的酸命了名，按照其所处的低和高氧化度，将前者称为亚硝酸(*nitrous acid*)，将后者称为硝酸(*nitric acid*)；这样，就保留了其得到适当修改的以前的名称。

几位极有名望的化学家曾经不赞成这样尊重这些旧术语，希望我们丝毫不要考虑古代的惯用法，而坚持完善一种新的化学语言；结果，由于沿着一条中间道路，使我们受到一个化学家宗派的非难，并且受到对立党派的忠告。

硝石的酸依其氧化度及作为其组成部分的氮和氧的比例，可以取许多独立的状态。它由第一或最低氧化态，形成一种特殊的气体，我们将依旧把它称为亚硝气(*nitrous gas*)；它大约由两份重量的氧与一份重量的氮化合而成；它在这种状态不溶于水。氮在这种气体中并没有被氧饱和，相反，它对这种元素仍有很大的亲和力，而且甚至它一与大气接触就将其从中吸引出来。亚硝气与大气的这种化合甚至已经成为确定空气含氧量的方法之一，从而也就成为弄清空气对健康的有益程度的方法之一。

氧的这种增加，使亚硝气转变成为一种强酸，该酸对水有很强的亲和力，而且其本身就有不同的氧化度。当氧与氮的重量比低于三比一时，该酸呈红色，并散发出大量的酸雾。它在这种状态经微热放出亚硝气，我们把处于这种氧化度的物质称为*亚硝酸*(*nitrous acid*)。

当四份重量的氧与一份重量的氮化合时，该酸清澈无色，在火中比亚硝酸固定，气味较少，而且其组成元素结合得较牢固。依照我们命名法原则，这种酸称为*硝酸*(*nitric acid*)。

因此，硝酸就是超载了氧的硝石酸；亚硝酸就是超载了氮或者说超载了亚硝气的硝石酸，后者就是没有被氧所充分饱和的、具有酸的性质的氮。对于这个氧化度，我们在本书的以后部分已经给它赋予了*氧化物*(*oxyd*)这个一般名称①。

---

① 严格按照新命名法的原则，表示氮处于几种氧化度的术语应当如下：氮、氮气(与热素化合了的氮)、氧化氮气、亚硝酸、硝酸，不过作者给出了他在这种情况中违背原则的理由。——E

第七章 论用金属分解氧气以及金属氧化物的形成

氧在一定程度上所具有的对加热了的金属的亲和力比对热素的亲和力强;由于这个缘故,除金、银、铂之外的所有金属物体,都具有通过吸收与热素化合了的氧气的基,而分解氧气的性质。我们已经说明这种分解借助于汞和铁发生的方式;已经观察到,在第一种情况下,必须把它看成是一种缓慢的燃烧,而在后一种情况下,燃烧极其迅速,并伴有耀眼的火焰。这些操作中热的用处就是让金属粒子彼此分离,并削弱其内聚吸引或聚集吸引,或者换个说法削弱它们彼此的相互吸引。

金属物质的绝对重量与它们吸收的氧的量成比例地增加;同时,它们失去金属光泽,变成土状粉末物质。这种状态的金属必然不会被看成是完全被氧饱和了的,因为它们对这种元素的作用被它与热素之间的亲和力所抵消。因此,在金属煅烧时,氧受到两种独立和相反的力的作用,即它对热素的吸引力和金属所施的力,由于后一种力超过了前一种力,一般说来前一种力无足轻重,所以氧倾向于与后者结合。因此,当金属物质在大气或氧气中被氧化时,它们不会像硫、磷、炭那样转化成为酸,而仅仅变成中间物质,该物质虽然接近盐类,但却没有获得盐的性质。老的化学家们不仅把灰渣(*calx*)的名称贴在这种状态的金属上,而且还把它贴在长时间受火的作用而没有被熔化的每一种物体上。他们把灰渣这个词转变成一个一般术语,在这个术语之下,他们把石灰土(calcareous earth)与金属相混淆,石灰土在煅烧之前的确是中性盐,靠火而变成一种土碱,其重量失去一半,而金属则以同样方式与一种新物质结合,其重量往往超过了原来的一半,由此,它们几乎成了酸类。尤其是保留上述术语表示金属物质的这种状态,我们关于该状态的性质所表达的必定是十分错误的观念,因此,这种把具有如此相反性质的物质放在同一个属名之下的分类模式,违反了我们的命名原则。所以,我们完全放弃了金属灰渣这一表达方式,而用源自希腊语 *οζυs* 的词即氧化物这一术语来代替它。

由此可以看出,我们所采用的语言是丰富而有表现力的。物体的第一或最低氧化度使物体转变成氧化物;增加的第二氧化度构成酸类,其种名取自其特定的基,以 *ous* 结尾,如亚硝酸和亚硫酸(*nitrous* and *sulphurous acids*);第三氧化度把这些酸变成以 *ic* 为词尾来区分的酸种,如硝酸和硫酸(*nitric* and *sulphuric acids*);最后,我们可以在酸的名称上加上被氧化的(*oxygenated*)一词,来表达第四或最高氧化度,如已经用过的氧化盐酸一词。

我们没有把氧化物这一术语仅限于表达金属与氧的化合,而已经将其扩展到表示一切物体的第一氧化度,这一氧化度没有将物体转变成酸,而是使其接近盐类。于是,我们就把硫经初步燃烧转化而成的那种软物质取名为氧化硫(*oxyd of sulphur*);我们用氧化磷(*oxyd of phosphorus*)这个名称来称呼磷在燃烧后所剩下的黄色物质。按同样方式,亚硝气即处于其第一氧化度的氮,就是氧化氮(*oxyd of azote*)。同样,我们有大量源自植物界和动物界的氧化物；而且我将在后面指出，这种新语言将极有助于阐明人工操作及大自然之造化。

我们已经看到，几乎一切金属氧化物都有独特而持久的颜色。这些颜色不仅因金属种类而别，而且依同种金属的不同氧化度而异。因此，我们还必须给每个化合物增加两个性质形容词。一个表示被氧化的(*oxydated*)[①]金属，而另一个则表示该氧化物的独特颜色。这样，我们就有黑色氧化铁、红色氧化铁以及黄色氧化铁；这些措辞分别与玛尔斯黑剂、铁丹、铁锈或赭石这些老的无意义的术语相对应。同样，我们有灰色、黄色和红色氧化铅，它们与铅灰、黄丹(massicot)及红丹(minium)这些同样错误或无意义的术语相吻合。

这些名称有时变得相当长，当我们要指明由于与硝石一起爆炸或借助于酸，金属是否在空气中被氧化时，尤其如此；但另一方面，它们转达的始终是合理而准确的思想，这些思想与我们通过它们的用法想要表达的客体相符合。通过本书的表格，这一切都将十分清楚明显地反映出来。

---

① 这里我们看到，按照从氧(*oxygen*)一词派生出动词氧化(*to oxygenate*)、被氧化(*oxygenated*)、氧化的(*oxygenating*)相同的方式，氧化物(*oxyd*)一词变成了动词氧化(*to oxydate*)、被氧化(*oxydated*)、氧化的(*oxydating*)。我不明白首先在这里再引入一个动词的绝对必要性，但是却认为在这样性质的一部著作中，为了严格忠实于作者的思想，忽略每一种其他的考虑是译者的责任。——E

第八章　论水的基本要素，论用炭和铁对其进行分解

直到不久前，水都一直被认为是一种简单物质，以致较老的化学家们认为它是一种元素。对于他们来说这是毋庸置疑的，因为他们不能将其分解；至少是由于完全忽视了每天在他们眼前发生的分解。但是我们却打算证明，水不是一种简单物质或基本物质。我在这里不是要妄撰这个迄今尚有争议的发现史，这在1781年的《科学院文集》中已有详述，而只是提出关于水的分解和成分的证据；我也许敢说，这些证据对于那些公正地对待它们的人来说将是有说服力的。

第一个实验

将直径为8至12吩的玻璃管EF（图版Ⅶ，图11）穿过炉子固定起来，从E到F略为倾斜，将较高的E端与盛有一定量蒸馏水的玻璃曲颈瓶A套接上并用封泥封住，在较低的F端接上旋管SS，旋管的另一端插入双管瓶H的一个瓶颈内，双管瓶的另一个瓶口接上弯管KK，以这样的方式以便在实验时将可被分离的那些气态流体或气体输送进某个适当的测定其数量和特性的装置之内。

为使这个实验有把握成功，管子EF须用经很好退火处理且难熔的玻璃制作，而且须用混有粉末状粗陶的黏土封泥涂在其外面；此外，管子还必须用一根穿过炉子的铁棒托住中部，以免实验时变软变弯。要是不难弄到完全没有微孔以致空气或蒸汽不能泄出的瓷管的话，选用瓷管其实就比玻璃管更能满足这个实验的需要。

这样安排就绪时，就在炉子EFCD中点火，火的强度维持在使管子EF炽热而又不至于熔化的程度；同时，在炉子VVXX中也维持这样的火以使曲颈瓶A中的水不断沸腾。

按曲颈瓶A中水被蒸发的比例，水充满管子EF，通过弯管KK将其中所含空气排除；蒸发形成的水汽在旋管中经冷却而凝结，一滴一滴地落入双管瓶H之中。持续进行这种操作直到所有的水都从曲颈瓶中被蒸发，并且仔细地排空所使用的所有皿之后，我们发现，进入双管瓶H之中的水量，恰恰等于曲颈瓶A中以前所盛的水量，气体一点也没有离析；因此这个实验原来是一个简单的蒸馏，而且，假若水经管子EF从一个器皿跑进另一个器皿，而未经中等白炽状态的话，结果会完全相同。

第二个实验

像前一个实验中那样配好装置之后，将适当弄碎成小部分，并且事先已在密闭的器皿中经长时间炽热的28格令炭，导入管子EF之中。其余一切均按前一实验中的办法处理。

曲颈瓶 A 中所盛的水如前面实验中一样蒸馏,并且在旋管中冷凝,落入双管瓶 H 之中;但同时有大量的气体离析,由弯管 KK 逸出,用一个适当的装置将其接受。操作结束之后,除了留在管子 EF 之中的一点灰烬微粒之外,我们什么也没发现,28 格令炭则完全消失了。

当仔细检验离析的气体时,发现它们重 113.7 格令[①];这是两种气体,即 144 立方吋的碳酸气,它重 100 格令,以及 380 立方吋的一种极轻的气体,它仅重13.7格令,当它与空气接触时用一个点燃了的物体靠近它,它就着火燃烧;而且,当仔细检验进入双管瓶 H 中的水时,发现其重量失去了 85.7 格令。因此,在这个实验中,85.7 格令的水与 28 格令的炭结合,以这样的方式化合,即形成 100 格令的碳酸,以及 13.7 格令的一种能燃烧的特殊气体。

我已经说明,100 格令的碳酸气由 72 格令氧与 28 格令炭化合而成;因此,放在玻璃管中的 28 格令炭从水中得到 72 格令氧;由此得出,85.7 格令水由 72 格令氧与 13.7 格令易燃烧的一种气体化合而成。一会儿我们就会明白,这种气体不可能从炭中离析出来,因而必定是由水产生的。

在对这个实验的上述说明中,我隐略了某些细节,这些细节只会在读者的心中把实验结果弄得复杂难懂。例如,这种易燃气体溶解极小的一部分炭,其重量借此略有增加,碳气的重量相应减少。尽管由这个细节所产生的改变无足轻重,然而我还是认为必须用严格的计算确定其作用,并将简化了的情况如上所述报道实验结果,就像这个细节没有发生过似的。无论如何,万一对我从这个实验引出的推论还有什么疑虑的话,那么下述实验就会将这些疑虑消散,我要引用这些实验来支持我的见解。

第三个实验

完全像前一个实验中那样配好装置,所不同的是,不用 28 格令炭,而是用 274 格令卷成螺旋形的薄片状软铁填满管子 EF。用炉子把管子烧至炽热状,使曲颈瓶 A 中的水不断沸腾直至全部蒸发,并通过管子 EF 在双管瓶 H 中冷凝。

这个实验中没有离析出碳酸气,我们得到的却是 416 立方吋或 15 格令的易燃气体,重量是大气的$\frac{1}{13}$。经检验蒸馏过的水,发现它失去了 100 格令,而且还发现,封闭在管子中的 274 格令铁获得了 85 格令的额外重量,其大小增加得相当多。此刻的铁几乎不能被磁铁所吸引;它溶于酸中而无泡腾现象;简言之,它转变成一种黑色氧化物,与在氧气中燃烧的完全相似。

在这个实验中,我们用水使铁发生了真正的氧化,与借助于热在空气中发生的氧化恰恰相似。由于分解了 100 格令的水,85 格令的氧就与铁化合,结果使它转变成黑色氧化物状态,离析出一种 15 格令的特殊易燃气体:由这一切清楚地看到,水是由氧与一种易燃气体的基化合而成的,它们各自的比例分别是,前者的重量为 85 份,后者的重量为

---

① 在本书的后一部分,将会找到对于分离不同种类的气体以及确定其量所必需的方法的详细说明。——A

15 份。

因为，除了氧这种为许多其他物质所共有的元素之外，水还含有另一种元素作为它的组成基或根，我们必须找到一个恰当的术语来表示它。我们所能想到的似乎没有什么比氢(*hydrogen*)这个词更为合适，它表示产生水的要素(*generative principle of water*)，取自 *υδορ* 即 *aqua*[①] 和 *γεινομαι* 即 *gignor*。我们把这种元素与热素的化合物称为氢气[②]；氢这个术语表示该气体的基或水的根。

这个实验给我们提供了一种新的易燃物体，或者换言之，提供的这种物体与氧有如此大的亲和力，以致使其脱离与热素的结合而把它吸引过来，并使空气或氧气分解。这种易燃物体本身与热素有如此大的亲和力，使得它除非与其他某种物体结合之外，在通常的温度和我们大气的压力下总是以气态或气体状态存在。在这种气体状态下，其重量约为相等体积的大气重量的$\frac{1}{13}$；尽管水能容纳少量处于溶解状态的这种流体，但它却不被水所吸收，而且它不能用来呼吸。

由于这种气体所具有的与其他一切可燃物体所共有的那种性质，不过是分解空气以及夺取与热素化合的氧的能力，因此易于理解，它如果不与空气或氧气接触就不能燃烧。所以，当我们点着一满瓶这种气体时，它就按外面的空气进入的比例，起初是在瓶颈处，然后是在瓶内，缓慢地燃烧。这种燃烧缓慢循序，而且仅仅发生在两种气体之间接触的表面。当这两种气体在它们点着之前混合时，情况就完全不同：譬如，若将一份氧气导入一细口瓶中之后，我们再把两份氧气充入其内，并将一支亮着的小蜡烛或其他燃着的物体移至瓶口，两种物体的燃烧瞬即以剧烈爆炸的形式发生。只应当在容量不超过一品脱，外面用麻绳缠住了的坚固的绿色玻璃瓶中做这个实验，否则操作者将面临瓶子破裂的危险，瓶子碎片将以极大的力量四处抛射。

如果以上关于水的分解所述的一切皆与真实情况相符；——如果正如我所尽力证明的那样，这种物质真的是由作为其特有组成元素的氢与氧化合而成，那么由此应当得出，通过这两种元素的重新组合，我们就会重组出水来；由以下实验可以断定，这种情况实际上会发生。

第四个实验

我取一个容量约为 30 品脱，有一个大口的大水晶玻璃球形瓶 A(图版Ⅳ，图 5)，瓶口上粘接着一块铜板 BC，铜板上有四个孔，孔中是四个管子的末端。第一个管子 H*h* 是打算用来接气泵的，球形瓶中的空气就用它来抽光。第二个管子 *gg* 通过其 MM 端与一个氧气储存器相通，球形瓶要用氧气来充满。第三个管子 *d*D*d*′通过其 *d*NN 端与一个氢气储存器相通。这个管子的 *d*′端是一个毛细口，通过它，用 1 吋或 2 吋水柱的压力把储存

① 希腊文和拉丁文，意为“水”。——C

② 氢这种表达已经受到某些人极为严厉的批评，这些人的借口是，它表示的是由水产生而不是产生水。本章中所述的实验证明，分解水时产生氢，氢与氧化合时产生水，以致我们可以说，水由氢产生或者氢由水产生，同样都是真实的。——A

器中所存氢气以适当的速度压进去。第四个管子插有金属丝 GL,其 L 端有一个圆球,是打算把电火花从 L 传到 d',以给氢气点火之用：这根丝可在管子中移动,以便我们能够使圆球 L 离开管子 Dd' 的 d' 端。dDd'、gg 和 Hh 这三个管子全部装有活塞。

为了使氢气和氧气尽可能多地去掉水分,它们通向球形瓶 A 的途中要经过填满盐的管子 MM 和 NN,盐由于其吸潮特性而贪婪地吸引空气中的潮气;草碱的醋酸盐、盐酸盐或石灰的硝酸盐就是这样①。这些盐只要弄碎成粗粉,以免它们结块阻止气体从其空隙中通过。

我们事先必须预备足够量的氧气,须通过与草碱②的一种溶液的长时间接触仔细将氧气中所混合的所有碳酸除去。

我们还必须有两倍数量的氢气,须以同样方式通过与草碱的水溶液的长时间接触仔细将氢气纯化。获取不含混合物的这种气体的最好方法,是按本章第三个实验所述,用极纯的软铁分解水。

如上所述把一切安排妥当之后,将管子 Hh 配上一个气泵,抽空球形瓶 A 中的空气。其次,我们让氧气进去充满球形瓶,然后用前面提到的压力迫使一小股氢气流通过管子 Dd',并立刻用电火花将其点着。用以上描述的装置,我们能够使这两种气体长时间地共同连续燃烧,因为我们有能力按照它们消耗的比例从它们的储存器中向球形瓶补充它们。我在另一个地方③描述了这个实验中所用的装置,并且解释了以一丝不苟的精确性确定这两种消耗量的方式。

随着燃烧的进行,有水附着在球形瓶或卵形瓶 A 的内表面,水在数量上逐渐增加,聚集成大水珠,滴到该容器的底部。在实验前后对球形瓶均进行称量,便容易确定收集到的水量。因此,我们对我们的实验进行双重检验,是通过确定用去的气体的量以及气体燃烧所形成的水的量来进行的,两个量必须彼此相等。通过这种运算,默斯尼尔先生和我弄清了,组成 100 份重量的水需要 85 份氧与 15 份氢相结合。这个实验是当着皇家科学院的许多委员们的面做的,迄今尚未发表。我们一丝不苟地注意了其精确性,有理由相信上述比例与绝对真值的偏差不会有 2%。

我们此刻可以由这些分析实验与合成实验断言,我们已经尽可能肯定地在物理学方面和化学方面弄清了,水不是一种简单的基本物质,而是由氧和氢两种元素组成的;这两种元素分开时,它们对热素有如此强的亲和力,以致在通常的温度和我们大气的压力下只以气体的形式存在。

水的这种分解与重组,在大气的温度下,靠复合有择吸引在我们的眼前无休止地进行着。一会儿我们就要看到,酒的发酵,腐烂,甚至植物生长所伴随的现象,至少在一定程度上就是由水的分解产生的。非常使人惊奇的是,自然哲学家们和化学家们迄今竟然对这个事实熟视无睹。它的确有力地证明,在化学中如同在道德哲学中一样,要战胜早

---

① 见本书第二部分所述这些盐的本质。——A

② 草碱在这里的意思是被生石灰夺去了碳酸的纯碱或苛性碱。一般而言,我们在这里观察到,一切碱和土质必须总是当做处于纯态或苛态的,除非有其他表达方式。——E

获得草碱的这种纯碱的方法,将在以后给出。——A

③ 见本书第三部分。——A

期教育中存在的偏见，沿着不同于我们一直惯于遵循的任何途径去探求真理，是极端困难的。

我将通过一个实验来结束这一章，这个实验比已经讲述过的实验论证程度要少得多，但似乎比其他任何实验给许多人们的头脑留下的印象都多。如果 16 盎司醇在一个适合用来收集燃烧时离析出的水的装置[①]中燃烧，我们就得到 17 至 18 盎司的水。由于没有哪种物质能够提供比它原来更多的东西，由此就得出，醇在燃烧时有另外某种东西与之结合了；我已经指出，这必定是氧，即空气的基。因此，醇含有氢，而氢是水的元素之一；大气含有氧，而氧是组成水的另一种必需元素。这个实验对于水是一种化合物来说是一个新的证明。

① 见本书第三部分对这一装置的说明。——A

第九章　论从不同种类的燃烧离析出的热素的量

我们已经提到，当任何物体在中空的冰球中燃烧并提供温度为零度(32°)的空气时，球内融化的冰量就成为离析出的热素的相应量的量度。德·拉普拉斯先生和我在1780年《科学院文集》第355页已经描述了这种实验所使用的装置；这同一个装置的描述和图版，在本书第三部分找得到。用这个装置，磷、炭和氢气给出如下结果：

1磅磷融化100磅冰；

1磅炭融化96磅8盎司冰；

1磅氢气融化295磅9盎司3$\frac{1}{2}$格令冰。

由于磷燃烧形成的是一种凝固的酸，因此也许有极少的热素留在该酸之中，所以以上实验给出的量极接近氧气中所含热素的总量。即使我们假定磷酸含有许多热素，但由于磷在燃烧前后所含的必定是接近相等的量。所以误差必定极小，因为这种误差仅仅在于燃烧前后磷和磷酸中所含热素数量之间的差异。

我已经在第五章中指出，一磅磷在燃烧时吸收一磅八盎司氧；由于以同样的操作融化了100磅冰，由此就得出，一磅氧气中所含热素的量能够融化66磅10盎司5格罗斯24格令冰。

一磅炭燃烧时仅融化96磅8盎司冰，它同时吸收2磅9盎司1格罗斯10格令氧。用磷做实验，这个数量的氧气离析出的热素的量，当足以使171磅6盎司5格罗斯冰融化；所以，这个实验中，足以使74磅14盎司5格罗斯冰融化的热素的量消失了。碳酸不像磷酸那样在燃烧之后处于凝固状态，而是处于气体状态，它需要与热素结合使其以该状态存在；最后的实验中失去的热的量显然就是为此所用去的量，当我们把这个量除以燃烧一磅炭所形成的碳酸的重量时，我们就发现，将一磅碳酸由凝结态变成气态所必需的热素的量，大概可以融化20磅15盎司5格罗斯冰。

我们可以对氢气的燃烧以及水的随之形成进行类似的计算。一磅氢气燃烧时，有5磅10盎司5格罗斯24格令的氧气被吸收，有295磅9盎司3$\frac{1}{2}$格罗斯的冰融化。但是根据用磷做的实验，在由气态变为固态时5磅10盎司5格罗斯24格令的氧气失去了足以使377磅12盎司3格罗斯冰融化的热素。在与氧气燃烧时，仅从同量的氧气中离析出来的热素，就多得能使295磅2盎司3$\frac{1}{2}$格罗斯的冰融化；因此，这个实验中形成的零度(32°)的水中，剩下的热素，多得能使82磅9盎司7$\frac{1}{2}$格罗斯的冰融化。

所以，由于一磅氢气与5磅10盎司5格罗斯24格令的氧燃烧形成了6磅10盎司

5 格罗斯 24 格令的水，由此就得出，在温度为零度（32°）的每磅水中，所存在的热素多得能使 12 磅 5 盎司 2 格罗斯 48 格令的冰融化，不过这里没有考虑氢气中最初所含的热素的量，由于缺乏对之进行计算的数据，我们不得已将其略去了。由此可见，水即使处于冰的状态似乎还含有相当数量的热素，氧在化合成水时似乎也保留有相当比例的热素。

由这些实验，我们可以设想下述结果是充分确立了的。

磷的燃烧

如前面的实验所述，由磷的燃烧似乎可见，一磅磷的燃烧需要 1 磅 8 盎司的氧气，产生 2 磅 8 盎司凝固磷酸。

燃烧一磅磷所离析出的热素的量，用该操作过程中所融冰的磅数表示为	100.00000
磷燃烧过程中由每磅氧所离析出的量，以同样方式表示为	66.66667
一磅磷酸形成过程中离析出的量	40.00000
每磅磷酸中所剩下的量	0.00000[①]

炭的燃烧

在一磅炭的燃烧中，有 2 磅 9 盎司 1 格罗斯 10 格令氧气被吸收，有 3 磅 9 盎司 1 格罗斯 10 格令碳酸气形成。

一磅炭在燃烧过程中离析出的热素	96.50000[②]
炭燃烧过程中从吸收的每磅氧气离析出的热素量	37.52823
一磅碳酸气形成过程中离析出的热素	27.02024
每磅氧在燃烧之后所保留的热素	29.13844
使一磅碳酸处于气体状态所必需的热素	20.97960

氢气的燃烧

在一磅氢气的燃烧中，有 5 磅 10 盎司 5 格罗斯 24 格令的氧气被吸收，有 6 磅 10 盎司 5 格罗斯 24 格令的水形成。

---

① 我们在这里假定磷酸不含任何热素，严格说来这并不真实；但正如我在前面所讲的，它实际上所含的量很可能极少，由于缺乏进一步计算所需的足够数据，我们没有给出它的值。——A

② 所有这些相对热素量都用几个操作过程中所融化的冰的磅数及小数部分来表示。——E

来自每磅氢气的热素	295.58950
来自每磅氧气的热素	52.16285
每磅水形成过程中离析出的热素	44.33840
每磅氧与氢燃烧之后所保留的热素	14.50386
每磅水在温度为零度(32°)时所保留的热素	12.32823

硝酸的形成

当我们使亚硝气与氧气化合以形成硝酸或亚硝酸时，产生的热度比氧气在其他化合过程中所放出的热度要小得多；由此得出，当氧被固定在硝酸中时，它还保留着在气体状态时所具有的大部分热。肯定可以确定在这两种气体燃烧过程中离析出的热素的量，从而确定化合发生之后所剩下的热素的量。这两个量中的第一个量，可以通过让这两种气体在用冰包着的一个装置中化合来确定；但是，由于离析出的热素的量极微，也许得在一个极为麻烦和复杂的装置中处理大量的这两种气体。这种考虑迄今一直在阻止德·拉普拉斯先生和我进行这种努力。同时，这个实验的位置可由计算来填补，其结果离真值不会相去很远。

德·拉普拉斯先生和我使适量的硝石和炭在一个冰装置中爆燃，并且发现，爆燃一磅硝石融化十二磅冰。后面我们将会看到，一磅硝石的组成如下：

草碱	7 盎司	6 格罗斯	51.84 格令	=4515.84 格令
干酸	8	1	21.16	=4700.16

上述干酸量的组成是

氧	6 盎司	3 格罗斯	66.34 格令	=3738.34 格令
氮	1	5	25.28	= 961.82

我们由此发现，在上述爆燃过程中，2 格罗斯 $1\frac{1}{3}$ 格令炭与 3738.34 格令或 6 盎司 3 格罗斯66.34 格令氧一起被烧掉。因而，由于燃烧过程中融化了 12 磅冰，由此得出，以同样方式燃烧的一磅氧会融化 29.58320 磅冰。加上一磅氧在与炭化合形成碳酸气之后所留下的热素的量，即我们已经确定了的能融化 29.13844 磅冰的量，那么，我们得到一磅氧与亚硝气化合成为硝酸时所保留的热素总量为 58.72164；这就是保留在该种状态的氧中的热素能融化的冰的磅数。

我们在前面看到，它在氧气状态至少含有 66.66667；因此得出，在与氮化合形成硝酸的过程中，它仅仅失去了7.94502。有必要就这一主题做进一步的实验，以确定这种计算的结果能够在多大程度上与直接事实相符。氧在化合成为硝酸的过程中所保留的这么大量的热素，就解释了硝石爆燃时热素剧烈离析的原因；更严格地讲，解释了各种情况下硝酸分解的原因。

蜡的燃烧

考察了简单燃烧的几种情况之后，现在我要就一个较为复杂的类型举几个例子。在一个冰装置中缓慢燃烧的一磅小蜡烛，融化133磅2盎司5 $\frac{1}{3}$格罗斯的冰。根据1784年《科学院文集》第606页上我的实验，一磅蜡烛由13盎司1格罗斯23格令炭和2盎司6格罗斯49格令氢组成。

通过以上实验，上述炭量应当融化	79.39390磅冰
氢会融化	52.37605
总计	131.76995磅

这样，我们就看到，从一支燃烧的蜡烛中离析出的热素的量，与分别燃烧与其组成部分相等的炭和氢所得到的热素的量完全一致。对蜡做的这些实验曾重复数次，因此我有理由相信它们是精确的。

橄榄油的燃烧

我们把一盏盛有一定量橄榄油的燃着的灯放进通常的装置之中，实验结束时，我们就严格弄清了烧光的油量以及冰的融化量；结果是，一磅橄榄油燃烧时，148磅14盎司1格罗斯冰被融化了。根据1784年《科学院文集》中我的实验，下一章中有这些实验的摘要，似乎一磅橄榄油由12盎司5格罗斯5格令炭和3盎司2格罗斯67格令氢组成。根据上述实验，这些量的炭会融化76.18723磅冰，一磅油中上述量的氢会融化62.15053磅。这二者求和便得出138.33776磅冰，这是将橄榄油的这两种组成元素分别燃烧会融化的量，但该油实际上融化了148.88330磅，这个实验的结果比由前面的实验提供的数据计算出来的结果多出了10.54554。

这个差异并不十分重要，它也许起因于这类实验中不可避免的误差，抑或是由于油的组成不全是所确定的那样。然而，我们关于热素化合的实验结果与有关热素离析的实验结果之间，被证明是极为一致的。

下列量仍然迫切需要加以确定，即：氧在与金属化合结果使其转化成为氧化物之后所保留的热素的量；氢在其不同存在状态中所含的热素量；还要比以前更加精确地弄清在水的形成过程中离析出了多少热素，因为就我们目前确定的这一点而论，尚有许多疑问,这些疑问只有靠进一步的实验来消除。我们目前在进行这项研究,一旦很好地弄清了这几点,我们希望很快弄清这几点,那么我们很可能就必须对本章中的实验结果和计算进行重要的修改。不过,我认为这不是对那些也许想在这同一个主题上付出劳动的人们隐瞒这么多已知东西的充足理由。按我们的努力,用推测发现一门新科学的原理而回避起来,是困难的;而且,难得从一开始就臻于完善。

第十章 论可燃物质的相互化合

由于可燃物质一般对氧具有大的亲和力，它们也应当彼此吸引或倾向于相互化合；*quae sunt eadem uni tertio, sunt eadem inter se*[①]；这个公理被发现是真的。例如，几乎所有的金属都能彼此结合，形成通常语言中所谓的合金(*alloys*)[②]。这些合金的大多数与一切化合一样，可以有几个饱和度；这些合金多数都比组成它们的纯金属脆，当熔合在一起的金属的熔度差别大时尤其如此。伴随合金法(*alloyage*)的部分现象，特别是铁的那种被工匠们称为热脆(*hotshort*)的性质，就是由于这种熔度差别引起的。必须把这种铁看成是合金，即几乎难熔的纯铁与在低得多的热度就能熔化的一点点其他某种金属的混合物。只要这种合金仍然是冷的，并且两种金属都处于固态，那么该混合物就是有延展性的；但是，如果被加热到足够的程度使较易熔的金属液化，那么，液体金属的粒子介入仍然是固体的那种金属的粒子之间，就必定会破坏它们的连续性，并使合金成为脆的。汞与其他金属的合金通常被称为汞齐(*amalgams*)，我们认为继续使用这个术语没有什么不便。

硫、磷和炭易于与金属结合。硫与金属的化合物通常称为黄铁矿(*pyrites*)。它们与磷和炭的化合物尚未命名，或者说只是近来方获得新的名称；因此我们曾毫无顾虑地按照我们的原则改变它们。金属与硫的化合物我们称为硫化物(*sulphurets*)，与磷的化合物称为磷化物(*phosphurets*)，与炭形成的化合物称为碳化物(*carburets*)。这些名称被扩展到上述三种物质在事先未被氧化的情况下成为其组成部分的一切化合物上。因此，硫与草碱即固定植物碱的化合物称为硫化草碱(*sulphuret of potash*)；它与氨即挥发性碱形成的化合物就被合名为硫化氨(*sulphuret of ammonia*)。

氢也能与许多可燃物质化合。在气体状态，它溶解炭、硫、磷以及数种金属；我们用碳化氢气(*carbonated hydrogen gas*)、硫化氢气(*sulphurated hydrogen gas*)和磷化氢气(*phosphorated hydrogen gas*)的术语来区分这些化合物。硫化氢气被以前的化学家们称为肝空气(*hepatic air*)，被舍勒先生称为来自硫的臭空气(*foetid air from sulphur*)。数种矿质水的效能，以及动物排泄物的臭味，主要就是由于这种气体的存在而产生的。磷化氢气具有一与大气接触，或者更恰当地说，一与氧气接触，就自动着火的性质，该性质是让热布雷(Gengembre)先生发现的。这种气体有一种难闻的气味，类似腐鱼的气味，而且，鱼在腐败状态发磷光的性质极可能是这种气体的逃逸引起的。当氢和炭化合在一起，没有热素的介入使氢处于气体状态的话，它们就形成油，这油随氢和炭在其组成中的

① 拉丁文，意为“与第三者相同者，彼此亦相同。”——C

② 我们从技术语言中知道的合金这个术语，用来表示金属彼此间一切化合或密切结合的特征极为恰当，为此该术语已在我们的新命名法中被采纳。——A

比例的不同,要么是固定的,要么就是挥发性的。从植物中榨出的固定的油或富脂油,与挥发性油或精油之间的主要差别是,前者含有过量的炭,当油被加热到沸水温度以上时它就被离析出来了;而挥发性油所含这两种组成成分有恰当的比例,不易被这样的热所分解,但却与热素结合成为气体状态,在蒸馏过程中未经变化而消失了。

在1784年《科学院文集》的第593页,我报道了我通过氢和炭的结合所做的油和醇的组成实验,以及关于它们与氧的化合物的组成的实验。根据这些实验,似乎固定油与氧在燃烧过程中化合,从而转化成水和碳酸。通过对这些实验的产物的计算,我们发现,固定油由21份重量的氢与79份炭化合而成。也许,油类固体物质譬如蜡呈固体状态,是由于含有一份氧。目前我正在做一系列实验,但愿这些实验会弄明白这个问题。

氢未与热素化合而处于凝结状态时是否能与硫、磷及金属化合,这是值得加以探讨的。按说我们所知道的东西当中没有什么东西会使这些化合不会发生;因为可燃物体一般能彼此化合,没有明显的理由把氢作为这个规则的例外,不过,迄今既无直接实验确定这种结合的可能,也无直接实验确定这种结合的不可能。铁和锌是所有金属中最有希望与氢化合的;但是,由于这两种金属具有使水分解的性质,由于在化学实验中完全没有潮气极为困难,因此,几乎不可能确定,在用这两种金属所做的某些实验中获得的一点点氢气,是否在此之前就已与金属化合为固体氢状态,或者是否由微量水的分解所产生。我们越是竭力防止水在这些实验中存在,获得的氢气的量就越少;而且,如果使用极精密的预防措施,甚至连很少的氢气几乎都察觉不到。

虽然这种探究也许与可燃物体,如硫、磷和金属吸收氢的能力有关,但我们确信,它们仅仅吸收一点点。确信这种化合物不是其组成中所必不可少的,只能被看成是有损其纯度的异物。用决定性的实验证明实际存在这种化合的氢,是这个体系的辩护者们[①]的本分,他们迄今仅仅用以想象为基础的猜测进行了证明。

---

① 这些辩护者指的是燃素理论的支持者,他们现在认为氢即易燃空气的基就是著名的施塔尔的燃素。——E

第十一章　关于具有几种基的氧化物和酸的观察，关于动物物质和植物物质组成的观察

我们在第五和第八章中已经考察了由硫、磷、炭、氢这四种简单的可燃物质燃烧得到的产物：我们在第十章中已说明，简单可燃物质能彼此化合成为复合可燃物质，并且已经注意到，一般的油，尤其是由氢和炭组成的固定的植物油，应当归入这一类。本章中尚须论述这些复合可燃物质的氧化，并说明具有双基或三基的酸和氧化物的存在。大自然给我们提供了为数甚多的这种化合的例子，她主要借此便能由数目极为有限的元素或简单物质产生出各种各样的化合物来。

很久以前便众所周知的是，当盐酸和硝酸被混合在一起时，一种复合酸便产生了，该酸具有的性质与这两种酸分别具有的截然不同。这种酸由于其溶解金的奇特性质而被称为*王水*(*aqua regia*)，被炼金术士们称作*金属之王*(*king of metals*)。贝托莱先生已经清楚地证明，这种酸的独特性质是由于它的两种可酸化基的化合作用引起的；由于这个原因，我们已断定，必须用一个恰当的名称来代表它。*硝化盐酸*(*nitro-muriatic acid*)的名称似乎就非常恰当，它表达了构成其组成部分的两种物质的类别。

以前仅仅在硝化盐酸中观察到的这种一酸双基现象，在植物界不断出现，简单酸即只有一个可酸化基的酸，在植物界发现得极少。从植物界获得的几乎所有的酸，都具有由炭和氢组成的基，或者由与或多或少的氧化合了的炭、氢、磷组成的基。所有这些基，无论是双基还是三基，由于所得到的氧比使它们具有酸的性质所必需的要少，因而也形成氧化物。来自动物界的酸和氧化物更为复杂，因为它们的基一般是由炭、磷、氢和氮的化合物组成的。

由于只是最近我对这些物质才得到一些清晰、明确的概念，所以在这个地方，我不就这个问题详加论述，而打算在我准备提交给科学院的一些论文中进行讨论。我的大多数实验已经完成；但是，为了能够精确报道所得到的各种量，这些实验还必须精心重复并在数目上予以增加。因此，我只简略列举植物和动物的酸及氧化物，并以对植物和动物物体的组成的一些看法来结束这一章。

我们把不同种类的树胶和淀粉都算在糖和黏液的名下，糖和黏液是含氢和炭的植物氧化物，氢和炭按不同比例化合为它们的根或基，并与氧结合使它们处于氧化物状态。外加进一定量的氧，它们就能由氧化物状态变成酸；随氧化度的不同及氢和炭在其基中比例的不同，它们形成几种植物酸。

用我们的命名原则，以构成植物酸基的两种物质的名称，给这些植物酸取名，这大概是容易的，因而，它们就是氢-亚碳酸和氧化物。用这种方法，我们可以仿照鲁埃尔(Rouelle)先生给植物提取物命名的方式，毫不啰唆地表示出，其元素中的哪一种过量存

在：当提取物质在植物提取物的组成中占优势时他称它们为提取-树脂物(*extracto-resinous*)，当它们含有很大比例的树脂物质时就称它们为树脂-提取物(*resino-extractive*)。按照这个方案，并根据我们以前所确立的命名原则，我们就有下列名称：氢-亚碳(*hydro-carbonous*)氧化物、氢-碳(*hydro-carbonic*)氧化物；碳-亚氢(*carbono-hydrous*)氧化物、碳-氢(*carbono-hydric*)氧化物。而对于酸，我们就有：氢-亚碳酸、氢-碳酸、氧化氢-碳酸；碳-亚氢酸、碳-氢酸及氧化碳-氢酸。很可能以上术语足以表示自然界中的一切种类，而且，随着植物酸被人们所熟悉，它们就将自然而然地排列在这些名称之下。不过，尽管我们知道组成这些酸的元素，但我们尚不知道这些成分的比例，并且远远不能按以上方式方法给它们分类；因此，我们已经决定暂时保留以往的名称。我现在在这项研究中比我们联合以表关于化学命名法的论著时稍微有所前进，但由尚不够精确的实验引出推论还不合适。虽然我承认化学的这个部分至今尚不明了，但我还得表达我的期待，我希望很快阐明这个部分。

更加不得已的是，我还得遵循同一个方案，给由三或四个元素化合成为其基的酸命名；我们从动物界得到大量的这种酸，甚至从植物物质中也得到一些。譬如，与氢和炭结合的氮就形成了氢氰酸的基或根；我们有理由相信，棓酸的基同样如此；几乎所有的动物酸都有由氮、磷、氢、炭组成的基。假若我们能设法同时表达基的这所有四个成分的话，那么，我们的命名法无疑就会是有条理的；它就会具有清晰、明确的性质；但是，尚不被化学家们普遍承认的这一大堆希腊文与拉丁文名词与形容词，就会具有不规范语言的面貌，既然以发音又难以记忆。此外，化学的这个部分远没达到它应当达到的精确性，这门科学的完善当然应当先于其语言的完善；所以我们必须暂时保留动物氧化物和动物酸的旧名称。我们只是冒昧地对这些名称做些微小的改动，当我们有理由假定基过量时就把词尾变成 *ous*[①]，当我们觉得氧占优势时就把词尾变成 *ic*[②]。

以下是迄今所知道的所有的植物酸：

1. 亚醋酸
2. 醋酸
3. 草酸
4. 亚酒石酸
5. 焦亚酒石酸
6. 柠檬酸
7. 苹果酸
8. 焦亚黏酸
9. 焦亚木酸
10. 棓酸
11. 安息香酸
12. 樟脑酸
13. 琥珀酸

虽然已经谈到的所有这些酸主要并且几乎完全都由氢、炭、氧组成，然而严格说来，它们既不含水、碳酸，也不含油，所含的仅仅是形成这些物质所必需的元素。氢、炭、氧在这些酸中相互施加的亲和力处于仅仅在通常的大气温度下才能存在的平衡状态；因为，

---

① 汉语中与此相对应的是在相应名词前加上词头“亚”。——C

② 汉语中与此相对应的是在相应名词后加上词尾“的”。——C

当它们被加热到温度略高于沸水温度时，这种平衡就被破坏了，部分氧和氢相结合形成水；部分炭和氢化合成为油；部分炭和氧结合形成碳酸；而最后，一般还剩下一小份炭处于游离状态，它相对于其他成分来说是过量的。

动物界的氧化物被人们知道的要比来自植物界的氧化物少，而且其数目到目前为止尚不确定。血液的红色部分、淋巴及大多数分泌液都是真正的氧化物，按照这种观点，对它们加以研究是极为重要的。我们仅仅开始了解六种动物酸，恐怕其中的几种酸在性质上极为接近，至少是差异很不明显。我不把磷酸算在这些酸当中，因为它在自然三界中都被发现了。这些酸是：

1. 乳酸
2. 糖乳酸
3. 蚕酸
4. 蚁酸
5. 皮脂酸
6. 氰酸

动物氧化物和动物酸的组成元素之间的联系不比来自植物界的氧化物和酸的组成元素之间的联系更持久，因为稍微增加温度就足以毁灭这种联系。但愿下一章能使这个问题比迄今所讨论的更加清楚。

第十二章　论依靠火的作用对植物物质和动物物质的分解

我们只有先考虑到成为植物物质的组成部分的元素的性质，这些元素的粒子彼此施加的不同的亲和力以及热素对它们的亲和力，才能透彻理解用火分解植物物质时所发生的事情。植物的真正组成元素是氢、氧和炭：这些元素为一切植物所共有，没有它们，植物就不能存在。只有在特殊的植物中发现并且不属于一般植物的那些物质的组成中，才必须有其他物质存在。

氢、氧这些元素具有与热素化合形成气体的强烈倾向，而炭则是一种与热素几乎没有多少亲和力的固定元素。另一方面，氧在常温下与氢和炭结合的倾向几乎相等，它在炽热[①]时与炭的亲和力要强得多，并且与之结合形成碳酸。

虽然我们远远不能理解所有这些亲和力，或者用数字表示它们的相对能量，但我们确信，不论考虑到它们和与之结合的热素的量有关时它们多么无常可变，它们在通常的大气温度下几乎都处于平衡；因此，植物既不含油[②]、水，也不含碳酸，不过却含这些物质的所有元素。氢既不与氧化合又不与炭化合，反之亦然；这三种物质的粒子形成一种三元化合物，该化合物只要不受热素的干扰就保持平衡状态，但稍微增加温度就足以毁灭化合物的这种结构。

如果增加植物所经受的温度不超过沸水的热，那么一部分氢就与氧化合形成水，其余的氢则与部分炭化合形成挥发性油，而剩下的炭如果不与其他元素化合就被固定在蒸馏器皿的底部。

正相反，我们用炽热就没有水形成，至少靠最初的炽热所产生的任何水都分解了，在此热度上与炭有较大亲和力的氧与之化合形成碳酸，没有与其他元素化合的氢与热素结合成氢气状态逸出。在这么高的温度下，也没有油形成，假若实验开始温度较低时有油产生的话，那么它也靠炽热的作用被分解了。这样，由于双重和三重亲和力的作用，植物物质在高温之下的分解便产生了；同时，炭为了形成碳酸便吸引氧，热素则吸引氢将其转化成为氢气。

每种植物物质的蒸馏都证明这个理论的真理性，只要我们能够把这种荣誉赋予某种简单的事实关系。当糖受到蒸馏时，只要我们仅仅用比沸水的热略低一点的热，它就只失去其结晶水，而仍然是糖并且保留它的一切性质；但是，一经把热升得只比这个热度高

---

① 虽然炽热这个术语没有表示出绝对明确的温度，但我有时还将用它表示大大超过沸水温度的温度。——A

② 必须理解我在这里谈到的植物处于全干状态；至于油，我的意思不是说它是在较冷时，即温度不超过沸水温度时榨取的；我只是暗示在超过沸水温度的热中用露火蒸馏得到的焦臭油；它仅仅是人们宣称靠火的作用产生的油。可以查阅我就这个问题发表在1786年《科学院文集》上的文章。——A

一点，它就变黑，部分炭从化合物中析出，轻度酸化的水伴着少量的油流过，蒸馏器中剩下的炭差不多是糖原有重量的三分之一。

含氮植物譬如十字花科之类以及含磷植物被火分解时，亲和力的运作就更为复杂；不过，由于这些物质仅仅以极少的量成为植物的组成部分，它们显然只对蒸馏产物产生轻微的影响；磷似乎与炭化合，并且从这种结合中获得了稳定性而留在蒸馏器中，而氮则与部分氢化合形成氨或挥发性碱。

动物物质由与十字花科植物几乎相同的元素组成，蒸馏时产生相同的产物，由于它们所含氢和氮的量较多，这个差异便使它们产生的油和氨较多。我只提出一件事实作为一个严密的证据，这个理论就是以此解释动物物质蒸馏时发生的一切现象的，这个事实就是通常以迪佩尔油(Dippel's oil)的名称为人们所知的挥发性动物油的精馏，和完全分解。当用露火经最初的蒸馏得到这些油时，由于含有少量几乎处于游离状态的炭，它们便呈褐色；但经过精馏它们便完全无色了。甚至在这种状态，其组成中的炭与其他元素的联系也微弱得使它只要暴露在空气中就析出了。如果我们把一些这种精馏好了的因而是干净、清澈、透明的动物油，放进一个在汞上面充满氧气的玻璃种罩之内，少顷，该气体就被油吸收而减少许多，氧与油中的氢化合形成水，沉至底部，同时，原来与氢化合的炭处于游离状态，通过使油变黑而显现出来。因此，使这些油保持无色透明的唯一方法，就是在瓶子里装满它们并严密地塞住瓶子，以阻止与空气接触，而空气总是使它们变色。

对这种油的连续精馏，提供了另一个现象来确证我们的理论。每次蒸馏，都有少量炭留在蒸馏器中，蒸馏器皿中的空气所含的氧与油中的氢结合，形成少量的水。由于在每次连续的蒸馏中都发生这个现象，如果我们使用大器皿和大热度，我们终会将全部的油分解，使其完全变成水和炭。当我们使用小器皿，尤其是使用文火或者仅比沸水热度高不到一点的热度时，通过重复蒸馏使这些油完全分解就极为乏味，要完成就较困难。我将在一篇论文单行本中，向科学院详述我关于油的分解的所有实验；不过我以上所讲的，也许足以给出关于动物和植物物质的组成以及靠火的作用将它们分解的恰当想法。

第十三章　论酒发酵对植物氧化物的分解

生产葡萄酒(wine)、苹果酒(cider)、蜂蜜酒(mead)以及通过酒精发酵形成的一切液体的方式，尽人皆知。榨出葡萄汁或苹果汁，并且用水将后者稀释，然后把它们放进温度至少保持在温度计的10°(54.5°)的大桶之中。迅速的内部运动，即发酵很快就发生了；液体中形成大量的气泡冒到表面；当发酵正盛时，离析出的气体的量如此之大，以致液体似乎就像在火上剧烈沸腾一般。如果仔细收集这种气体，就会发现它是一点其他种类的空气或气体都没有混合进去的极纯的碳酸气。

发酵结束时，葡萄汁由甜的、富含糖的东西变成不再含糖的葡萄酒，通过蒸馏，我们就得到一种商业上叫做*酒精*(*spirit of wine*)的可燃液体。由于这种液体是通过任何被水稀释了的糖精物质产生的，因而把它叫做酒精而不叫做苹果酒精或发酵糖精(spirit of cider or of ferment sugar)必定违背了我们的命名原则；所以，我们已经采用了一个更一般的术语，醇(*alcohol*)这个阿拉伯文词似乎就非常适合这个目的。

这种操作是化学中极为特别的操作之一。我们必须考察离析出的碳酸和产生的可燃液体是从哪里开始发生的，以及一种甜的植物氧化物以什么方式就这样转化成为两种如此相反的物质，一种是可燃物质而另一种则是完全相反的物质的。要解决这两个问题，就必须先了解对可发酵物质及发酵产物的分析。我们可以将此作为一个无可争辩的公理确定下来，即在一切人工操作和自然造化之中皆无物产生；实验前后存在着等量的物质；元素的质和量仍然完全相同，除了这些元素在化合中的变化和变更之外什么事情都不发生。实施化学实验的全部技术都依赖于这个原理。我们必须永远假定，被检验物体的元素与其分析产物的元素严格相等。

因此，由于我们是由葡萄汁得到醇和碳酸的，所以我无疑有权假定，该汁由碳酸和醇组成。根据这些前提，我们就有两种方法确定酒发酵时所发生的事，即确定可发酵物质的性质及其组成元素，或者精确地检验由发酵产生的产物；显然，关于这二者之中的任一种物质的知识，都必定导致对另一种物质的性质和组成的精确结论。按照这些考虑，必须精确确定可发酵物质的组成元素；为此目的，我没有使用或许不可能分析的复合果汁，而选择了其性质我已经做过解释的、易于分析的糖。这种物质是真正具有两个基的植物氧化物，其基由氢和炭组成，而一定比例的氧使氢和炭成为一种氧化物状态；这三种元素以这样一方式化合，以致极轻微的力就足以破坏这种联系的平衡。通过用不同方法所做的而且屡次重复的一系列实验，我弄清了糖中存在的这三种成分的比例，以重量论，几乎是八份氢、64份氧和28份炭形成100份糖。

糖必须与大约四倍于它的水混合以使其能够发酵；即使这样，没有某种其他物质帮助其开始发酵，其元素仍不会受到干扰。这要靠啤酒酵母来完成；一旦引起发酵，它就自动进行直至结束。我将在另一个地方说明酵母和其他酵素对可发酵物质的作用。对于每 100 磅糖，我通常用 10 磅糊状酵母，用的水则是糖重量的四倍。我将完全按照原样给出获得的实验结果，即使计算产生的小数也予以保留。

表Ⅰ.发酵材料

		磅	盎司	格罗斯	格令
水…………		400	0	0	0
糖…………		100	0	0	0
10 磅糊状酵母的组成为	水………	7	3	6	44
	干酵母…	2	12	1	28
	总　计	510	0	0	0

表Ⅱ.发酵材料的组成元素

		磅	盎司	格罗斯	格令
407 磅 3 盎司 6 格罗斯 44 格令水的组成为	氢	61	1	2	71.40
	氧	346	2	3	44.60
100 磅糖的组成为	氢	8	0	0	0
	氧	64	0	0	0
	炭	28	0	0	0
2 磅 12 盎司 1 格罗斯 28 格令干酵母的组成为	氢	0	4	5	9.30
	氧	1	10	2	28.76
	炭	0	12	4	59
	氮	0	0	5	2.94
	总重量	510	0	0	0

这样精确测定了受到发酵的材料的组成元素的性质和数量之后，我们接着就得检验由该过程形成的产物。为此目的，我将以上 510 磅可发酵液体放出一个适当的装置[①]之中，用此装置，我可以精确测定发酵时离析出的气体的量和质，甚至在我认为该过程的任何一个恰当的阶段都能够分别对每种产物加以称量。物质混合起来的一两个小时之后，尤其是它们被保持在温度计的 15°(65.75°)至 18°(72.5°)的温度时，最初的发酵标志就出现了；液体变得混浊多泡，小气泡离析出来升至表面并且破裂；这些气泡的量迅速增加，

① 上述装置在第三部分描述。——A

表Ⅲ.关于这些元素的概括

		磅	盎司	格罗斯	格令	磅	盎司	格罗斯	格令
水的	氧	340	0	0	0	411	12	6	1.36
酵母中的水的		6	2	3	44.60				
糖的		64	0	0	0				
干酵母的		1	10	2	28.76				
水的	氢	60	0	0	0	69	6	0	8.70
酵母中的水的		1	1	2	71.40				
糖的		8	0	0	0				
干酵母的		0	4	5	9.30				
糖的	炭	28	0	0	0	28	12	4	59.00
酵母的		0	12	4	59.00				
酵母的氮……						0	0	5	2.94
					总计	510	0	0	0

而且，极纯的碳酸随着浮渣，即从混合物中分离出来的酵母，而快速大量地产生。数天之后，随着热度或少或多地降低，内部运动和气体的离析减弱；但它们并没完全终止，长时间内发酵也不会结束。在此过程中，离析出 35 磅 5 盎司 4 格罗斯 19 格令的干碳酸，随之带走了 13 磅 14 盎司 5 格罗斯的水。容器中还剩下 460 磅 11 盎司 6 格罗斯53 格令微酸的酒。这酒最初是混浊的，但它会自行变清澈，并使部分酵母沉淀。当我们分别分析用极为麻烦的程序得到的这些物质时，我们就得到上述给出的结果，此方法以及所有的辅助计算和分析，都将在《科学院文集》中详加论述。

我在这些结果中甚至精确到了格令；不是迄今在这类实验中有可能达到我们的精确性，而是因为仅用了很少的几磅糖做实验，而且为了比较起见，我把实际实验的结果换算成了英担(quintal)或虚百磅(imaginary hundred pounds)。因此我认为，必须准确保留计算产生的小数部分。

当我们注意考虑这些表所显示的结果时，就容易精确地发现发酵时所发生的事情。首先，所使用的 100 磅糖中，还剩 4 磅 1 盎司 4 格罗斯 3 格令没有分解；因此，实际上我们只对 95 磅 14 盎司 3 格罗斯 69 格令糖起了作用；就是说，只对 61 磅 6 盎司 45 格令的氧、7 磅 10 盎司 6 格罗斯 6 格令氢以及 26 磅 13 盎司 5 格罗斯 19 格令炭起了作用。比较这些量我们就发现，它们完全足以形成发酵产生的所有的醇、碳酸和亚醋酸。因此，除非借口说氧和氢存在于那种状态的糖中，就没有必要假定实验中有任何水被分解。相反，我已经弄明白，植物的三种组成元素氢、氧、炭处于某种平衡状态或彼此结合状态，只要不受升高的温度或某种新的复合吸引的干扰，这种结合就存在；而且这些元素只是两两化合，形成水和碳酸。

表Ⅳ.发酵产物

		磅	盎司	格罗斯	格令
35磅5盎司4格罗斯19格令碳酸的组成为	氧…………………	25	7	1	34
	炭…………………	9	14	2	57
408磅15盎司5格罗斯14格令水的组成为	氧…………………	347	10	0	59
	氢…………………	61	5	4	27
57磅11盎司1格罗斯58格令干醇的组成为	与氢化合的氧…	31	6	1	64
	与氧化合的氢……	5	8	5	3
	与炭化合的氢……	4	0	5	0
	与氢化合的炭……	16	11	5	63
2磅8盎司干亚醋酸的组成为	氢…………………	0	2	4	0
	氧…………………	1	11	4	0
	炭…………………	0	10	0	0
4磅1盎司3格罗斯糖残渣的组成为	氢…………………	0	5	1	67
	氧…………………	2	9	7	27
	炭…………………	1	2	2	53
1磅6盎司0格罗斯50[①]格令干酵母的组成为	氢…………………	0	2	2	41
	氧…………………	0	13	1	14
	炭…………………	0	6	2	30
	氮…………………	0	0	2	37
510磅	总计	510	0	0	0

于是，酒发酵对糖的作用，不过是迫使其元素离析为两部分；一部分通过消耗另一部分而被氧化形成碳酸，而另一部分则被解除氧化状态转变成为可燃物质醇，以利于前者；因此，假若有可能使醇和碳酸重新结合起来，我们当会得到糖。显然，醇中的炭和氢不以油的状态存在。它们与一部分氧化合，氧使它们可与水融合；因此，氧、氢、炭这三种物质在这里同样以一种平衡态或相互化合态存在；事实上，当使它们通过炽热玻璃管或瓷管时，这种结合或平衡就被破坏了，元素就两两化合，水和碳酸也就形成了。

我在我关于水的形成的最初的论文中曾正式提出，在大量的化学实验中，尤其是在酒发酵时，水被分解了。后来我曾假定糖中存在着快速形成的盐，然而我现在确信糖仅仅含有适合于组成它的元素。也许易于确信的是，放弃我的最初看法必定使我失去了许多，但经过几年的思考，在对植物物质进行了大量的实验和观察之后，我的上述看法已经固定下来。

① 英文版误为“5”。——C

表Ⅴ.关于产物的概括

		磅	盎司	格罗斯	格令
409磅10盎司0格罗斯54格令氧被含于	水…………………	347	10	0	59
	碳酸………………	25	7	1	34
	醇…………………	31	6	1	64
	亚醋酸……………	1	11	4	0
	糖的残渣…………	2	9	7	27
	酵母………………	0	13	1	14
28磅12盎司5格罗斯59格令炭被含于	碳酸………………	9	14	2	57
	醇…………………	16	11	5	63
	亚醋酸……………	0	10	0	0
	糖的残渣…………	1	2	2	53
	酵母………………	0	6	2	30
71磅8盎司6格罗斯66格令氢被含于	水…………………	61	5	4	27
	醇的水……………	5	8	5	3
	与醇的炭化合的…	4	0	5	0
	亚醋酸……………	0	2	4	0
	糖的残渣…………	0	5	1	67
	酵母………………	0	2	2	41
酵母中的2格罗斯37格令氮		0	0	2	37
510磅	总计	510	0	0	0

我将谈谈给我们提供的对糖及每种植物可发酵物质的分析手段,来结束我就酒发酵所必须谈论的话语。我们可以认为,经受发酵的物质与由该操作引起的产物形成一个代数方程;而且通过逐次设定该方程中的每个元素是未知的,我们就能相继计算它们的值,这样就能用计算来验证我们的实验,并且相应的用实验来验证我们的计算。我经常成功地使用这个方法更正我的实验的最初结果,并指导我按更加合适的途径重复它们。我本人在一篇已经提交给科学院并很快就将出版的关于酒发酵的论文中,详尽解释了这个主题。

第十四章　论致腐发酵

腐败现象与酒发酵现象一样,是由极复杂的亲和力起作用引起的。受此作用的物体的组成元素不再继续处于三元化合的平衡状态,它们本身重新形成只有两种元素组成的二元化合物[①]或复合物;但这些化合物完全不同于由酒发酵所形成的产物。不是部分氢像酒发酵中的情况那样与部分水和炭结合形成醇,而是全部的氢在腐败过程中都以氢气的形式散逸了,同时,氧和炭与热素结合以碳酸气的形式逃逸了;因此,当整个过程结束时,尤其是当材料已经与足够量的水混合时,除了混有少量炭和铁的植物土质之外,什么也没剩下。所以,腐败不过是植物物质的完全分解而已,分解时,除了以泥土的状态留下的土质之外,所有的组成元素都以气体形式离析了[②]。

这就是当受腐败作用的物质只含氧、氢、炭及少量土质时,腐败的结果。不过这种情况是少有的,这些物质的腐败不完全且难以进行,需要很多时间方可完成。此外,含氮物质的确存在于一切动物物质,甚至大量的植物物质之中。这种辅助元素对腐败极为有利;由于这个原因,当希望促进这些物质的腐败时,可将动物物质与植物混合起来。农业上造混肥和堆肥的全部技术,就在于适当应用这种混合物。

给腐败材料增加氮,不单只加速该过程;该元素还与部分氢化合,形成一种叫做挥发性碱(*volatile alkali*)或氨(*ammonia*)的新物质。就氨的组成元素来说,用不同方法分析动物物质所得到的结果没有留下什么疑惑之处;每当先从这些物质中离析出氮时,都没有氨产生;在所有情况下,它们都只按它们所含氮的比例提供氨。氨的这种组成也被贝托莱先生在1785年《科学院文集》的第316页所充分证明,他在这里给出了种种方法,将氨分解并且分别获得它的两种元素氮和氢。

我在第十章提到,几乎一切可燃物体都能彼此化合。氢气尤具有这种性质;它溶解炭、硫、磷,形成所谓碳化氢气(*carbonated hydrogen gas*)、硫化氢气(*sulphurated hydrogen gas*)以及磷化氢气(*phosphorated hydrogen gas*)。其中后两种气体具有特别令人讨厌的气味;硫化氢气极像臭蛋的气味,磷化氢气的气味十分像烂鱼。氨也有特殊的气味,其刺激性和令人讨厌的程度不亚于其他几种气体。动物物质腐败所伴随的恶臭,便由这几种不同的气味混合产生。有时,氨占优势,这易于通过它对双眼的刺激感觉到;有时,如在粪便中,硫化氢气极占优势;而有时,如在烂鲱鱼中,磷化氢气最多。

我早就假定,没有什么东西能够扰乱或阻止腐败进程;但是佛克罗伊先生和图雷特(Thouret)先生已经在埋得相当深、保存得相当好而没与空气接触的死尸中观察到了某些独特的现象,已经发现肌肉往往转变成了真正的动物脂肪。这必定是由于某种未知的

① 二元化合物是由两种简单元素化合起来组成的化合物。三元和四元化合物由三种和四种元素组成。——E

② 在第三部分将给出适合在这种实验中采用的装置的说明。——A

原因，自然含于动物物质之中的氮被离析出来所致，它仅仅剩下氢和炭，这两种元素适合于产生脂肪或油脂。对于把动物物质转化成脂肪的可能性的观察，迟早会导致对于社会极为重要的发现。动物的粪便及其他排泄物主要由炭和氢组成，并且与油类极为接近，用露火蒸馏它们便提供大量的油；不过，这些物质的所有产物所伴随的难闻的奇臭，使我们除了把它们作为肥料之外，至少在长时间内不能指望它们在其他方面有什么用处。

我在这一章对于动物物质的组成仅仅作了猜想性的估计，迄今这还没有被完全理解。我们知道，它们由氢、炭、氮、磷、硫组成，它们全都处于五元化合状态，或多或少数量的氧使它们成为氧化物状态。然而，我们仍然不知道这些物质化合的比例，必须把化学分析的这个部分留给时间去完成，因为它与其他几个部分已经无关。

第十五章　论亚醋发酵

亚醋发酵不过是酒[①]在空气中通过吸收氧所产生的酸化或氧化而已。产生的酸就是亚醋酸，即通常所称的醋(*vinegar*)，它由氢和炭按照尚未弄清的比例结合起来所组成，并靠氧变成酸状态。由于醋是一种酸，我们可以由类比断定，它含有氧，但毫无疑问，这是由直接实验提出的：首先，不与含氧的空气接触，我们就不能把酒变成醋；第二，这个过程伴有空气体积的减少，这是由于氧的吸收引起的；第三，酒可以通过任何其他的氧化方式变成醋。

蒙彼利埃(Montpellier)的化学教授夏普塔尔(Chaptal)先生所做的一项实验，不倚赖于这些事实所提供的通过酒的氧化产生亚醋酸的证明，使我们对于这个过程中发生的事情有了一个清楚的了解。他往水中注入约与其自身容积相等的来自发酵啤酒的碳酸，并将此水置于与空气相通的地窖的容器之中，不一会儿全部转化成了亚醋酸。从发酵的啤酒桶中获得的碳酸气不太纯，含有少量溶解状态的醇，因此注入了它的水含有形成亚醋酸所必需的一切材料。醇提供氢和部分炭，碳酸提供氧和其余的炭，大气提供将此混合物变成亚醋酸所必需的其余的氧。由此观察得出，将碳酸转化为亚醋酸除了缺氢之外什么也不缺；或者更一般的说，根据氧化度，用氢可以把碳酸变成一切植物酸；相反，使任何植物酸丧失氢，它们就可以转化为碳酸。

尽管与亚醋酸有关的主要事实众所周知，然而，在比迄今为止所完成的更为精确的实验提供精确的数值之前，就仍然会缺乏这种精确的数值；因此，这就个主题我将不做任何进一步的详述。我已经说过的就足以表明，一切植物酸和氧化物的组成与醋的组成都是极为相似的；但是，要给我们讲授所有这些酸和氧化物中组成元素的比例，则还需要有进一步的实验。然而，我们易于察觉，化学的这个部分如同它的其他部分一样，在快速前进，趋于完善，而且，它已经比以前所认为的要简单得多了。

① 在本章中，酒这个词用来表示通过酒发酵而得到的液体，不论是用什么植物物质得到它的。——E

第十六章 论中性盐及其不同基的形成

我们刚才已经看到，来自动物界和植物界的一切氧化物和酸，都是靠少数简单元素，或者至少是迄今尚不能分解的元素，通过与氧化合而形成的；这些元素就是氮、硫、磷、炭、氢及盐酸根[1]。我们可以正当地欣赏大自然对于多元性质和形态所采用的方式的简单性，无论是使三四个可酸化基按不同比例化合，还是通过改变所使用的氧量使它们氧化或酸化，都是如此。按照我们现在准备论述的物体的顺序，我们将发现，这种方式仍然简单、多样，并导致大量的形态与性质。

可酸化物质通过与氧化合并随之转化为酸，便获得了进一步化合的极强的敏感性；它们变得能够与土质及金属物体结合，以此形成中性盐。因此，可以认为酸是真正的盐化要素(*salifying* principles)，与之结合形成中性盐的物质可以称为成盐基(*salifiable* bases)。这两种要素彼此结合成的结合体的本质，便是本章要讨论的主题。

关于酸的这种观点不允许我将它们看成盐，不过，它们具有含盐物体的许多主要性质，如在水中的可溶性等等。我已经观察到，它们是由两种简单元素，或者至少是由起作用时仿佛显得简单的元素组成的一级化合的结果，因此，用施塔尔的语言来说，我们可以按照*结合物*(*mixts*)的级别来排列它们。相反，中性盐则是由两种*结合物*彼此结合形成的二级化合的结果，所以可以称为*复合物*(*compounds*)。因此，我将不把碱[2]或土质排在盐类之列，我只规定那些由一种氧化了的物质与一种基结合而组成的东西为盐。

我已经在前面的专章中充分地详述了酸的形成，关于这个主题我将不增加任何进一步的东西；但是由于还没有对能够与它们结合形成中性盐的可酸化基作任何说明，所以我打算在本章说明这些基中每种基的性质和起源。这些基就是草碱、苏打、氨、石灰、苦土、重晶石、黏土[3]以及一切金属物体。

论 草 碱

我们已经指出，当一种植物物质在蒸馏器皿中受到水的作用时，形成一种三元化合物而处于某种平衡状态的组成元素氧、氢、炭，便服从于与所用的热度相一致的亲和力，

---

① 我没敢删去这种元素，因为这里是与动物物质和植物物质的其他要素一起列举出来的，不过在前面各章中根本就没有注意到它是这些物体的组成部分。——E

② 也许我这样把碱从盐类中剔除出去，会被认为是我所采纳的方法中的重大缺点，我愿意接受这个指责；不过，这个不便之处被如此多的优点所补偿，以致我认为它并不足以重要得使我改变我的方案。——A

③ 拉瓦锡先生称为矾土；但是由于黏土已经被柯万先生在某种意义上采纳作为表示这种物质的语言，我也就敢冒昧地使用它。——E

而两两结合。于是，第一次施火，每当产生的热超过沸水温度时，部分氧和氢就结合形成水；以后不久，其余的氢与部分炭就化合成油；最后，当火旺至炽热时，在这个过程的早期所形成的油和水就再度被分解，氧和炭结合形成碳酸，释放出大量的氢气，除了炭之外蒸馏器中什么也不剩。

这些现象的大部分发生在植物物质在空气中燃烧的时候；但既然就是这样，空气的存在便导入三种新物质，即空气中的氧和氮以及炭，至少其中的两种引起操作结果的重大变化。由于植物中的氢或由水的分解所产生的氢随着火的燃烧被迫按比例以氢气的形式跑出去，因此它一与空气接触就立即着火，水就再次形成，游离的两种气体的大部分热素形成火焰。当所有的氢气被赶出来燃烧并再次还原成水时，剩下的热素还继续燃烧但没有火焰；它就变成为碳酸，碳酸带走一部分热素足以使它处于气态；来自空气中的氧的其余热素被释放出来，产生出炭燃烧时观察得到的热和光。整株植物就这样被还原成水和碳酸，只剩下一点点叫做*灰*(*ashes*)的灰色土质，这实际上只是成为植物组分的被固定了的要素。

土，或者更确切地说是灰，其重量几乎不超过植物重量的二十分之一，它含有一种具有特殊性质的物质，该物质以*固定植物碱*(*fixed vegetable alkali*)或草碱的名称被人所知。要得到它，得把水倒在灰的上面，溶解草碱而把不可溶的灰留下；然后将水蒸发，我们就得到白色凝结状态的草碱：即使处于极高的热度，它也极为固定。我并不打算在这里描述制备草碱的技术，或者获得纯净状态草碱的方法，不过我为了使用任何以前没有解释过的词，已经开始讨论以上细节了。

由此法获得的草碱或少或多被碳酸所饱和，这是易于说明的。由于草碱没有形成，至少是没有被离析出来，但由于植物的炭靠增加来自空气或水中的氧而按比例转化成为碳酸，由此得出，草碱的每个粒子，在它形成的瞬间，或者至少是在它释放的瞬间，便与碳酸粒子接触，而且，由于在这两种物质之间有相当大的亲和力，它们自然就结合起来。虽然碳酸与草碱的亲和力比它与其他任何酸的亲和力都小，但仍然难以把最后的部分与它分离开来。完成这件事的最通常的方法，就是将草碱溶于水；往这种溶液中加入相当于其重量二三倍的生石灰，然后过滤溶液并在密闭的器皿中蒸发它；蒸发所剩下的含盐物质就是几乎完全失去了碳酸的草碱。在这种状态，它溶于等重量的水，甚至用极大的亲和力吸引空气中的潮气；它靠这种性质给我们提供了一种极好的手段，使空气或气体受其作用而让其变干。在这种状态，它溶于醇，尽管它与碳酸化合时不溶于醇，贝托莱先生利用这种性质作为获得极纯状态的草碱的方法。

一切植物由于燃烧都产生或多或少的草碱，但不同的植物提供不同纯度的草碱；的确，通常将来自一切植物的草碱都与易于与之分离的不同的盐相混合。我们不大能怀疑，植物燃烧留下的灰或土质在它们燃烧之前就存在于其中而形成可以称之为植物的骨骼或骨架部分了。但是它与草碱颇为不同；这种物质绝不是从植物获得的，而是通过能够提供氧和氮的过程或媒介，譬如燃烧，或者通过硝酸而获得的；因此尚没有证明草碱可能不是这些操作的结果。我已经开始就此对象做一系列实验，但愿很快能够对其结果给出证明。

论 苏 打

苏打和草碱一样，是通过浸滤从烧过的植物的灰中获取的一种碱，不过这种碱只是从生长在海滨的植物，尤其是草本植物莩(*kali*)中获得的，阿拉伯人给这种物质所取的碱(*alkali*)这个名称便是由此词派生出来的。它具有某些与草碱及其他完全不同的物质共同的性质。一般说来，这两种物质在其盐的化合物中具有各自的特性，并由此而彼此有别；譬如，从海产植物得到的、通常完全不被碳酸所饱和的苏打，不像草碱那样吸引大气的湿气，而是相反，它脱水，其晶体粉化转变成为一种白色粉末，该粉末具有苏打的所有性质，实际只是失去了结晶水而已。

我们对于苏打的组成元素的了解，并不比对于草碱的了解更多，我们同样不能断定它是早就形成了而存在于植物之中呢，还是通过燃烧所产生的几种元素的一种化合物。类推法使我们猜想，氮是一切碱的一种组成元素，就像氨的情况一样；不过我们只有很少尚未被任何与草碱和苏打的组成有关的决定性实验所确证的根据。

论 氨

然而，我们对于氨，即老化学家们所说的挥发性碱，却有极精确的认识。贝托莱先生在 1784 年《科学院文集》第 316 页通过分析已经证明，1000 份这种物质由约 807 份氮与 193 份氢化合而成。

氨主要可以通过蒸馏由动物物质得到，在蒸馏过程中，形成氨所必需的氮和氢按适当比例相结合；然而，用这种方法获得的氨是不纯的，混有油和水，而且多被碳酸所饱和。要使这些物质分开，首先要使它与某种酸，譬如盐酸化合，然后加上石灰或草碱使之从这种化合物中离析出来。如果氨是这样以最大纯度制得的时，它就只能以气态存在，至少在通常的大气温度下是如此；它有极刺激性的气味，用水可大量将其吸收，如果冷却或借压缩之助，尤其如此。因此，被氨所饱和的水通常就被命名为挥发性碱萤(*volatile alkaline fluor*)；我们将简单地称其为氨或液氨，当它以气态存在时则称其为氨气。

论石灰、苦土、重晶石与黏土

这四种土质的组成全属未知，直到通过新发现确定了其组成元素时才会知道其组成。我们当然有权把它们当成简单物体。人工在这些土质的制备方面没有什么作用，因为获得的这四种土质早就按自然状态形成了；不过，由于它们，尤其是前三者，都有极强的化合倾向，所以从来没有发现它们是纯的。石灰通常被碳酸所饱和，处于白垩、方解石、大理石等状态；有时被硫酸所饱和，处于石膏矿和石膏状态；还有一些时候被萤石酸所饱和，形成玻璃石或萤石；最后，在海水和盐泉水中也发现了它，与盐酸化合在一起。在一切成盐基中，它是在自然界中分布最广的。

苦土是在矿质水中发现的，大部分与硫酸化合着，它在海水中同样丰富，与盐酸化合着；而且它大量存在于不同种类的石头之中。

重晶石(barytes)远没有前三种[1]土质那么常见；它是在矿物界发现的，与硫酸化合着，形成重晶石(heavy spars)，而有时却与碳酸结合着，尽管这种情况很少。

黏土(argill)即矾的基，其化合倾向比其他土质的要小得多，通常发现处于酒石状态，未与任何酸化合。它主要可从黏土(clays)获得，严格说来，它是基或主成分(chief ingredient)。

论金属物体

除了金，有时还除了银之外，很少发现金属在矿物界处于它们的金属状态，它们或多或少地被氧所饱和，或者与硫、砷、硫酸、盐酸、碳酸或磷酸化合着。冶金学或矿物分析术(docimastic art)传授的便是将它们与异质相分离的方式；为此，我们便称这类化学书籍是论述这些操作的。

我们很可能迄今只知道存在于自然界的部分金属物质，因为一切对氧具有的亲和力强于炭所拥有的亲和力的那些金属，不会被还原成金属状态，所以，仅以氧化物的形态供我们观察，并且与土质相混淆。极为可能的是，我们刚才将其排在土类的重晶石，就是这种情况；因为在许多实验中，它所呈现的性质几乎接近于金属物全的性质。甚至可能的是，我们称为土质的所有物质也许都只是不能用迄今所知的方法分解的金属氧化物。

我们目前所知道的并且能够还原为金属状态或熔矿时所得金属块那样状态的金属，是以下十七种：

1. 砷
2. 钼
3. 钨
4. 锰
5. 镍
6. 钴
7. 铋
8. 锑
9. 锌
10. 铁
11. 锡
12. 铅
13. 铜
14. 汞
15. 银
16. 铂
17. 金

我只打算把这些金属看为成盐基，完全不考虑它们在技术上以及对于社会利用方面的性质。按照这些观点，每种金属都需要有一部完整的论著，而这会使我远远超出我为本书所规定的范围。

---

[1] 此处“前三种”可能为“前两种”之误。——C

第十七章　对于成盐基及中性盐形成的继续观察

有必要谈到这一点，即土质和碱在没有任何介质干扰时，与酸结合形成中性盐，而金属物质在事先不被或多或少地氧化时则不能形成这种化合物；因此，严格说来，金属不会溶于酸，只是金属氧化物才溶于酸。因此，当我们把金属放进酸中溶解时，它首先必须氧化，无论是通过吸引酸中的氧还是通过吸引水中的氧；或者换言之，与金属结合的氧，无论是酸中的氧还是水中的氧，如果对金属的亲和力不比它对氢或可酸化基的亲和力强，那么金属是不会溶于酸的；也就是说，水或酸事先不分解，金属的溶解就不会发生。金属溶解的主要现象的解释，完全依靠这种简单的观察，这种观察甚至连杰出的伯格曼都忽略了。

这些现象中首要的和最引人注目的，便是泡腾，或者不那么含糊地说，是溶解期间发生的气体离析；在溶解于硝酸时，这种泡腾是由亚硝气的离析引起的；在用硫酸溶解时，金属发生氧化所花费的要么是硫酸要么是水，因而这种气体要么是亚硫酸气要么是氢气。由于组成硝酸和水的元素在离析时只能以气态存在，至少在通常的大气温度下是如此，显然，每当这二者中的任何一种一旦被夺去了氧，剩下的元素必定即刻就膨胀并呈气体状态；泡腾就是由液体向气态的这种突然转化所引起的。当金属溶解于硫酸时，发生同样的分解并随之形成气体。一般说来，尤其是采用湿法，各种金属吸引的不是硫酸中所含的一切氧；因此它们把它不是还原成硫而是还原成亚硫酸，而且，由于这种酸在常温下只能作为气体存在，因此它就被离析出来并引起泡腾。

第二种现象是，如果金属事先已经被氧化，则它们全都溶解于酸而无泡腾现象。这易于解释；因为，由于没有与氧化合的任何机会，它们就不会使在前一种情况下引起的泡腾的酸或水分解。

特别需要考虑的是第三种现象，这种现象就是，任何金属溶于氧化盐酸都不产生泡腾。在此过程中，金属首先夺去氧化盐酸中过量的氧，由此而被氧化，并将该酸还原为普通盐酸状态。在这种情况下没有气体产生，不是由于盐酸在常温下往往不会以气态存在，而是它不同于上述诸酸，因为这种会膨胀成为气体的酸所获得的与氧化盐酸化合的水，多于它在液态必须保留的水；所以，它就不像亚硫酸那样离析出来，而是继续存在，静静地溶解，并与先前由其过量的氧形成的金属氧化物化合。

第四种现象是，金属绝对不溶解于具有靠一种强于这些金属能够对氧所施之力的亲和力而与该酸化素结合的基的各种酸之中。因此，处于金属状态的银、汞和铅不溶于盐酸，但当它们先前被氧化过时，它们就易溶而无泡腾。

由这些现象看来，氧似乎是金属与酸之间的联结物（bond of union）；而且由此使我们推测，氧含于一切与酸有强的亲和力的物质之中。因此四种特别可酸化土质极可能含有氧，它们与酸结合的能力是由这种元素的中介作用而产生的。以上考虑极大地巩固了我先前所提到的有关这些土质的看法，即，它们极可能是金属氧化物，氧与它们的亲和力较氧与炭的亲和力要强，因此靠任何已知手段都不可还原。

下表列出了迄今所知的一切酸，表的第一栏是根据新命名法列出酸的名称，第二栏列出这些酸的基或根，附有观察结果。

酸的名称	基的名称，附观察结果
1. 亚硫酸 2. 硫酸	硫
3. 亚磷酸 4. 磷酸	磷
5. 盐酸 6. 氧化盐酸	盐酸的根或基，迄今尚属未知。
7. 亚硝酸 8. 硝酸 9. 氧化硝酸	氮
10. 碳酸	炭
11. 亚醋酸 12. 醋酸 13. 草酸 14. 亚酒石酸 15. 焦亚酒石酸 16. 柠檬酸 17. 苹果酸 18. 焦亚木酸 19. 焦亚黏酸	所有这些酸的基或根似乎都是由炭和氢的某种化合物形成的；仅有的差别似乎是由于这些元素按不同比例化合形成它们的基，以及氧在它们的酸化中的不同剂量。关于这个问题仍需进行一系列相关的精确实验。
20. 棓酸 21. 氰酸 22. 安息香酸 23. 琥珀酸 24. 樟脑酸 25. 乳酸 26. 糖乳酸	（基的名称） 我们关于这些酸的基的知识迄今尚不完善；我们仅仅知道它们含有氢和炭作为主要元素，氰酸含有氮。
27. 蚕酸 28. 蚁酸 29. 皮脂酸	这些基以及一切从动物物质获得的酸的基似乎都由炭、氢、磷、氮组成。
30. 月石酸 31. 萤石酸	此二者的基迄今尚不完全知道。

（续表）

酸的名称	基的名称，附观察结果
32. 锑酸	锑
33. 银酸	银
34. 砷(arseniac)[①]酸	砷
35. 铋酸	铋
36. 钴酸	钴
37. 铜酸	铜
38. 锡酸	锡
39. 铁酸	铁
40. 锰酸	锰
41. 汞(mercuric)[②]酸	汞
42. 钼酸	钼
43. 镍酸	镍
44. 金酸	金
45. 铂酸	铂
46. 铅酸	铅
47. 钨酸	钨
48. 锌酸	锌

在这个有48种酸的表中，我列出了迄今尚不完全知道的17种金属酸，但贝托莱先生就此即将出版一部十分重要的著作。不能妄称一切存在于自然界的酸，或者更确切地说，一切可酸化基，都已经被发现了；不过，另一方面，却有重要的根据假定，如果比迄今的努力更为精确的实验表明，目前被认为是特殊的植物酸当中的若干种不过是其他酸的变体，那么植物酸的数目就将减少。按照我们目前的知识状态所能做的一切，就是提供一种化学观点，因为化学观点实际上就是，并且要确立基本原理，根据这些原理，凡是将来可能发现的物质均可按照一个一致的体系得到名称。

已知的成盐基，即与酸结合能转变成为中性盐的物质，共有24种；即3种碱、4种土质和17种金属物质；因此，按照目前的化学知识状态，中性盐的可能总数共达1152种[③]。这个数字的依据是这样一个假定，即金属酸能溶解其他金属，这是迄今尚未探索的一个新的化学分支，据此，一切金属化合物都被称为*玻璃物质*(*vitreous*)。有理由相信，这些假定的含盐化合物中有许多是不能形成的，这就减少了通过自然和人工可产生的中性盐

---

① 以ac而不是ic结尾给这种酸命名，使这个术语有点背离规则。此基和酸在法语中是用crsenic和arsenique加以区分的；但是由于已经选择了英语词尾ic翻译法语ique，我就只得采用这点小偏差了。——E

② 拉瓦锡先生用的是hydrargirique；不过，由于用mercurius表示该基或金属，因此上述酸的名称同样符合规则而又不太生搬硬套。——E

③ 这个数目不包括这三部分盐，即所含成盐基多于一种的盐、其基被酸饱和过量或饱和不足的盐以及由硝化盐酸形成的盐。——E

的实际数目。即使我们假定可能的中性盐的实际数目总共只有五六百种，那么很显然，假若我们仿效古人，无论是用其首次发现者的名字还是用它们由之获得的物质派生出来的术语，对它们加以区分，我们终会招致任意命名的混乱，这种任意命名无论如何也不会留在记忆之中。这种方法在化学的早年，乃至这 20 年之内，已知的盐仅仅只有约 30 种时，也许还过得去；但在当今，这个数目每天都在增加，每一种新的酸能有一或两个氧化度因而给我们提供 24 或 48 种新盐，这时必定就需要一种新方法了。我们所采纳的由酸的命名法所引出的方法，完全类似，而且，以下类型的方法因其操作的简单性就提供了一种可用于每一种可能的中性盐的自然而方便的命名法。

按照赋予不同酸的名称，我们用酸这个属名表示共同属性，并且用其特有的可酸化基的名称来区分每种酸。因此，通过硫、磷、炭等的氧化所形成的酸，就被称为*硫酸*、*磷酸*、*碳酸*等等。我们认为，它同样适合于用同一个特定名称的不同词尾来表示被氧饱和的不同程度。这样，我们就把亚硫酸与硫酸以及亚磷酸与磷酸等等区别开来了。

把这些原理应用于中性盐的命名，我们就将一个共通的术语赋予了一种酸的化合而产生的一切中性盐，通过加上可酸化基的名称就将种类区别开来。这样，具有硫酸的所有中性盐按其组成就被称为*硫酸盐*（*sulphates*）；由磷酸形成的中性盐就被称为*磷酸盐*（*phosphates*），等等。用成盐基的名称加以区分的种类就给出了*硫酸草碱*、*硫酸苏打*、*硫酸氨草胶*、*硫酸石灰*、*硫酸铁*，等等。由于我们知道有 24 种成盐基、碱基、土质基和金属基，因此我们就有 24 种硫酸盐、24 种磷酸盐，而且对于所有的酸都有这么多盐。然而，硫可有两个氧化度，第一度氧化产生亚硫酸，第二度氧化产生硫酸；由于这两种酸产生的中性盐具有不同的性质，事实上是不同的盐，因此必须用特定的词尾来区分它们；所以，我们已经通过把词尾 *ate* 变为 *ite*，如 *sulphites*（*亚硫酸盐*）、*phosphites*（*亚磷酸盐*）[①]，等等，把酸经第一度氧化或低度氧化所形成的中性盐区分开来了。这样，氧化或酸化了的硫在两种氧化度的状态下，就能形成 48 种中性盐，其中 24 种是亚硫酸盐，24 种是硫酸盐；有两种氧化度的一切酸的情况均如此[②]。

通过这些名称的各种可能应用去罗列它们，既令人厌烦又无必要；给出对各种盐命名的方法就够了，一旦充分理解，这种方法就易于应用于每种可能的化合物。一旦知道了可燃物体和可酸化物体的名称，就极容易想到可形成的酸的名称以及将该酸作为其组成部分的一切中性化合物的名称。需要更充分地说明应用新命名法的各种方法的读者，可在本书的第二部分查到表格，这些表格中包括有一份所有中性盐的详表，还包括就与我们目前的知识状态相一致而言一切可能的化合物表。对此我将附加一些简短的解释，包括获得不同种类酸的最好、最简单的办法，以及由它们所产生的中性盐的一般性质的

---

① 由于新命名法中的所有这些种名都是形容词，因此无须发明其他术语就可以十分清楚地把它们分别用于各种成盐基。这样，*sulphurous potash*（*亚硫酸草碱*）和 *sulphuric potash*（*硫酸草碱*）就与 *sulphite of potash* 和 *sulphat of potash* 同样清楚；而且具有更易于记忆的优点，因为由酸本身派生比拉瓦锡先生采纳的任意性词尾要更加自然。——E

② 还有一种酸的氧化度，如氧化盐酸和氧化硝酸。这些术语适用于由这些酸与成盐基结合产生的中性盐，作者在本书第二部分补充了这一点。把*被氧化的*（*oxygenated*）一词加在经第二度氧化产生的盐的名称之前就形成了这些术语。这样，就有氧化盐酸草碱、氧化硝酸苏打，等等。——E

某些说明。

我不否认，要使本书更完善，本须增加对于每种盐，其在水和醇中的可溶性、酸与成盐基在其组成中的比例、其结晶水量、其可被饱和的程度、酸借以与基黏附的力或亲和力的程度的特定的观察。这项巨大的工作已经由伯格曼、莫维、柯万诸位先生以及其他著名化学家开始了，但迄今为止仅处于中等进展状态；甚至这项工作建立于其上的原理恐怕都不够精确。

这大量的细节会使这部基础性论著膨胀得规模过大；此外，搜集必需的材料、完成所有必要的系列实验，必定会使本书的出版延缓许多年。这是展现青年化学家们的热情和能力的巨大领域，我要建议他们干好而不是多干，而且在着手确定中性盐的组成之前首先确定酸的组成。每一座打算抵御时间的毁劫的大厦都应当建筑在可靠的基础之上；而按化学的目前状况，试图通过既不太精确又不够严密的实验得到发现，将只会起阻碍其进步的作用，而不是有助于其进步。

第 二 部 分

论酸与成盐基的化合，论中性盐的形成

Of the Combination of Acids with Salifiable Bases, and of the Formation of Neutral Salts

第二部分主要由中性盐命名表组成的。对于这些命名表，我只增加了一般的解释，其目的是指出获得不同种类已知酸的最简单过程。

——拉瓦锡

导　言

假若我严格实施了我最初制订的撰写本书的计划，那么在构成这一部分的各种表格及相应的观察结果中，我就只会涉及几种已知酸的简略定义和对一些方法的概略说明，用这些方法，只要对这些酸与各种成盐基的化合所产生的中性盐加以命名或枚举，就可以得到它们。但是我后来发现，增补类似的表，把成为酸和氧化物的组成部分的一切简单物质，以及这些元素各种可能的化合物都包括进来，会极大地增加本书的效用而不致增加很多篇幅。这些增补包括在这一部分的前十二节及附加于这些节的表中，多少算是对第一部分前十五章的概括。其余各表各节则包括所有的含盐化合物。

十分明显的是，在本书的这一部分之中，我较多地借用了德·莫维先生在《物质次序全书》(*Encyclopedie par ordre des Matières*)第一卷中已经发表的东西。我没能发现更好的信息来源，当考虑到查阅外文书籍的困难时尤为如此。我这样承认，是为了避免麻烦，免得在我的以下部分中引用德·莫维先生的著作。

简单物质表

属于整个自然界的简单物质，

这些简单物质可以看做是物体的元素。

新名称	对应的旧名称
光	光
热素	热 热要素或热元素 火，火流体 火质或热质
氧	脱燃素空气 超凡空气 生命空气，或生命空气的基
氮	被燃素结合了的空气或气体 毒气，或其基
氢	可燃空气或气体，或可燃空气的基

◀古老的炼金术在17世纪的科学研究中也不曾停止过。

可氧化与可酸化的简单非金属物质

新名称	对应的旧名称
硫	相同的名称
磷	相同的名称
炭	相同的名称
盐酸根	尚属未知
萤石酸根	尚属未知
月石酸根	尚属未知

可氧化与可酸化的简单金属物体

新名称	对应的旧名称
锑	锑的熔块
砷	砷的熔块
铋	铋的熔块
钴	钴的熔块
铜	铜的熔块
金	金的熔块
铁	铁的熔块
铅	铅的熔块
锰	锰的熔块
汞	汞的熔块
钼	钼的熔块
镍	镍的熔块
铂	铂的熔块
银	银的熔块
锡	锡的熔块
钨	钨的熔块
锌	锌的熔块

可酸化简单土质物质

新名称	对应的旧名称
石灰	白垩、石灰土,生石灰
苦土	苦土,泻盐的基,煅烧或苛性苦土
重晶石	重晶石,或重土
黏土	陶土,矾土
石英	硅土或可玻璃化土

第一章　对于简单物质表的观察

化学实验的首要目的是分解中性盐,以便分别检验成为其组成部分的不同物质。考虑到各种化学体系,就将发现,化学分析这门科学在我们这个时代进展迅速。以前,油和盐被认为是物体的元素,而后来的观察和实验则表明,一切盐都不是简单的,而是由酸与基结合而成的。现代发现已经极大地扩展了分析的范围①;酸被表明是由氧这种所有酸的共同的酸化要素,在每种酸中与一种特定的基结合而成的。我曾经证明了哈森夫拉兹(Hassenfratz)先生以前所提出的看法,即酸的这些根全都不是简单元素,它们之中,许多都像油要素一样,是由氢和炭组成的。甚至连中性盐的基都被贝托莱先生证明是化合物,他指出,氨是由氮和氢组成的。

因此,由于化学通过分化和细化而趋于完善,所以不可能说它在何处终结;而且,我们目前假定这些东西是简单的,也许不久就发现完全不是这回事。我们敢于断言某种物质必定是简单的,是就我们目前的知识状态,而且是就化学分析所能表明的而言的。我们甚至可以假定,土质必定很快就不再被认为是简单物体;它们不过是不具与氧结合倾向的成盐类物体;而且我极倾向于相信,这是由于它们已经被该元素饱和所致。如果是这样的话,它们就将被认为是由简单物质,或许是被氧化到一定程度的金属物质组成的化合物。这只是冒险的猜想,我希望读者注意不要把我当成真理所陈述的、建立在观察和实验的坚实基础上的意见,与假设的猜想给弄混淆了。

固定碱、草碱和苏打在前表中被略去了,因为它们显然是复合物质,不过迄今为止我们尚不知道组成它们的元素是些什么。

① 见《科学院文集》1776年第671页以及1778年第535页。——A

复合的可氧化与可酸化基表

	根的名称
来自矿物界的可氧化与可酸化基。	硝化盐酸根或以前称为王水的酸基。
来自植物界的可氧化或可酸化氢-亚碳根或碳-亚氢根[1]。	亚酒石酸的根或基。 苹果酸 柠檬酸 焦亚木酸 焦亚黏酸 焦亚酒石酸 草酸 亚醋酸 琥珀酸 安息香酸 樟脑酸 棓酸 } 根
来自动物界的可氧化或可酸化根，多半含氮，通常含磷。	乳酸 糖乳酸 蚁酸 蚕酸 皮脂酸 石酸 氰酸 } 根

第二章　对于复合根的观察

由于以前的化学家们不了解酸的组成，不觉得它们是由各自特定的根或基与一种酸化要素或一切酸共有的元素结合而形成的，因而他们就不会给他们连极隐约看法都没有的物质命名。因此，我们只得就这个问题发明一种新的命名法，不过我们同时感觉到，当复合根的本质得到较好理解时，这种命名法必定能够大大修改[2]。

前表中列举的来自植物界和动物界的复合可氧化与可酸化根，不能用系统命名法命名，因为它们的确切分析迄今尚属未知。通过我本人的某些实验以及哈森夫拉兹先生的某些实验，我们只是一般的知道，大多数植物酸，譬如亚酒石酸、草酸、柠檬酸、苹果酸、亚醋酸、焦亚酒石酸、焦亚黏酸，都是由氢和炭以形成单个基的方式化合而成的根，而且，这

① 来自植物界的根经第一度氧化转变成为植物氧化物，譬如糖、淀粉、树胶或黏液；动物界的根经同样方式形成动物氧化物，如淋巴，等等。——A

② 关于这个问题，参见第一部分第十一章。——A

些酸只是由于成为它们的基的组成部分的这两种物质的比例,以及这些基所受到的氧化程度,而彼此有别。主要是由贝托莱先生的实验,我们进一步知道,来自动物界的根,以及来自植物界的某些根,是更为复合的一类,而且,除了氢和炭之外,它们通常含有氮,有时含有磷;不过我们并未掌握足够精确的实验,用来计算这几种物质的比例。因此,我们被迫按照老化学家们的方式,还是依据这些酸由之获得的物质去命名它们。可能无疑的是,当我们关于这些物质的知识变得更加精确和广博时,这些名称就将被放弃;那时,氢-亚碳、氢-碳、碳-亚氢以及碳-氢[①]这些术语就将取代我们现在所使用的术语,而我们现在所使用的术语就将仅仅作为不完善状态的证据而留存,化学的这一部分就是以这种不完善状态由我们的前辈留传给我们的。

显然,由氢和炭化合而成的油,是真正的碳-亚氢或氢-亚碳根;而且,通过增加氧,它们的确可依其氧化度而转变成为植物氧化物和酸。然而,我们却不能断言说,各种油以其完整的状态成为植物氧化物和植物酸的组成部分;它们可能事先就失去了部分氢和炭,剩下的成分不再以构成油所必需的比例存在。我们还需要进一步的实验来阐明这些观点。

严格说来,我们仅仅知道一种来自矿物界的复合根,即硝-盐酸根,此根由氮与盐酸根化合形成。其他复合矿物酸由于很少产生惊人的现象,因而就更谈不上引人关注了。

第三章 对于光和热素与不同物质的化合物的观察

我没有构建关于光和热素与各种简单物质和复合物质的化合物的表格,因为我们关于这些化合物的本质的概念迄今尚不够精确。一般说来,我们知道,一切物体事实上都以各种方式被热素所充满、包围和渗透,它填满了物体的粒子之间所留下的每一个空隙;在某些情况下,热素固定于物体之中,甚至成为固体物质的组成部分,不过更常见的是它用推斥力作用于它们,固体转化为液体、液体转化为气态弹性,便完全是由于这种力,或者这种力在物体中累积到某个或大或小的程度所致。我们已经使用气这个属名,表示由于热素的充分积累所产生的物体的这种气体状态,这样,当我们想要表达盐酸、碳酸、氢、水、醇等的气体状态时,我们只要在它们的名称上加上气这个字就行了;譬如盐酸气、碳酸气、氢气、水汽、醇气,等等。

光的各种化合物以及它对不同物体作用的方式,仍然知之甚少。根据贝托莱先生的实验,它似乎对氧有大的亲和力,能与之化合,并与热素一起使之变成气体状态。关于植物生长的实验使人们有理由相信,光与植物的某些部分化合,而且,植物叶子的绿色、它们的各种花朵的颜色,主要就是这种化合所致。这一点是肯定的,即,在黑暗中生长的植物完全是白色的、衰弱的和不健康的,而且,要使它们恢复活力、获得其自然颜色,光的影响是绝对必需的。类似的事情甚至发生在动物身上:人类在从事坐立不

① 关于根据两种成分的比例应用这些名称,见第一部分第十一章。——A

动的行业，生活在拥挤的房子之内或大城市的狭窄小巷中时，就退化到一定的程度；而在户外从事大部分乡村劳作时，他们在活力和体质上就得到改善。组织、感觉、本能举动以及一切生命活动，仅仅存在于地球表面及受到光的影响的地方。没有它，大自然就会死气沉沉，毫无生机。造物主的仁慈通过光使地球表面充满了组织、感觉和才智。普罗米修斯(Prometheus)[1]的神话也许被认为暗示了这条哲学真理，它本身恰恰就是向古人的知识提供的。我在本书中有意回避与有机体有关的专题研究，由于这个原因，呼吸、血液生成与动物热现象就没有考虑；但我希望在将来的某个时间，能够阐明这些奇妙的问题。

第四章　关于氧与简单物质的化合物的观察

氧几乎构成了我们大气团的三分之一，因此是自然界中最丰富的物质之一。一切动物和植物都生存和成长于这种无限的氧气宝库之中，而且，我们在实验中使用的氧绝大部分便由此获得。这种元素与其他物质之间的相互亲和力如此之大，以致我们不能使其从整个化合物中离析出来。它在大气中以氧气的状态与热素结合，再与重量约为其三分之二的氮气混合。

使某一物体被氧化或者让氧成为该物体化合物的一部分，需要几个条件。第一，要被氧化的物体的粒子所具有的与其他物质的相互吸引力，必须比它们所具有的对氧的吸引力小，否则它就不可能与它们化合。在这种情况下，自然可以得人工之助，我们用我们的力量几乎是任意地通过加热，换言之，就是把热素引入它们的粒子之间的空隙之中，使其减少物体粒子的吸引力；而且，由于这些粒子的彼此吸引的减小与其距离成反比，那么，显然当粒子所具有的彼此亲和力变得比它们对氧的亲和力小时，粒子距离上必定存在某点，在这一点上，如果有氧存在的话，氧化就必定发生。

我们容易设想，这种现象由之开始的热度在不同物体中必定不同。因此，为了氧化大多数物体，尤其是大部分简单物质，必须使它们在适当的温度下受空气的影响。就铅、汞和锡而言，所需要的几乎只比地球的环境温度略高一点；但用干法即操作中没有水分参与时，氧化铁、铜等等就需要高得多的热度。有时，氧化发生得极为迅速，并伴有很明显的热、光、焰；磷在空气中的燃烧以及铁在氧气中的燃烧便是如此。硫的氧化不太迅速；铅、锡以及大多数金属的氧化发生得极为缓慢，因此，热素尤其是光的离析几乎察觉不到。

有些物质对氧的亲和力很强，以很低的温度与其化合，使我们不能在它们的非氧化态获得它们，盐酸便是如此，它迄今尚未被人工分解，甚至可能也没有被自然所分解，因此只有在酸的状态才找得到它。很可能的是，矿物界的许多其他物质在通常的大气温度下不可避免地被氧化了，而由于已经被氧所饱和，这就会阻止它们对该元素的进一步作用。

---

① 英译本中将其误拼为 Promotheus。——C

氧与简单物质的二元化合物表

	简单物质的名称	第一度氧化		第二度氧化		第三度氧化		第四度氧化	
		新名称	旧名称	新名称	旧名称	新名称	旧名称	新名称	旧名称
氧与简单非金属物质的化合物	热素……	氧气……	生命空气或脱燃素空气						
	氢……	水*							
	氮……	亚硝氧化物或亚硝气的基	亚硝气或亚硝空气……	亚硝酸……	发烟亚硝酸……	硝酸……	苍色或非发烟亚硝酸	氧化硝酸……	未知
	炭……	炭的氧化物或氧化碳……	未知……	亚碳酸……	未知……	碳酸……	固定空气……	氧化碳酸……	未知
	硫……	氧化硫……	软硫……	亚硫酸……	亚硫酸……	硫酸……	矾酸……	氧化硫酸……	未知
	磷……	氧化磷……	磷燃烧残渣……	亚磷酸……	挥发性磷酸……	磷酸……	磷酸……	氧化磷酸……	未知
	盐酸根…	氧化盐酸……	未知……	亚盐酸……	未知……	盐酸……	海酸……	氧化盐酸……	脱燃素海酸
	萤石酸根	萤石酸氧化物	未知……	亚萤石酸……	未知……	萤石酸……	直至最近尚属未知		
	月石酸根	月石酸氧化物	未知……	亚月石酸……	未知……	月石酸……	荷伯格(Homberg)镇静盐		
氧与简单金属物质的化合物	锑……	灰色氧化锑……	灰色锑灰碴……	白色氧化锑……	白色锑灰碴…发汗锑	锑酸			
	银……	氧化银……	银灰碴……	……	……	银酸……			
	砷……	灰色氧化砷……	灰色砷灰碴……	白色氧化砷……	白色砷灰碴……	砷酸……	砷酸……	氧化砷酸……	未知
	铋……	灰色氧化铋……	灰色铋灰碴……	白色氧化铋……	白色铋灰碴……	铋酸			
	钴……	灰色氧化钴……	灰色钴灰碴……	……	……	钴酸			
	铜……	褐色氧化铜……	褐色铜灰碴……	蓝的和绿的氧化铜	蓝的和绿的铜灰碴	铜酸			
	锡……	灰色氧化锡……	灰色锡灰碴……	白色氧化锡……	白色锡灰碴或锡油灰……	锡酸			
	铁……	黑色氧化铁……	玛尔斯黑粉……	黄色和红色氧化铁	铁赭石或铁锈……	铁酸			
	锰……	黑色氧化锰……	黑色锰灰碴……	白色氧化锰……	白色锰灰碴……	锰酸			
	汞……	黑色氧化汞……	黑粉矿** ……	黄色和红色氧化汞	红色泻根矿凝结物、煅烧汞凝结物本身…	汞酸			
	钼……	氧化钼……	钼灰碴……	……	……	钼酸	钼酸……	氧化钼酸……	未知
	镍……	氧化镍……	镍灰碴……	……	……	镍酸			
	金……	黄色氧化金……	黄色金灰碴……	红色氧化金……	红色金灰碴卡氏紫凝结物	金酸			
	铂……	黄色氧化铂……	黄色铂灰碴……	……	……	铂酸			
	铅……	灰色氧化铅……	灰色铅灰碴……	黄色和红色氧化铅	黄丹和铅丹……	铅酸			
	钨……	氧化钨……	钨灰碴……	……	……	钨酸……	钨酸……	氧化钨酸……	未知
	锌……	灰色氧化锌……	灰色锌灰碴……	白色氧化锌……	白色锌灰碴庞福利克斯…	锌酸			

*氢只有一种氧化度是迄今已知的。——A　　**黑粉矿是硫化汞；它本应称为汞的黑色沉淀物。——E

除了在一定温度下暴露于空气中之外，还有其他一些使简单物质氧化的方法，譬如，将它们置于与氧化合了的并且所具有的与该元素的亲和力极小的那些金属的接触之中。红色氧化汞便是具有这种效果的最好的物质之一，它对于那些不与该金属化合的物体来说尤其如此。在这种氧化物中，氧以极小的力与该金属结合，只要有足以使玻璃炽热的热度，就能将其驱除；因此，能与氧结合的那些物体，通过与红色氧化汞混合并适度加热，就很容易被氧化。用黑色氧化锰、红色氧化铅、各种氧化银以及大多数金属氧化物，在一定程度上也可以产生同样的效果，只要我们注意选择那些对氧的亲和力比要被氧化的物体对氧的亲和力小的物体就行。一切金属的还原和再生都属于这类操作，不过是用几种金属氧化物使炭氧化而已。炭与氧和热素结合，以碳酸气的形式逸出，而金属则变纯，并得以再生，即丧失了以前以氧化物的形式与之化合的氧。

一切可燃物质与草碱或苏打的硝酸盐，或与草碱的氧化盐酸盐混合，并受一定程度的热，也可以被氧化；在这种情况下，氧离开硝酸盐或盐酸盐，与可燃物体化合。这种氧化需要极端谨慎并以极小的量来完成；因为，由于氧是几乎与将其转化成为氧气所必需的热素同样多的热素化合了的硝酸盐，尤其是氧化盐酸盐的组成部分，因此，氧一与可燃物质化合，这么大量的热素就迅速游离，并引起完全不可抗拒的剧烈爆炸。

我们可以用湿法氧化大多数可燃物体，并将自然界的大多数氧化物转变成为酸。为此目的，我们主要使用硝酸，它对氧控制得极微弱，借微火之助它就将其释放给许多物体。氧化盐酸可用于这种操作的若干种，但不是所有的这种操作。

我把*二元*这个名称赋予氧与简单物质的化合物，因为在这些化合物中只有两种元素化合。当三种物质结合成一种化合物时，我将其称为*三元*的，当化合物由四种物质结合而成时则称为*四元*的。

氧与复合根的化合物表

根的名称	得到的酸的名称	
	新名称	旧名称
硝化盐酸根[①]	硝化盐酸	王水
酒石酸根	亚酒石酸	至最近才知道
苹果酸根	苹果酸	同上
柠檬酸根	柠檬酸	柠檬的酸
焦亚木酸根	焦亚木酸	焦木头酸
焦亚黏酸根	焦亚黏酸	焦糖酸
焦亚酒石酸根	焦亚酒石酸	焦酒石酸
草酸根	草酸	索瑞耳酸
醋酸根	亚醋酸 醋酸	醋，或醋的酸 根醋

① 这些根经一度氧化形成植物氧化物，如糖、淀粉、黏液，等等。——A

(续表)

根的名称	得到的酸的名称	
	新名称	旧名称
琥珀酸根	琥珀酸	挥发性琥珀盐
安息香酸根	安息香酸	安息香华
樟脑酸根	樟脑酸	至最近才知道
棓酸根①	棓酸	植物收敛素
乳酸根	乳酸	酸乳清酸
糖乳酸根	糖乳酸	至最近才知道
蚁酸根	蚁酸	蚂蚁的酸
蚕酸根	蚕酸	至最近才知道
皮脂酸根	皮脂酸	同上
石酸根	石酸	尿结石
氰酸根	氰酸	普鲁士蓝着色剂

第五章 对于氧与复合根的化合物的观察

在《科学院文集》1776年第671页和1778年第535页,我发表了一个关于酸的本质与形成的新理论,我在其中断定酸的数目必定比到当时为止所想象的要多得多。自那时以来,已经向化学家们开辟了一个新的探究领域;酸不是当时所知道的五六种,几乎有三十种新的酸被发现了,靠这些新的酸,已知中性盐的数目已经按同样比例增加了。酸的可酸化基或根的本质,以及它们可氧化的程度,仍待探究。我已经指出,几乎所有来自矿物界的可氧化与可酸化根都是简单的,并指出,正相反的是,在植物界尤其是动物界,除了至少是由氢和炭两种物质组成的根以外,几乎不存在任何根,还指出,氮与磷通常结合成根,由于这些根,我们就有了由二、三、四种简单元素结合而成的复合根。

根据这些观察,植物和动物的氧化物和酸似乎在三个方面彼此有别:第一,随它们的根由之组成的简单可酸化元素的数目的不同而有别;第二,随它们化合起来的比例的不同而有别,第三,随它们氧化度的不同而有别。这些情况足以解释自然以这些物质所创造的大量种类。既然如此,就全然用不着惊奇,只要改变氢和炭在其组成中的比例并使它们以或大或小的程度氧化,大多数植物酸可以互相转变。这已经由克雷尔(Crell)先生用一些非常巧妙的实验做成了,哈森夫拉兹先生证实并扩展了这些实验。根据这些实验看来,似乎炭和氢经一度氧化产生亚酒石酸,经二度氧化产生草酸,经三度或更高度氧化产生亚醋酸和醋酸;只是炭似乎以相当小的比例存在于亚醋酸和醋酸之中。柠檬酸和苹

① 这些根经一度氧化形成动物氧化物,如淋巴、血液的红色部分、动物分泌物,等等。——A

果酸与上述诸酸略有差异。

那么,我们应当得出断言说油就是植物酸和动物酸的根吗?我已经表示过我对这个问题的疑问:第一,尽管油似乎不过是由氢和炭形成的,但我们并不知道它们是否是按组成酸根所需要的精确比例形成的;第二,由于氧与氢和炭一样成为这些酸的组成部分,因此,就没有理由设想它们是由油而不是由水或碳酸组成的。果然不错,它们含有所有这些化合物所必需的材料,但是这些在通常的大气温度下并不发生;所有这三种元素仍然被化合了,处于一种用比沸水温度只高一点的温度就能迅速破坏的平衡状态[①]。

氮与简单物质的二元化合物表

简单物质	化合的产物	
	新名称	旧名称
热素	氮气	燃素化空气,或臭气
氢	氨	挥发性碱
氧	氧化亚氮	亚硝气的基
	亚硝酸	发烟亚硝酸
	硝酸	苍亚硝酸
	氧化硝酸	未知
炭	这种化合物尚属未知;假若它被发现了,按照我们的命名原则,它将被称为氮化炭。炭溶解于氮气,形成碳化氮气。	
磷	氮化磷	尚属未知
硫	氮化硫	尚属未知。我们知道,硫溶解于氮气,形成硫化氮气。
复合根	氮在复合的可氧化与可酸化基中与炭和氢、有时与磷化合,通常会在动物酸的根中。	
金属物质	这些化合物尚属未知;假若发现了,它们将形成金属氮化物,如氮化金、氮化银,等等。	
石灰 苦土 重晶石 黏土 草碱 苏打	完全不知道。假若发现了,它们将形成氮化石灰、氮化苦土,等等。	

① 关于这个问题,见第一部分第十二章。——A

第六章　对于氮与简单物质的化合物的观察

氮是最丰富的元素之一;它与热素化合形成氮气,即臭气,构成将近三分之二的大气。这种元素在常压常温下总是处于气体状态,迄今为止的压缩程度和冷却程度尚不能将其还原为固体或气体形态。它也是动物体的基本组成元素之一,在动物体中它与炭和氢,有时与磷化合;这些元素靠一部分氧而被结合在一起,它们靠氧按照氧化程度形成氧化物或酸。因此,动物物质与植物物质一样,因三个方面的不同而不同:第一,根据成为基或根的组成部分的元素数目的不同而不同;第二,根据这些元素的比例的不同而不同;第三,根据氧化程度的不同而不同,氮与氧化合时,形成氧化亚氮、氧化氮、亚硝酸和硝酸;与氢化合时产生氨。它与其他简单元素的化合物所知甚少;对于这些物质,我们赋予氮化物(*azurets*)这个名称,用化物(*uret*)这个词尾表示一切非氧化的复合物。极有可能的是,也许今后将发现一切碱性物质都应归入这一类氮化物中。

用一种硫化草碱或硫化石灰溶液,吸收与氮气混合的氧气,可以获得氮气。完成这个程序需要 12 或 15 天,在此期间,必须通过搅动和破坏溶液顶部形成的表膜。它还可以通过将动物物质溶解于微热的稀硝酸中而获得。在这种操作中,氮以气体形式离析,我们在气体化学装置中充满水的玻璃钟罩之下收集它。我们可以用炭或其他可燃物质爆燃硝石获得这种气体;用炭时,氮气与碳酸气混合,碳酸气可以用苛性碱溶液或石灰水吸收,此后氮气就是纯的了。我们还可以像德·佛克罗伊先生指出的那样,用第四种方式从氨与金属氧化物的化合物获得它:氨的氢与氧化物的氧化合形成水;而游离的氮则以气体形式逸出。

氮的化合物只是最近才发现:卡文迪什(Covendish)先生首先在亚硝气和亚硝酸中观察到它,贝托莱先生则在氨和氰酸中观察到它。由于它分解的证据迄今尚未出现,所以我们完全有资格认为氮是一种简单的基本物质。

氢与简单物质的二元化合物表

简单物质	得到的复合物	
	新名称	旧名称
热素	氢气	易燃空气
氮	氨	挥发性碱
氧	水	水
硫	氢化硫或硫化氢	迄今尚属未知[①]
磷	氢化磷或磷化氢	

① 这些化合物发生在气体状态,分别形成硫化氧气和磷化氧气。——A

（续表）

简单物质	得到的复合物	
	新名称	旧名称
炭	氢-亚碳根或碳-亚氢根[1]	至最近才知道
金属物质，如铁等等	金属氢化物[2]，如氢化铁等	迄今尚属未知

第七章　对于氢及其与简单物质的化合物的观察

氢正如它的名称所表达的，是水的组成元素之一，它在重量上形成了水的百分之十五份，与百分之八十五份氧化合。其性质甚至其存在直到最近才知道的这种物质，丰富地分布于自然界，在动物界和植物界的各种过程中起着非常重要的作用。由于它所具有的对热素的亲和力大得使它只能以气态存在，因此，不可能在固态或液态独立于化合物得到它。

要获得氢，更确切地说是获得氢气，我们只有使水受某种物质的作用，氧对这种物质的亲和力要比它对氢的亲和力更大；以这种方式，氢处于游离态，通过与热素结合，便取氢气的形态。炽热的铁常常被用于这种目的。在此过程中，铁被氧化，变成像埃尔巴岛(Elba)铁矿那样的一种物质。在这种氧化物状态，它几乎不能被磁铁所吸引，并溶解于酸而无泡腾。

处于炽热状态的炭，通过吸引氢化合物中的氧，也具有分解水的同样的能力。在此过程中，碳酸气形成并与氢气混合，不过它易于被水或碱所离析，水或碱吸收碳酸，使氢气处于纯态。将铁或锌溶解于稀硫酸，我们也能得到氢气。这两种金属单独使用时，分解水极其缓慢、极其困难，但有硫酸帮助时则分解得容易而迅速；氢在此过程中与热素结合，以氢气的形态离析出来，而水的氧则与金属结合成氧化物形式，氧化物立即溶解于酸，形成硫酸铁或硫酸锌。

某些非常杰出的化学家认为氢就是施塔尔的*热素*；而由于这位大名鼎鼎的化学家承认燃素存在于硫、炭、金属等等之中，他们当然就不得不设想氢存在于所有这些物质之中，不过他们却不能证明他们的设想；即使他们能证明，这个设想也不会是很有利的，因为氢的这种离析完全不足以解释煅烧和燃烧现象。我们必须不断提到对这个问题的考察，即"在不同类型的燃烧过程中离析的热和光是由燃烧物体抑或是在所有这些操作中化合的氧提供的呢?"氢被离析的猜测的确无论如何都没说明这个问题。而且，它属于那些进行猜测去证明它们的人们；无疑，一个没有任何猜测的学说对现象的解释与他们的学说靠猜测对现象的解释同样好，同样自然，而且至少具有简单得多的优点[3]。

---

① 这种氢与炭的化合物包括固定油与挥发性油，并且形成相当大部分的植物氧化物、植物酸、动物氧化物和动物酸的根。当它在气体状态发生时就形成碳酸氢气。——A

② 这些化合物尚不知道，由于氢对热素的极大亲和力，它们很可能不能存在，至少在通常的气温下是如此。——A

③ 希望了解德·莫维、贝托莱、德·佛克罗伊诸位先生以及我本人关于这个重大的化学问题所说的东西的人士，可以查阅我们翻译的柯万先生的《论燃素》(*Essay upon phlogiston*).——A

硫与简单物质的二元化合物表

简单物质	得到的复合物	
	新名称	旧名称
热素	硫气	
氧	氧化硫	软硫
	亚硫酸	硫黄酸
	硫酸	矾酸
氢	硫化氢	未知化合物
氮	氮	未知化合物
磷	磷	未知化合物
炭	炭	未知化合物
锑	锑	粗锑
银	银	
砷	砷	雌黄,雄黄
铋	铋	
钴	钴	
铜	铜	黄铜矿
锡	锡	
铁	铁	黄铁矿
锰	锰	
汞	汞	黑硫汞矿,朱砂
钼	钼	
镍	镍	
金	金	
铂	铂	
铅	铅	方铅矿
钨	钨	
锌	锌	闪锌矿
草碱	草碱	带有固定植物碱的碱性硫肝
苏打	苏打	带有矿物碱的碱性硫肝
氨	硫化氨	挥发性硫肝,发烟波义耳液
石灰	石灰	石灰质硫肝
苦土	苦土	苦土硫肝
重晶石	重晶石	重晶石硫肝
黏土	黏土	尚属未知

第八章 对于硫及其化合物的观察

硫是一种可燃物质，具有极强的化合倾向；它在常温下自然处于固态，使它液化需要比沸水稍高一点的热。硫在火山附近以相当的纯度自然形成；我们还发现它主要以硫酸状态与矾页岩中的黏土以及石膏中的石灰等等化合着。用处于炽热的炭夺去其中的氧，就可以从这些化合物使其处于硫的状态；碳酸形成，并以气体状态逸出；硫仍与陶土、石灰等化合着，处于硫化物状态，硫化物被酸分解；酸与土结合成为中性盐，硫就沉淀下来。

磷与简单物质的二元化合物表

简单物质	得到的复合物
热素…………………………	磷气
氧…………………………	氧化磷 亚磷酸 磷酸
氢…………………………	磷化氢
氮…………………………	磷化氮
硫…………………………	磷化硫
炭…………………………	磷化炭
金属物质…………………	金属磷化物[①]
草碱……………………… 苏打……………………… 氨……………………… 石灰……………………… 重晶石…………………… 苦土……………………… 黏土………………………	磷化草碱、苏打，等等[②]

① 在磷与金属的所有这些化合物中，迄今只知道磷与铁形成以前称为菱铁矿的化合物；尚未弄清在这种化合物中，磷是否被氧化了。——A

② 磷与碱和土质的这些化合物尚不知道；根据让·热布雷先生的实验，它们似乎是不可能的。——A

第九章　对于磷及其化合物的观察

磷是一种简单的可燃物质,直到 1667 年才为化学家们所知,当年由勃兰特(Brandt)发现,他对制取法秘而不宣;不久,孔克尔弄清了勃兰特的制备方法,将其公之于众。自那时起,它一直以孔克尔磷的名称为人所知。很长时间内它都只能从尿中获得;而且,尽管荷伯格在 1692 年的《科学院文集》中对制取作了说明,但所有的欧洲哲学家却都是从英国弄到磷的。1737 年在皇家花园,当着科学院的一个委员会的面,在法国第一次制取了它。现在,按盖恩(Gahn)、舍勒、鲁埃尔等诸位先生的制取法,人们以更方便更经济的方式从动物骨骼中获得它,动物骨骼是真正的石灰质磷酸盐。将成体动物的骨骼煅烧成白色,捣碎,用细丝筛过筛;把一定量的稀硫酸倒在细粉上,稀硫酸的量要少于足以使全部细粉溶解的量。该酸与骨骼的石灰质土质结合成为硫酸石灰,磷酸以液体游离出来。将该液体倾析,用沸水冲洗残留物;让这种冲洗了黏附着酸的水与以前倾析出的液体结合,并将其逐步蒸发;溶解了的硫酸石灰结晶成丝线形状,将其除去并经持续蒸发,我们就得到无色透明玻璃状外观的磷酸。将其弄成粉末状并与其重量三分之一的炭混合,通过升华我们就得到非常纯的磷。用上述办法获得的磷酸,绝没有经燃烧或用硝酸氧化纯磷得到的磷酸纯;因此,在研究性实验中总是应当使用后者。

在几乎所有的动物物质以及稍微做了动物分析的植物中,都发现有磷。在所有这些物质之中,它通常与炭、氢和氮化合,形成复合根,这些根大部分通过与氧的第一度结合而处于氧化物状态。哈森夫拉兹发现磷与炭含在一起,这说明有理由认为它在植物界与通常所猜测的更普通。用适当的方法肯定可以从某些科的植物的每一个体获得它。由于迄今尚无实验说明有理由认为磷是一种复合物体,我已经将它安排在简单或基本物质之列。它在温度计的温度为 32°(104°)时着火燃烧。

炭的二元化合物表

简单物质	得到的复合物	
	新名称	旧名称
氧	氧化炭	未知
	碳酸	固定空气,白垩酸
硫	碳化硫	
磷	碳化磷	未知
氮	碳化氮	
氢	碳-亚氢根	
	固定油和挥发性油	

（续表）

简单物质	得到的复合物	
	新名称	旧名称
金属物质	金属碳化物	这些化合物中只有碳化铁和碳化锌是已知的，它们以前被称为石墨
碱与土质	碳化草碱等等	未知

第十章　对于炭及其与简单物质的化合物的观察

由于炭迄今尚未被分解，因此在我们目前的知识状态下，它必定被认为是一种简单物质。根据现代实验，它似乎预先形成存在于植物之中；我已经说过，它在植物中与氢，有时与氮和磷化合，形成根据其氧化程度可以变成氧化物或酸的复合根。

要得到植物或动物物质中所含的炭，我们必须使它们起初受温和的火而后受极强的火的作用，以将顽强地附着在炭上的最后的一份水驱除出去。出于化学目的，这通常在缸瓷或瓷质曲颈瓶中进行，将木头或其他物质导入曲颈瓶中，然后将其置于反射炉中，逐渐使其升至极热。此热使物体的能与炭化合成为气态的一切部分挥发或者变成气体，炭就其本性而言更为固定，与少量土质和某些固定盐化合，留在曲颈瓶内。

就炭化木头这件事而言，这是用一种有些昂贵的方法进行的。处理的木头成堆，而且用土覆盖，以便使除了维持火所绝对必需的空气以外的空气的进路受阻，该火一直保持至所有的水和油都被驱除出去，此后，关闭一切气孔使火熄灭。

我们可以通过在空气中，更确切地说是在氧气中燃烧，或者用硝酸，去分析炭。我们在两种情况中都将其转化为碳酸，有时剩下少许草碱及某些中性盐。这种分析迄今几乎没有引起化学家们的注意；我们甚至没有把握，草碱是在燃烧之前就存在于炭中，还是在该过程中经某种未知的化合形成的。

第十一章　对于盐酸根、萤石酸根、月石酸根及其化合物的观察

由于这些物质的化合物，无论是彼此的化合物，还是与其他可燃物体的化合物，都完全不知道，因此我们并没有构造有关它们的命名表的任何企图。我们仅仅知道，这些根可以氧化，可以形成盐酸、萤石酸、月石酸，知道它们以酸的状态成为许多化合物的部分，这在后面详述。化学迄今尚不能使它们解除氧化，制备它们的简单状态。为此目的，必须使用某些物质，氧对这些物质的亲和力要强于氧对上述根的亲和力，无论是靠单独的亲和力，还是靠双重有择吸引力。已知与这些酸根的起源有关的一切，都将留在考虑它们与成盐基的化合物的各节提到。

第十二章 对于金属相互化合物的观察

在结束我们对于简单或基本物质的说明之前,人们也许会期望必须提供一份关于合金或金属相互化合物的表;但是,这样一份表的篇幅可能是巨大的,而且没有深入研究一系列尚未尝试的实验也会是极不令人满意的,我认为将其全部略去是适当的。必须提及的只是,这些合金应当根据混合物或化合物中比例最大的金属命名;譬如,金银合金即熔合了银的金这个术语表明金是占优势的金属。

金属的合金与其他化合物一样,有一个饱和点。根据德·拉·布里谢(de la Briche)先生的实验,它们似乎甚至有两个截然不同的饱和度。

处于亚硝酸状态的氮与成盐基的化合物表

(按照这些基与该酸的亲和力排列)

基的名称	中性盐的名称	
	新名称	注
重晶石	亚硝酸重晶石	
草碱	草碱	这些盐是近来才知道的,在旧命名法中它们没有特定的名称。
苏打	苏打	
石灰	石灰	
苦土	苦土	
氨	氨	
黏土	黏土	
氧化锌	锌	
铁	铁	由于金属既溶于亚硝酸又溶于硝酸,因此,形成的金属盐必定具有不同的氧化度。金属氧化最少的盐必定称为亚硝酸盐,当氧化得较多时,称为硝酸盐;但是这种区分界线是难以确定的。老的化学家们不熟悉这些盐。
锰	锰	
钴	钴	
镍	镍	
铅	铅	
锡	锡	
铜	铜	
铋	铋	
锑	锑	
砷	砷	
汞	汞	
银	极可能的是,金、银和铂只形成硝酸盐,不能以亚硝酸盐的状态存在。	
金		
铂		

完全被氧所饱和，处于硝酸状态的氮与成盐基的化合物表

（以成盐基与该酸的亲和力为序）

根的名称	得到的中性盐的名称	
	新名称	旧名称
重晶石	硝酸重晶石	带有一个重土基的硝石
草碱	草碱	硝石，硝石盐；带草碱基的硝石
苏打	苏打	四边形硝石；带矿物碱的硝石
石灰	石灰	石灰质硝石；带石灰质基的硝石；硝石母液，或硝石盐
苦土	苦土	苦土硝石；带镁氧基的硝石
氨	氨	氨硝石
黏土	黏土	亚硝矾；泥质硝石；带矾土基的硝石
氧化锌	锌	锌硝石
铁	铁	铁硝石；玛尔斯硝石；硝化铁
锰	锰	锰硝石
钴	钴	钴硝石
镍	镍	镍硝石
铅	铅	萨特恩①硝石；铅硝石
锡	锡	锡硝石
铜	铜	铜硝石或维纳斯②硝石
铋	铋	铋硝石
锑	锑	锑硝石
砷	砷	砷硝石
汞	汞	汞硝石
氧化银	硝酸银	银硝石或月神硝石；月神腐蚀剂
金	金	金硝石
铂	铂	铂硝石

第十三章　对于亚硝酸和硝酸及其与成盐基的化合物的观察

亚硝酸和硝酸由在技术上以*硝石盐*的名称长期为人所知的一种中性盐获得。这种盐由旧建筑物垃圾，由地窖、马厩或谷仓以及一切栖居过的地方的土，经浸滤提取。在这些土中，硝酸通常与石灰和苦土，有时与草碱化合，很少与黏土化合。由于所有这些盐除

① 萨特恩(Saturn)，土星，罗马神话中的农神，西方古代炼金术士用它表示铅。——C

② 维纳斯(Venus)，金星，罗马神话中爱和美的女神，西方古代炼金术士用它表示铜。——C

硝酸草碱之外都吸引空气的潮气,因而会难以保存,所以,在硝石盐制造业及豪华优雅住宅的建造中,就利用硝酸对草碱的亲和力比它对其他那些基的亲和力大这一点,借此使石为、苦土和黏土沉淀,而且所有这些硝酸盐都被还原成草碱或硝石盐的硝酸盐。①

将沃尔夫(Woulfe)装置(图版Ⅳ,图 1)中的所有瓶子都半充满水并小心用封泥封住所有接头,在与此联结的一个曲颈瓶中用一份浓硫酸分解三份纯硝石盐,经蒸馏便由此盐获得硝酸。亚硝酸以含过量亚硝气的红蒸气,换言之,即未被氧饱和的红蒸气的形式经过。部分酸以暗橘红色液体的形式在接收器中凝结,其余的则与瓶中的水化合。蒸馏过程中,大量的氧气逸出,这是由于在高温下氧对热素的亲和力较它对亚硝酸的亲和力大,尽管在通常的大气温度下这种亲和力是相反的。正是由于氧的离析,中性盐的硝酸在这种操作中转变成为亚硝酸。在柔火上加热它就恢复到硝酸状态,柔火赶走过剩的亚硝气,剩下被水大大稀释了的硝酸。

将极干的黏土与硝石盐混合,可以获得较浓状态的硝酸,损失甚少。将这种混合物放进土质曲颈瓶,用强火蒸馏。黏土与草碱因为它对它的亲和力大而化合,而略含亚硝气的硝酸则从上面离去了。这易于经柔和加热曲颈瓶中的酸而离析;少量的亚硝气进入接收器,极纯的浓硝酸就留在曲颈瓶中。

我们已经明白,氮就是硝酸根。如是给 $20\frac{1}{2}$份重量的氮加 $43\frac{1}{2}$份重量的氧,就形成 64 份亚硝气;如果我们另外再让 36 份氧与此结合,由此化合物就产生 100 份硝酸。数量居这二种氧化端之间的氧,产生不同种类的亚硝酸,换言之,硝酸或少或多含有亚硝气。我是通过分解确定上述比例的;尽管我不能保证它们绝对精确,但它们也不会远离真实情况。卡文迪什先生首次用合成实验说明氮是硝酸的基,他给出的氮的比例比我所给出的略大一点;但是,由于他未必会制得亚硝酸而没制得硝酸,因此,这种情况多少就解释了我们的实验结果中的差异。

由于在关于某种哲学性质的所有实验中都需要最大可能的精确度,因此,出于实验目的,我们必须由先前已经清除了一切异物的硝石获得硝酸。如果怀疑蒸馏之后硝酸中还有硫酸,那么,滴入一点点硝酸重晶石,只要有沉淀发生,就易于将其离析开来;由于硫酸有较大的亲和力,它就吸引重晶石,与其形成一种不可溶的中性盐,落至底部。滴入一点点硝酸银,只要有盐酸银沉淀产生,就可以用同样方式清除盐酸。当这两种沉淀终了时,用柔火蒸馏出大约八分之七的酸,馏出物就处于最完全的纯度了。

硝酸是最易于化合同时也是极容易分解的物质之一。除了金、银和铂之外,几乎所有的简单物质都或少或多地掠取其氧;有些简单物质甚至将其全部分解。人们很早就知道它,化学家们对其化合物要比对其他任何酸的化合物都研究得多。这些化合物曾被马凯和博梅(Beaumé)二位先生称为*硝石类*;由之形成它们的有硝酸和亚硝酸之分,因而我们已将它们的名称改为硝酸盐和亚硝酸盐,并且增加了每个特定基的特有名称,以相互区分几种化合物。

① 通过浸滤几份孟加拉天然泥土和几份俄属乌克兰天然泥土也大量获得硝石。——E

硫酸与成盐基的化合物表

（以亲和力为序）

基的名称	得到的复合物	
	新名称	旧名称
重晶石	硫酸重晶石	重石，重土矾
草碱	草碱	矾化酒石 杜巴斯(duobus)盐 复制秘方药
苏打	苏打	格劳伯尔(Glauber)盐
石灰	石灰	透石膏，石膏，石灰质矾
苦土	苦土	泻盐，骚动盐，苦土矾
氨	氨	格劳伯尔秘氨盐
黏土	黏土	明矾
氧化锌	锌	白矾，皓矾，锌矾
铁	铁	绿矾，玛尔斯矾，铁矾
锰	锰	锰矾
钴	钴	钴矾
镍	镍	镍矾
铅	铅	铅矾
锡	锡	锡矾
铜	铜	蓝矾，罗马矾，铜矾
铋	铋	铋矾
锑	锑	锑矾
砷	砷	砷矾
汞	汞	汞矾
银	银	银矾
金	金	金矾
铂	铂	铂矾

第十四章　对于硫酸及其化合物的观察

这种酸早已通过蒸馏由硫酸铁获得，在硫酸铁中，硫酸与氧化铁按照15世纪巴塞尔·瓦伦丁(Basil Valentine)所描述的过程化合；但在现代，它是通过在适当的器皿中燃烧硫更经济地获得的。既是为了促进燃烧，也是为了帮助硫的氧化，将一点点粉末状硝石盐，即硝酸草碱与之混合；硝石被分解，将其氧释放给硫，促使其转化为酸。尽管加了这,硫在封闭的器皿中持续燃烧仍只是有限的时间;化合终止了,因为氧耗尽了,而且器皿中的空气几乎还原成纯氮气,还因为酸本身始终处于蒸气状态,妨碍了燃烧的进行。

在大规模制造硫酸的工厂里,硝石和硫的混合物在衬有铅的大型密封室中燃烧,密封室底部有少量水以促使蒸气凝聚。然后,经用柔热在一个大曲颈甑中蒸馏,略含有酸的水便从上面通过,硫酸以浓缩状态留下来。它此时是澄清无味的,重量几乎是同体积水的两倍。用几套对着硫焰的手拉风箱将新鲜空气导入密封室,并让亚硝气经由长蛇形管排出,与水接触,吸收它可能含的任何硫酸气或亚硫酸气,就会使这个过程极容易进行,并使燃烧大大延长。

贝托莱先生由一个实验发现,69 份硫在燃烧中与 31 份氧结合形成 100 份亚硫酸;他根据用不同方法所做的另一个实验计算出,100 份硫酸由 72 份硫与 28 份氧化合而成,这全是以重量而论的。

这种酸与其他一切酸一样,只有当金属先前已经被氧化过时才溶解金属;但是,大多数金属能分解部分酸,以致夺走足够数量的氧,使它们本身可溶于尚未分解的部分酸中。银、汞、铁和锌在沸浓硫酸中便发生这种情况;它们首先被部分分解的酸氧化,然后溶解于其他部分;不过它们并不充分解除分解了的部分酸的氧化使其恢复为硫;它只被还原为亚硫酸状态,经加热而挥发,以亚硫酸气的形式飞掉。

银、汞以及除铁和锌以外的所有其他金属均不溶于稀硫酸,因为它们对氧不具有足够的亲和力,使其从它与硫酸、亚硫酸或者氢的化合物中脱除;但铁和锌受酸的作用之助,分解水,并靠消耗酸而被氧化,无须热的帮助。

亚硫酸与成盐基的化合物表

(以亲和力为序)

基的名称	中性盐的名称
重晶石	亚硫酸重晶石
草碱	草碱
苏打	苏打
石灰	石灰
苦土	苦土
氨	氨
黏土	黏土
氧化锌	锌
铁	铁
锰	锰
钴	钴
镍	镍
铅	铅
锡	锡
铜	铜
铋	铋
锑	锑
砷	砷

（续表）

基的名称	中性盐的名称
汞	汞
银	银
金	金
铂	铂

注　这些盐中，老的化学家们唯一知道的就是被称为*施塔尔硫盐*的亚硫酸草碱。因此，在我们的新命名法之前，这些具有固定植物碱基的化合物必定会被称为*施塔尔硫盐*，具有其他碱基的化合物也一样。

在此表中，我们采纳了伯格曼的硫酸亲和力次序，该次序相对于土质和碱类而论是相同的，但不能确定该次序对于金属氧化物是否仍相同。——A

第十五章　对于亚硫酸及其化合物的观察

亚硫酸是由氧与硫经比硫酸低的氧化度结合而形成的。无论是缓慢地燃烧硫，还是从银、锑、铅、汞或炭中蒸馏硫酸，皆可获得它；经这种操作，部分氧离开酸与这些可氧化基结合，酸则以亚硫氧化态从上面通过。这种酸在通常的空气压力和温度下只能以气体形式存在；但根据克卢埃(Clouet)先生的实验，它似乎在极低的温度下凝结成为流体。水吸收这种气体的量要比吸收碳酸气的量大得多，但却比它吸收的盐酸气少得多。

金属先前没有被氧化，否则为此在溶解时从酸中获得氧，就不能溶解于酸，这也许是我曾经常重复的一个一般的完全确立了的事实。因此，当亚硫酸已经失去形成硫酸所必需的大部分氧时，它就更倾向于重新获得氧，而不是把它提供给绝大部分金属；由于这个原因，它就不能使它们溶解，除非它们先前已用其他方法被氧化过。金属氧化物溶解于亚硫酸无泡腾且极容易，便是由于同一个原理。这种酸与盐酸一样，甚至具有溶解含过多氧且通常不溶于硫酸的金属氧化物的性质，并以这种方式形成真正的硫酸盐。因此，假若不是与铁、汞和某些其他金属的溶解伴随着的现象使我们确信这些金属物质在它们溶解于酸的过程中能有两个氧化度的话，我们也许就会得出结论认为不存在亚硫酸盐。因此，其中金属被氧化得最少的中性盐就必定被称为*亚硫酸盐*，而其中金属被氧化得充分的中性盐必定就叫做*硫酸盐*。尚不知道这种区分是否适用于除铁和汞的硫酸盐之外的金属硫酸盐。

亚磷酸和磷酸与成盐基的化合物表

（*为亲和力为序*）

基的名称	形成的中性盐的名称	
	亚磷酸	磷酸
石灰	亚磷酸石灰[1]	磷酸石灰[2]
重晶石	重晶石	重晶石
苦土	苦土	苦土
草碱	草碱	草碱

① 所有的亚磷酸盐直至最近才知道，因此尚无名称。——A

② 绝大部分磷酸盐只是近来才发现，尚未命名。——A

(续表)

基的名称	形成的中性盐的名称	
	亚磷酸	磷酸
苏打	苏打	苏打
氨	氨	氨
黏土	黏土	黏土
氧化锌[①]	锌	锌
铁	铁	铁
镁	镁	镁
钴	钴	钴
镍	镍	镍
铅	铅	铅
锡	锡	锡
铜	铜	铜
铋	铋	铋
锑	锑	锑
砷	砷	砷
汞	汞	汞
银	银	银
金	金	金
铂	铂	铂

第十六章　对于亚磷酸和磷酸及其化合物的观察

在第二部分第九节即磷这一节,我们已经给出了这种奇特物质的发现史,以及对它在植物物体和动物物体中的存在方式的观察。获得处于纯态的这种酸的最好方法,就是在里面用蒸馏水弄湿了的玻璃钟罩之下燃烧充分纯化了的磷;它在燃烧过程中吸收它本身重量两倍半的氧;因此,100 份磷酸由 $28\frac{1}{2}$份磷与 $71\frac{1}{2}$份氧结合而成。在汞上面的干燥玻璃钟罩中燃烧磷,可以得到凝结的这种酸,它取白片状,能贪婪地吸引空气中的水分。

要得到磷在其中被氧化得比在磷酸状态少的亚磷酸,磷必须在插入了一个水晶管形瓶的玻璃漏斗上通过极其缓慢地自发燃烧;几天之后,便发现磷被氧化了,亚磷酸按其组成比例从空气中吸引了水分,滴进管形瓶中。亚磷酸长时间地暴露在大气中很容易变成磷酸;它从空气中吸收氧而被充分氧化。

由于磷对氧具有足够的亲和力,从硝酸和盐酸吸引它,因此我们可以用这些酸以非常简单和廉价的方式形成磷酸。将一个管状接收器半充满浓硝酸并柔和地加热之,然后向管中投入小片磷;它们伴着泡腾被溶解,亚硝气红雾则飞掉;只要磷将要溶解就再加

① 金属磷酸盐的存在必须先假定金属能在不同的氧化度溶解于磷酸,这一点尚未确定。——A

磷，然后增加曲颈瓶下面的火，驱除最后的硝酸粒子；磷酸部分呈流体，部分呈凝结体，就留在了曲颈瓶中。

碳酸与成盐基的化合物表

（以亲和力为序）

基的名称	得到的中性盐	
	新名称	旧名称
重晶石	碳酸重晶石[①]	充气重土或起泡重土
石灰	石灰	白垩，石灰质晶石，充气石灰土
草碱	草碱	起泡的或充气的固定植物碱，草碱臭气
苏打	苏打	充气的或起泡的固定矿物碱，臭气苏打
苦土	苦土	充气的、起泡的、柔和的或有臭气的苦土
氨	氨	充气的、起泡的、柔和的或有臭气的挥发性碱
黏土	黏土	充气的或起泡的泥质土，或矾土
氧化锌	锌	锌晶石，臭气锌或充气锌
铁	铁	晶石铁矿、臭气铁或充气铁
锰	锰	充气锰
钴	钴	充气钴
镍	镍	充气镍
铅	铅	晶石铅矿，或充气铅
锡	锡	充气锡
铜	铜	充气铜
铋	铋	充气铋
锑	锑	充气锑
砷	砷	充气砷
汞	汞	充气汞
银	银	充气银
金	金	充气金
铂	铂	充气铂

第十七章　对于碳酸及其化合物的观察

在所有的已知酸中，碳酸在自然界最丰富；它预先形成而存在于白垩、大理石以及一切石灰质石头之中，在这些石头之中，它被一种叫做*石灰*的特殊土质所中和。要从这种化合物中分离它，只需要加一些硫酸或者任何对石灰有更强亲和力的其他物质；接着便发生泡腾，这是由碳酸的离析产生的，碳酸一游离便立即呈气体状态。这种气体不能通

① 由于这些盐只是近来才熟悉，严格地讲，它们并没有任何旧名称。莫维先生在《全书》第一卷中将它们称为*毒盐*（*Mephites*）；伯格曼先生把它们称为*充气的*；德·佛克罗伊先生把碳酸称作*白垩酸*，把它们命名为*白垩*。——A

过迄今所知的任何程度的冷却或压力凝聚成为固体或液体形式,它与约为其同体积的水结合因而形成一种极弱的酸。它也可以从发酵的糖质大量获得,但是它被它在溶液中所含的醇所污染。

由于炭是这种酸的根,我们可以通过在氧气中燃烧炭或者以适当的比例使炭与金属氧化物化合来形成它;氧化物中的氧与炭化合,形成碳酸气,游离的金属则恢复其金属或熔块形态。

感谢布莱克(Black)博士给了我们关于这种酸的最初知识,在他的时代之前,这种酸总是处于气体态的性质使它巧妙地逃避了化学的研究。

盐酸与成盐基的化合物表

(以亲和力为序)

基的名称	得到的中性盐	
	新名称	旧名称
重晶石	盐酸重晶石	有重土基的海盐
草碱	草碱	西尔维斯(sylvius)解热盐,盐化植物固定碱
苏打	苏打	海盐
石灰	石灰	盐化石灰,石灰油
苦土	苦土	海泻盐,盐化苦土
氨	氨	氨盐
黏土	黏土	盐化矾,带矾土基的海盐
氧化锌	锌	锌海盐,或盐锌
铁	铁	铁盐,玛尔斯海盐
锰	锰	锰海盐
钴	钴	钴海盐
镍	镍	镍海盐
铅	铅	角-铅(horny-lead),角铅(plumbum corneum)
锡	锡烟	发烟李巴尤期(libavius)液
	锡固体	固体锡酷
铜	铜	铜海盐
铋	铋	铋海盐
锑	锑	锑海盐
砷	砷	砷海盐
汞	汞甘	甘升汞
	汞腐蚀剂	甘汞,鹰白质
银	银	角银(horny silver),角银(argentum corneum)
		角纽娜(luna [1]cornea)
金	金	金海盐
铂	铂	铂海盐

① 纽娜,罗马神话中的月神,西方炼金术用语中代表银。——C

假若我们能够用任何廉价的方法分解这种气体，那么这对于社会来说就是一个极有价值的发现，因为为了经济目的，我们用这种方法可以获得石灰质土、大理石、石灰石等等中所含的极为丰富的炭。这不能用单一的亲和力完成，因为要分解碳酸，就需要一种像炭本身那样的可燃物质，结果我们只能使一种可燃物体与另一种并不更有价值的物体交换；不过这也许可能用双重亲和力完成，因为这个过程非常容易地被自然界在由极普通的物质生长期间完成了。

氧化盐酸与成盐基的化合物表

（以亲和力为序）

基的名称	用新命名法命名的中性盐的名称
重晶石	氧化盐酸重晶石
草碱	草碱
苏打	苏打
石灰	石灰
苦土	苦土
黏土	黏土
氧化锌	锌
铁	铁
锰	锰
钴	钴
镍	镍
铅	铅
锡	锡
铜	铜
铋	铋
锑	锑
砷	砷
汞	汞
银	银
金	金
铂	铂

注　盐的这种次序古代化学家完全不知道，是1786年贝托莱先生发现的。——A

第十八章　对于盐酸和氧化盐酸及其化合物的观察

盐酸在矿物界是非常丰富的，它与不同的成盐基，尤其是苏打、石灰和苦土自然化合着。在海水及一些湖的水中，它与这三种基化合，而在岩盐矿中，它多半与苏打结合。这种酸似乎迄今尚未在任何化学实验中被分解；因此我们还摸不清其根的本质是什么，只能根据与其他酸的类比断定，它含有氧作为其酸化要素。贝托莱先生怀疑该根具有金属的性质；不过，由于大自然似乎每天都在栖居场所通过将瘴气与气态流体化合，来形成这种酸，因此这就必然要假定某种金属气体存在于大气中，这当然不是不可能的，但没有证据不能得到承认。

盐酸对成盐基只有中等程度的黏附力,硫酸容易将它从它与这些基的化合物中驱除。其他的酸,例如硝酸,也可以符合同样的目的;但硝酸易挥发,蒸馏过程中会与盐酸混合。约一份硫酸就足以分解两份烧爆了的海盐。这个操作在一个管状曲颈瓶中完成,该曲颈瓶有与之适合的沃尔夫装置(图版Ⅳ,图 1)。当所有的接头都完全用封泥封住时,就通过管子将海盐放进曲颈瓶中,将硫酸倒在上面,迅速用打磨过的水晶塞子将瓶口塞住。由于盐酸在常温下只能以气体形式存在,因此没有水存在我们就不能使其凝聚。所以,要在沃尔夫装置中的瓶子里用水半装满;盐酸气从曲颈瓶中的海盐中驱除出来,并与水化合,形成老化学家们所谓的*发烟盐精*或*格劳伯尔海盐精*,我们现在将其称为*盐酸*。

由上述过程获得的酸,用氧化锰、氧化铅或氧化汞蒸馏,可以与更大剂量的氧化合,得到的酸我们将其称为*氧化盐酸*,它与前者一样,只能以气体形态存在,被水吸收的量少得多。当迫使水中所含的这种酸超过一定点时,过量的酸便以凝结形态沉入容器的底部。贝托莱先生曾指出,这种酸能与大量的成盐基 化合;由这种结合所产生的中性盐能与炭和许多金属物质一起爆燃;这些爆燃十分剧烈和危险,这是由于氧所携带的大量热素成为氧化盐酸的组成成分所致。

硝化盐酸与成盐基的化合物表

(尽所知道的亲和力次序排列)

基的名称	中性盐的名称
黏土	硝化盐酸黏土
氨	氨
氧化锑	锑
银	银
砷	砷
重晶石	重晶石
氧化铋	铋
石灰	石灰
氧化钴	钴
铜	铜
锡	锡
铁	铁
苦土	苦土
氧化锰	锰
汞	汞
钼	钼
镍	镍
金	金
铂	铂
铅	铅
草碱	碱
苏打	苏打
氧化钨	钨
锌	锌

注 这些化合物的大部分,尤其是与土质和碱类的化合物,还没怎么检定,我们仍要弄清楚,它们是形成一种复合根仍处于化合状态的混合盐,还是两种酸各自形成两种不同的中性盐。——A

第十九章　对于硝化盐酸及其化合物的观察

硝化盐酸以前称为王水，它是由硝酸和盐酸的一种混合物形成的；这两种酸的根化合起来，形成一种复合基，由此产生一种酸，该酸具有它自身特有的、与其他一切酸的性质都不同的性质，尤其是溶解金和铂的性质。

金属在溶解于这种酸的过程中，与溶解于所有其他酸的过程中一样，首先吸引复合根的部分氧而被氧化。这就引起一种迄今尚未描述过的特殊气体的离析，说气体可以称为硝化盐气；它有十分令人讨厌的气味，如果被动物吸入则对其生命将是毁灭性的；它腐蚀铁使其生锈；它被水大量吸收，因此获得些微酸性特征。我有理由在对铂进行实验的过程中对这些特征发表意见，在此过程中我在硝化盐酸中溶解了大量的这种金属。

我起初曾怀疑，在硝酸和盐酸的混合物中，后者吸引了前者的部分氧而转化成为氧化盐酸，这就赋予它溶解金的性质；但是有几个事实靠这个猜想仍无法说明。假若如此，我们必定能通过加热这种酸离析出亚硝气，然而并未察觉到它的发生。根据这些考虑，就导致我采纳贝托莱先生的见解，认为硝化盐酸是一种单一的酸，它带有一个复合的基或根。

萤石酸与成盐基的化合物表

（以亲和力为序）

基的名称	中性盐的名称
石灰	萤石酸石灰
重晶石	重晶石
苦土	萤石酸苦土
草碱	草碱
苏打	苏打
氨	氨
氧化锌	锌
锰	锰
铁	铁
铅	铅
锡	锡
钴	钴
铜	铜
镍	镍
砷	砷
铋	铋
汞	汞
银	银

(续表)

基的名称	中性盐的名称
金	金
铂	铂
用干法	
黏土	萤石酸黏土

注 这些化合物老化学家们完全不知道,因此在旧的命名法中没有名称。——A

第二十章 对于萤石酸及其化合物的观察

萤石酸预先已在萤石(fluoric spars)①中自然形成而存在,与石灰质土化合结果形成一种不溶的中性盐。为得到与该化合物离析的萤石酸,将萤石即萤石酸石灰放进一个盛有适量硫酸的铅质曲颈瓶中;配上一个也是铅质的接收器,半装满水,并用火加热曲颈瓶。由于硫酸具有较大的亲和力,它就将萤石酸驱除,萤石酸从上面通过,被接收器中的水所吸收。由于萤石酸在常温下自然处于气体状态,因此我们可以在一个汞气体化学装置中接收它。在此过程中我们必须使用金属器皿,因为萤石酸溶解玻璃和硅土,甚至使这些物体变成挥发性的,在蒸馏时将它们一起以气体形式带走。

我们感谢马格拉夫(Margraff)先生使我们首先认识到这种酸,尽管由于他从来没能获得不与大量的硅土化合的这种酸,因此不了解它是一种独特的酸。德·利安考特公爵(The Duke de Liancourt)以布兰杰(Boulanger)先生的名义大大增加了我关于其性质的知识;舍勒先生似乎已经彻底研究了这个主题。剩下来的唯一的事情,就是尽力发现萤石酸根的本质,我不能形成任何关于它的观念,因为该酸似乎在任何实验中都未被分解过。只有靠复合的亲和力,为此目的做的实验才有成功的概然性。

月石酸与成盐基的化合物表

(以亲和力为序)

基	中性盐
石灰	月石酸石灰
重晶土	重晶石
苦土	苦土
草碱	草碱
苏打	苏打
氨	氨
氧化锌	锌
铁	铁

① 通常称为*derbysbire spars*(萤石)。——E

（续表）

基	中性盐
铅	铅
锡	锡
钴	钴
铜	铜
镍	镍
汞	汞
黏土	黏土

注　这些化合物大部分老化学家们既不知道也未命名。月石酸以前称为镇静盐，它的带有固定植物碱基的复合物称为*月石砂*。——A

第二十一章　对于月石酸及其化合物的观察

这是一种由从印度获得的叫做*月石砂*（*borax*）或*原月石砂*（*tincall*）的盐提取的凝结酸。虽然人工使用月石砂已有很长时间，但我们到目前为止关于其起源及提取和纯化它的方法仍无十分完善的知识；有理由相信它就是在东方某些部分的土中和某些湖的水中发现的一种天然盐。全部月石砂贸易都在荷兰人的掌握之中，纯化它的技术被他们所独占，直到最近，巴黎的诸位勒吉利埃（L'Eguillier）先生才在此行业中与之匹敌；不过这种方法对世界而言仍是一个秘密。

通过化学分析，我们认识到月石砂是一种中性盐，它带有过量的基，由苏打组成，被一种长期称为*荷伯格镇静盐*，现在叫做*月石酸*的特殊酸所部分饱和。这种酸发现在某些湖的水中处于未化合状态。意大利彻恰约（Cherchiaio）的湖中每品脱水含 94 $\frac{1}{2}$格令。

为了获得月石酸，将一些月石砂溶解于沸水之中，将此溶液过滤，加进硫酸或任何对苏打的亲和力比对月石酸的亲和力更大的其他物质；经冷却就离析出并获得处于晶态的这后一种酸。这种酸长期被认为是在获得它的过程中形成的，因此经这个过程它应当随将它与苏打分离开来时所使用的酸的本质的不同而不同；但是现在普遍承认，只要通过洗涤、反复溶解和结晶使之完全纯化不含其他酸的混合物，无论用什么方法获得，它都是同一种酸。它在水和醇中皆可溶解，并且具有把绿色传给该精的火焰的性质。这种情况曾使人们怀疑它含有铜，但这尚未被任何决定性的实验确证。相反，如果它含有这种金属，必定只能认为它是偶然的混合物。它以湿法与成盐基化合；虽然它不能以这种方式直接溶解任何金属，但用复合亲和力容易产生这种化合物。

上表以湿法亲和力为序提供了它的化合物；但是当我们用干法操作时，该次序就有重要变化；在这种情况下，黏土必须直接放在苏打之后，尽管它在我们的表中置于最末。

月石酸根迄今尚属未知；尚无实验能够分解该酸；根据与其他酸的类比，我们继定，氧化为酸化要素存在于其组成之中。

砷酸与成盐基的化合物表

（以亲和力为序）

基	中性盐
石灰	砷酸石灰
重晶石	重晶石
苦土	苦土
草碱	草碱
苏打	苏打
氨	氨
氧化锌	锌
锰	锰
铁	铁
铅	铅
锡	锡
钴	钴
铜	铜
镍	镍
铋	铋
汞	汞
锑	锑
银	银
金	金
铂	铂
黏土	黏土

注　盐的这种次序，古代化学家们完全不知道。马凯先生于1746年发现了砷酸与草碱和苏打的化合物，他把它们命名为砷的中性盐。——A

第二十二章　对于砷酸及其化合物的观察

在1746年《科学院文集》中，马凯先生指出，当白色氧化砷与硝石的一种混合物受强火作用时，便得到一种中性盐，他称之为*中性砷盐*。当时，一种金属起一种酸的作用这种奇特现象的原因，还完全不知道；但是，较现代的实验使人们认识到，在此过程中，砷夺走硝酸的氧而被氧化；这样，它就转化成为一种真正的酸，并与草碱化合。现在已知还有其他一些使砷氧化并得到它的游离于化合物的酸的方法。最简单和最有效的方法如下：用三份重量的盐酸溶解白色氧化砷；往处于沸腾状态的这种溶液中加进两份硝酸，蒸发至干燥。在此过程中，硝酸被分解，其氧与氧化砷结合转化成为酸，亚硝根以亚硝气状态飞掉；而盐酸则由于热而转化成为盐酸气，可收集于适当的容器之中。经在坩埚中加热直至变红，砷酸完全游离于该过程中所使用过的其他酸；剩下的就是纯凝结砷酸。

莫维先生在第戎(Dijon)的实验室中极成功地重复过的舍勒先生的方法如下：用黑氧化锰蒸馏盐酸；这就使它转化成为氧化盐酸；从锰夺走氧；用一个盛有白氧化砷的接收器将此接收，洒上少量蒸馏水；砷夺走氧化盐酸过饱和的氧而将其分解；砷转化成为砷酸，氧化盐酸恢复至普通盐酸状态。经蒸馏将两种酸离析，此操作至终均柔和加热；盐酸从上面通过，砷酸处于白色凝结形态。

砷酸的挥发性比白氧化砷小得多；由于它没有被充分氧化，常常含有溶解状态的白氧化砷，这通过像前一过程中那样继续加亚硝酸至不再有亚硝气产生来防止。由所有这些观察，我要给出砷酸的以下定义。它是由砷与氧化合的，在炽热中固定的，可溶于水，能与许多成盐基化合的一种白色凝固的金属酸。

第二十三章　对于钼酸及其与成盐基的化合物[①]的观察

钼是一种特殊的金属物体，能被氧化成为真正的凝固酸[②]。钼矿是该金属的一种天然硫化物，出于这个目的，将部分钼矿放进盛有五、六份硝酸的曲颈瓶中，硝酸用其重量的四分之一的水稀释，并对曲颈瓶加热；硝酸的氧既作用于钼又作用于硫，将一种转化成为钼酸，将另一种转化成为硫酸；只要有亚硝气红烟放出，就再倒上硝酸；钼就这样被尽可能地氧化了，而且发现它呈粉状留在曲颈瓶底部，与白垩相似。必须用温水将其洗涤，以使任何黏附的硫酸粒子分开；由于它几乎是不可溶的，所以在这种操作中损失极微。它与成盐基的一切化合物皆不为古代化学家所知。

钨酸与成盐基的化合物表

基	中性盐
石灰	钨酸石灰
重晶石	重晶石
苦土	苦土
草碱	草碱
苏打	苏打
氨	氨
黏土	黏土
氧化锑[③]等等	锑[④]等等

① 我没有补加这些化合物的表，因为它们的亲和力次序全属未知；它们称作钼酸黏土、钼酸锑、钼酸草碱，等等。——E

② 此酸是舍勒先生发现的，化学感谢他发现了其他几种酸。——A

③ 拉瓦锡先生以字母为序排列了与金属氧化物的化合物；由于不知道它们的亲和力次序，我将它们删略了，因为没有意义。——E

④ 所有这些盐古代化学家都不知道。——A

第二十四章　对于钨酸及其化合物的观察

钨是一种特殊的金属,其矿常与锡矿相混淆。这种矿与水的比重为 6 比 1;其结晶态类似于石榴石,颜色以灰白色到黄色和淡红各不相同;在萨克森(Saxony)和波希米亚(Bohemia)的几个地方发现了它。康沃尔矿(the mines of Cornwall)中常见的称为黑钨矿(*Wolfram*)的矿石,也是这种金属的矿石。在所有这些矿中,该金属都被氧化了;在某些矿中,它似乎甚至被氧化到酸的状态,与石灰化合成为一种真正的钨酸石灰。

为得到游离的酸,将一份钨矿与四份碳酸草碱混合,并将混合物在坩埚中熔化;再弄成粉末,倒上 12 份沸水,加上硝酸,钨酸就以凝固态沉淀出来。然后,为保证该金属的完全氧化,就再加硝酸,并蒸发至干,只要有亚硝气红烟产生就重复这种操作。要获得完全纯的钨酸,必须在一只铂坩埚中将该矿与碳酸草碱熔化,否则普通坩埚的土质就会与产物混合,并掺有该酸。

亚酒石酸与成盐基的化合物表

(以亲和力为序)

基	中性盐
石灰	亚酒石酸石灰
重晶石	重晶石
苦土	苦土
草碱	草碱
苏打	苏打
氨	氨
黏土	黏土
氧化锌	锌
铁	铁
锰	锰
钴	钴
镍	镍
铅	铅
锡	锡
铜	铜
铋	铋
锑	锑
砷	砷
银	银
汞	汞
金	金
铂	铂

第二十五章　对于亚酒石酸及其化合物的观察

酒石，即固定在葡萄酒完成发酵的容器内部的凝结物，是一种熟知的盐，由一种特殊的酸过量地与草碱结合而成。舍勒先生首次指出了获得这种纯酸的方法。由于观察到它对石灰的亲和力比对草碱的亲和力大，因此他指引我们按以下方式着手。将纯酒石溶解于沸水中，加足量的石灰至酸被完全饱和。形成的亚酒石酸石灰由于几乎不溶于冷水，而落到底部，经倾析与草碱溶液分离开来；再用冷水将其洗涤并干燥之；倒上用八、九份水稀释了的硫酸，用柔热蒸煮十二小时，经常搅动混合物；硫酸与石灰化合，亚酒石酸便处于游离状态。在这个过程中，少量未经检验的气体被离析出来。在十二小时终了时，将清澈液倒出，用冷水洗涤硫酸石灰，将其加进清澈液中，然后蒸发，便得到凝结态的亚酒石酸。用八至十盎司硫酸，两磅纯化的酒石产生约十一盎司的亚酒石酸。

由于易燃根过量存在，即由于自酒石得到的酸未被氧充分饱和，因此我们将该酸叫做*亚酒石酸*（*tartarous acid*），它与成盐基化合形成的中性盐叫做*亚酒石酸盐*（*tartarites*）。亚酒石酸的基是碳-亚氧或氢-亚碳根，其氧化的程度比在草酸中低；而且，根据哈森夫拉兹先生的实验，氮似乎以相当大的量成为亚酒石根的组成部分。通过氧化亚酒石酸，它可转化为草酸、苹果酸和亚醋酸；不过很可能是，根中的氢炭比例在这些转化过程中改变了，而且这些酸之间的差异不独在于不同的氧化度。

亚酒石酸在其与固定碱的化合物中可有两种饱和度；按其中的一种饱和度，用过量的酸形成一种盐，人们不恰当地将其叫做*酒石乳*（*cream of tartar*），而按我们的新命名法，它被命名为*微亚酒石酸草碱*（*acidulous tartarite of potash*）；按另一饱和度或等饱和度，形成一种完全中性的盐，以前叫做*植物盐*（*vegetable salt*），我们将其命名为*亚酒石草碱*。这种酸与苏打形成亚酒石苏打，以前叫做*塞涅特盐*（*sal de seignette*），即*罗谢尔多用盐*（*sal polychrest of Rochell*）。

第二十六章　对于苹果酸及其与成盐基的化合物的观察[①]

苹果酸预先形成而存在于成熟和未成熟的苹果以及许多其他水果的酸汁之中，其获得方式如下：用草碱或苏打饱和苹果汁，加上适当比例的用水溶解了的亚醋酸铅；复分解便发生了；苹果酸与氧化铅化合并且由于几乎不溶解而沉淀，亚醋酸草碱或亚醋酸苏打则留在液体之中。用冷水洗涤倾析分离出来的苹果酸铅，并加进一些稀硫酸；硫酸与铅结合成为一种不溶的硫酸盐，苹果酸则以液体形态游离。

---

① 我删略了表，因为亲和力次序不知道，拉瓦锡先生是以字母为序排列的。苹果酸与成盐基的一切化合物都称为*苹果酸盐*（*malats*），皆不为古代化学家们所知。——E

这种酸发现大量混有柠檬酸和亚酒石酸,是介于草酸和亚醋酸之间的一种酸,它比前者被氧化得更多而比后者被氧化得更少。根据这种情况,赫尔姆布塔特(Hermbstadt)先生称它为非完全醋(*imperfect vinegar*);但它又不同于亚醋酸,在其根的组成中有相当多的炭,有较少的氢。

如果在前述过程中用的是很稀的酸,则液体就既含苹果酸又含草酸,而且很可能还含一点亚酒石酸;将石灰水与酸、草酸盐、亚酒石酸盐相混合便把它们分离开来,并且产生苹果酸石灰;前二者是不溶的,便沉淀下来,苹果酸石灰则仍处于溶解状态;如以上指出的方式,先用亚醋酸铅,然后再用硫酸,便将纯苹果酸从液体中分离出来。

柠檬酸与成盐基的化合物表

(以亲和力①为序)

基	中性盐
重晶石	柠檬酸重晶石
石灰	石灰
苦土	苦土
草碱	草碱
苏打	苏打
氨	氨
氧化锌	锌
锰	锰
铁	铁
铅	铅
钴	钴
铜	铜
砷	砷
汞	汞
锑	锑
银	银
金	金
铂	铂
黏土	黏土

① 这些化合物古代化学家并不知道。成盐基与这种酸的亲和力次序是伯格曼先生及第戎科学院的德·布雷内(de Breney)先生确定的。——A

第二十七章　对于柠檬酸及其化合物的观察

柠檬酸通过榨挤柠檬获得，而且在许多其他水果汁中发现它与苹果酸混在一起。要得到纯的、浓缩的柠檬酸，首先要通过在冷藏地窖中长时间地静置除去水果的黏液部分，然后让其经过零下 4 或 5 度的温度，即从华氏 21°到 23°使其浓缩；水冻结了，而酸仍然是液体，体积减少至原来的八分之一。更低的冷度会使酸咬合于冰之中，致使其难以分离。这个方法是乔治乌斯(Georgius)先生指出的。

更容易地得到它，是用石灰饱和柠檬汁，结果形成不溶于水的柠檬酸石灰；洗涤这种盐，并倒上适量的硫酸；这就形成硫酸石灰，沉淀下来，使柠檬酸以液体形式游离。

焦亚木酸与成盐基的化合物表

(以亲和力[①]为序)

基	中性盐
石灰	焦亚木酸[②]石灰
重晶石	重晶石
草碱	草碱
苏打	苏打
苦土	苦土
氨	氨
氧化锌	锌
锰	锰
铁	铁
铅	铅
锡	锡
钴	钴
铜	铜
镍	镍
砷	砷
铋	铋
汞	汞
锑	锑
银	银
金	金
铂	铂
黏土	黏土

① 上述亲和力是德·莫维和埃洛斯·布尔菲叶·德·克莱沃(Elos Bourfier de Clervaux)两位先生确定的。这些化合物直到最近才完全知道。——A

② 英文版误为“焦黏酸”。——C

第二十八章　对于焦亚木酸及其化合物的观察

古代化学家们观察到，大多数木头，尤其是较重和较致密的木头，经以露火蒸馏，放出一种特殊的酸精；但在戈特林(Geotling)先生 1779 年在克雷尔的《化学学报》(*Chemical Journal*)上说明他关于这个问题所做的实验之前，从来无人探究其本质和性质。无论从哪一种木头获得，这种酸都是相同的。第一次蒸馏时，它是褐色的，并且掺杂了较多的炭和油；经再次蒸馏它就从其中提纯出来。焦亚木酸根主要由氢和炭组成。

第二十九章　对于焦亚酒石酸及其与成盐基的化合物[①]的观察

*焦亚酒石酸*的名称是指通过用露火蒸馏从提纯了的酸性亚酒石酸草碱中获得的一种稀的焦臭酸。要得到它，让一个曲颈瓶半充满弄成了粉状的酒石，配一个带管的接收器，用一个弯管连通气体化学装置中的玻璃钟罩；逐渐使曲颈瓶下面的火加大，我们就得到混有油的焦亚酒石酸，用一只漏斗将其分离。蒸馏过程中有极大量的碳酸离析。用以上方法得到的酸被油大量污染，应当将其从中除去。某些作者建议通过再一次蒸馏来做这件事；但是第戎的院士们告诉我们，由于在此过程中发生爆炸，这种做法有极大的危险。

焦亚黏酸与成盐基的化合物[②]表

（以亲和力为序）

基	中性盐
草碱	焦亚黏酸草碱
苏打	苏打
重晶石	重晶石
石灰	石灰
苦土	苦土
氨	氨
黏土	焦亚黏酸黏土
氧化锌	锌
锰	锰
铁	铁
铅	铅
锡	锡

① 成盐基与此酸的亲和力次序迄今尚不知道。拉瓦锡先生它与焦亚木酸的相似性，猜想二者的亲和力相同；但是，这并未被实验所确定，故表被删略了。所有这些化合物都称为*焦亚酒石酸盐*，直到不久前才知道。——E

② 所有这些化合物都不为古化学家们所知。——A

(续表)

基	中性盐
钴	钴
铜	铜
镍	镍
砷	砷
铋	铋
锑	锑

第三十章　对于焦亚黏酸及其化合物的观察

此酸经用露火蒸馏由糖和一切含糖物体获得；由于这些物质经火大大膨胀，所以必须让曲颈瓶的八分之七空着。它是黄色的，接近红色，它在皮肤上留下的痕迹去不掉，除非连表皮一起去掉。经再次蒸馏可以得到不怎么有色的焦亚黏酸，如对于柠檬酸所指出的那样，它经冷冻而浓缩。它主要由水和轻微氧化了的油组成，经用硝酸进一步氧化可转化成为草酸和苹果酸。

人们一直认为此酸在蒸馏过程中有大量气体离析，如果用柔热进行蒸馏，情况就不是这样。

草酸与成盐基的化合物表

(以亲和力为序①)

基	中性盐
石灰	草酸石灰
重晶石	重晶石
苦土	苦土
草碱	草碱
苏打	苏打
氨	氨
黏土	黏土
氧化锌	锌
铁	铁
锰	锰

① 全都不为古代化学家们所知。——A

(续表)

基	中性盐
钴	钴
镍	镍
铅	铅
铜	铜
铋	铋
锑	锑
砷	砷
汞	汞
银	银
金	金
铂	铂

第三十一章　对于草酸及其化合物的观察

草酸主要是在瑞士和德国由酸模(sorrel)榨出的汁制备的,经长时间静置,草酸从其中结晶出来;它在这种状态部分被草碱所饱和,形成一种真正的微酸性的草酸草碱,即由于酸的过剩形成的盐。要得到纯草酸,必须经人工氧化糖来形成,它似乎是真正的草酸根。往一份糖上倒六或八份硝酸并加柔热;发生相当大的泡腾,并有大量亚硝气离析;硝酸被分解,其氧与糖结合。让该液体处于静止状态,纯草酸结晶就形成了,必须将其置于吸墨水纸上使其干燥,以除去剩下的那部分硝酸;为保证该酸的纯度,将结晶溶于蒸馏水中再重新使其结晶。

由草酸第一次结晶之后所剩下的液体,我们可以通过冷冻获得苹果酸。此酸比草酸被氧化得更多;而且,经进一步氧化,糖可以转化成为亚醋酸,即醋。

与少量苏打或草碱化合了的草酸,与亚酒石酸一样,具有这样的性质,即未经分解而成为许多化合物的组成部分。这些化合物形成三元盐,即具有双基的中性盐,它们应当有恰当的名称。酸模的盐,即与过量草酸化合的草碱,在我们的新命名法中称为微草酸草碱(acidulous oxalate of potash)。

由酸模获得的酸为化学家们所知已有一个多世纪,这已由杜克洛(Duclos)先生在1688年的《科学院文集》中提及,而且波尔哈夫已颇精确地描述了这种酸;不过,是舍勒先生首次指出它含有草碱,并证明它与糖被氧化所形成的酸完全相同。

亚醋酸与成盐基的化合物表

（以亲和力为序排列）

基	中性盐	按旧命名法命名得到的中性盐的名称
重晶石	亚醋酸重晶石	不为古人所知。德·莫维先生发现，他将其称为压醋（*barotic acéte*）。
草碱…	——草碱…	马勒（Muller）叶酒石秘土。巴塞尔·瓦伦丁和帕拉塞尔苏斯（Paracelsus）酒石秘方。施罗德（ Schröder）特效酒石泻药。兹韦尔费（Zwelfer）酒盐精。塔克利乌斯（Tachenius）再生酒石。西尔维斯和威尔逊（Wilson）利尿盐。
苏打…	——苏打…	带有矿物碱基的页土。矿页土或可结晶页土。矿物亚醋盐。
石灰…	——石灰…	白垩盐，或珊瑚盐，或蟹眼盐；哈特曼（Hartman）提及过。
苦土…	——苦土…	文泽尔先生首次提及。
氨草胶	——氨草胶	烈性明德里（Mindereri）盐。氨亚醋盐。
——锌	——锌……	为格劳伯（Glauber）、施韦德姆伯格（Schedemberg）、里斯波尔（Respour）、波特（Pott）和文泽尔所知，但未命名。
——锰	——锰……	不为古人所知。
——铁	——铁……	玛尔斯醋。普被蒙内特（Monnet）、文泽尔和达延公爵（the Duke d'Ayen）描述过。
——铅	——铅……	铅或萨图恩糖、醋和盐。
——锡	——锡……	为莱默里（Lemery）、马格拉夫、蒙内特、韦斯伦道夫（Weslendorf）和文泽尔所知，但未命名。
——钴	——钴……	卡德先生的隐显墨水。
——铜	——铜……	铜绿、铜盐颜料晶、铜盐颜料、蒸馏铜绿、维纳斯晶或铜晶。
——镍	——镍……	不为古人所知。
——砷	——砷……	砷亚醋发烟水、卡德先生的液体磷。
——铋	——铋……	乔弗罗瓦先生的铋糖。为盖勒特、波特、韦斯伦道夫、伯格曼和德·莫维所知。
——汞	——汞……	汞页土、凯泽（Keyser）著名的抗毒药。格贝弗（Gebaver）1748 年提及；为赫洛特（Helot）、马格拉夫、博梅、伯格曼和德·莫维所知。
——锑	——锑……	未知。
——银	——银……	马格拉夫、蒙内特和文泽尔曾描述过；不为古人所知。
——金	——金……	几乎未知，施罗德和琼克（Huncker）曾提及。
——铂	——铂……	未知。
黏土…	——黏土…	根据文泽尔的意见，醋只溶解极少量的黏土。

第三十二章 对于亚醋酸及其化合物的观察

此酸由炭和氢组成,炭和氢结合在一起再加上氧便处于酸的状态;因此,它是由与亚酒石酸、草酸、柠檬酸、苹果酸等酸相同的元素形成的,不过这些元素按不同比例存在于这些酸中;亚醋酸(acetous acid)所处的氧化态似乎比其他这些醋高。我有理由相信,亚醋酸根所含氮的分量少;而且,由于除了亚酒石酸之外,任何植物酸根中均不含此元素,这种情况便是产生差异的原因之一。亚醋酸即醋,由葡萄酒经温热,加上某种酵素制得。酵素通常是残渣,即酵母,它由另外的发酵过程中的醋或者某种类似物质分离出来。葡萄酒的类酒精部分由炭和氢组成,被氧化转化成为醋。此过程只能在与空气自由接触的情况下才能发生,而且由于吸收氧的缘故总是伴随着使用的空气减少;因此,总是应当在只有半充满用来进行亚醋发酵的酒液的容器中进行。在此过程中形成的酸极易挥发,并且混有很大比例的水和杂质;要得到纯亚醋酸,得将其在石质或玻璃容器中用柔火蒸馏。蒸馏过程使这个过程中跑出的酸多少有所改变,它与留在蒸馏器中的酸不完全属于同一类,似乎被氧化得较低。这种情况以前从来没有被化学家们观察到。

蒸馏不足以使此酸丧失其全部不必要的水;为了这个目的,最好的办法是使其处于凝固点以下 4°至 6°的冷度,即华氏 19°至 23°;通过这种方式,水冻结了,剩下的便是处于液体状态并且相当浓的酸。在通常的气温下,此酸只能以气态存在,只能与很大比例的水化合而保持住。获得亚醋酸还有其他化学方法,这包括用硝酸氧化亚酒石酸、草酸及苹果酸;但是,有理由相信,根的元素比例在这些过程中发生了变化。哈森夫拉兹先生目前正在重复据说是由之产生这种转化的实验。

亚醋酸与各种成盐基的化合物极易于形成;但是得到的大多数中性盐不可结晶;而由亚酒后酸和草酸产生的中性盐一般则几乎是不溶的。亚酒石酸石灰和草酸石灰在任何可察觉的程度上都是不溶的。苹果酸盐在溶解度方面居于草酸盐和亚醋酸盐之间,苹果酸的饱和度处于草酸与亚醋酸之间,金属在溶解之前须用这种酸氧化,犹如须用其他酸氧化一样。

除了亚醋酸草碱、亚醋酸苏打、亚醋酸氨、亚醋酸铜和亚醋酸铅之外,古代化学家几乎不知道由亚醋酸与成盐基化合形成的任何盐。卡德(Cadet)先生发现了亚醋酸砷[①];文泽尔(Wenzel)先生、第戎的院士们、德·拉索涅(de Lassone)先生和普鲁斯特(Proust)先生使我们知道了其他亚醋酸盐的性质。根据亚醋酸草碱所具有的性质,即在蒸馏中放出氨,有理由假定,除了炭和氢之外,亚醋酸根还含有小比例的氮,不过,上述氨的产生也许是由草碱分解所致,这并非不可能。

---

① 《外国学者》(*Savans Etrangers*),第三卷。

醋酸与成盐基的化合物表

(以亲和力为序)

基	中性盐
重晶石	醋酸重晶石
草碱	草碱
苏打	苏打
石灰	石灰
苦土	苦土
氨	氨
氧化锌	锌
锰	锰
铁	铁
铅	铅
锡	锡
钴	钴
铜	铜
镍	镍
砷	砷
铋	铋
汞	汞
锑	锑
银	银
金	金
铂	铂
黏土	黏土

注　所有这些盐古人皆不知道;甚至那些极专心地从事现代发现的化学家们也不知道,氧化醋酸根所产生的大部分盐严格说来是属于亚醋酸盐类,不是属于醋酸盐类。——A

第三十三章　对于醋酸及其与成盐基的化合物的观察

我们假定根醋(radical vinegar)由于与亚醋酸根相同但被氧饱和的程度更高的根所组成,由此已经将醋酸的名称赋予根醋。按照这个观念,醋酸是氢-亚碳根能够氧化的最高程度;不过,尽管这种情况极为概然,在它作为一个绝对的化学真理被采纳之前,还需要进一步的更多的决定性实验来确证。我们按如下方式获得此酸:往三份亚醋酸草碱或亚醋酸铜上倒一份浓硫酸,经蒸馏就得到极浓的酸,我们将其称为醋酸(*acetic acid*),即以前所命名的根醋。既没严格证实这种酸的氧化程度比亚醋酸高,也没严格证实它们之间的差异也许不在于根或基的元素之间的不同比例。

琥珀酸与成盐基的化合物表

(以亲和力为序)

基	中性盐
重晶石	琥珀酸重晶石
石灰	石灰
草碱	草碱
苏打	苏打
氨	氨
苦土	苦土
黏土	黏土
氧化锌	锌
铁	铁
锰	锰
钴	钴
镍	镍
铅	铅
锡	锡
铜	铜
铋	铋
锑	锑
砷	砷
汞	汞
银	银
金	金
铂	铂

注 所有的琥珀酸盐皆不为古代化学家所知。——A

第三十四章 对于琥珀酸及其化合物的观察

琥珀酸由琥珀经温热升华并以凝结形式上升进入升华皿的皿颈处而获得。此操作不必过分或用过强的火,否则琥珀油就随酸一起上升。盐置于吸墨水纸上干燥并经反复溶解和结晶来提纯。

此酸溶于其自身重量二十四倍的冷水及量少得多的热水之中。它稍微具有一点酸的性质,只对蓝色植物颜料有轻微的影响。此酸与成盐基的亲和力取自德·莫维先生,他是第一个尽力确定这些亲和力的化学家。

第三十五章 对于安息香酸及其与成盐基的化合物[①]的观察

此酸以本杰明华或安息香华(*Flowers of Benjamin* or *of Benzoin*)的名称为古代化学家所知,由叫做安息香的树胶或树脂经升华而获得。获得它的方式,*via humida*[②],是乔弗罗瓦先生发现、舍勒先生完善的。弄碎成粉末的安息香上面倒上有过量石灰的强石灰水;不断搅拌混合物,蒸煮半小时之后,倒出液体,并只要出现中和就以同样方式使用新鲜的石灰水。不导致结晶就尽可能地使所有倾析的液体结合并蒸发,当液体冷却时滴入盐酸直至不再有沉淀形成。经此过程的前一部分形成安息香酸石灰,而经后一部分,盐酸与石灰化合形成盐酸石灰,盐酸石灰保持溶解状,而安息香酸由于不溶便以凝结状态沉淀。

第三十六章 对于樟脑酸及其与成盐基的化合物[③]的观察

樟脑是一种凝结的精油,由生长于中国和日本的一种月桂(*laurus*)经升华而得到。从樟脑中八次蒸馏出硝酸,科斯加顿(Kosegarten)先生将其转化成为一种类似于草酸的酸;但是由于它在某些情况下与该酸有差异,因此我们一直认为有必要给它一个特定的名称,直至进一步的实验更完满地确定了其本质为止。

由于樟脑是一种碳-亚氢或氢-亚碳根,容易相像,它经氧化当形成草酸、苹果酸及其他几种植物酸。由科斯加顿先生的实验提出这个猜想并非不可能;樟脑酸与成盐基的化合物中所显示的主要现象,非常类似于草酸和苹果酸与成盐基的化合物所显示的现象,这使我相信,它是由这两种酸的混合物组成的。

第三十七章 对于棓酸及其与成盐基的化合物[④]的观察

棓酸以前叫做*涩素*(*principle of astringency*),是用水浸泡或煎熬,或者用柔热蒸馏,由棓子得到的。此酸只是在这几年才引起人们的注意。第戎科学院委员会已经研究了它的所有化合物并给出了迄今为止对该酸的最好的说明。其酸性极弱;它使石蕊颜料变红,使硫化物分解,在金属事先已被溶解于其他某种酸时它与这些金属结合。通过这种化合,铁呈深蓝或紫罗兰色沉淀下来。此酸的根,如果说应该有个名称的话,那么迄今

---

① 这些化合物叫做安息香酸石灰、安息香酸草碱、安息香酸锌等等;但是,由于不知道亲和力次序,以字母为序的表就删略了,因为不必要。——E

② 拉丁文,意为"湿法"。——C

③ 这些化合物叫做樟脑酸盐,全都不为古人所知。表被删略了,因为是以字母为序列的。——E

④ 这些化合物叫做*棓酸盐*,均不为古人所知;其亲和力次序尚未确定。——A

尚不完全知道；它含于柝柳、沼鸢尾、草莓、睡莲、秘鲁树皮[①]、石榴花和石榴树皮以及其他许多木头和树皮之中。

第三十八章　对于乳酸及其与成盐基的化合物[②]的观察

我们关于这种酸的唯一准确的知识来自舍勒先生的著作。它含于乳清之中，与少量土质结合着，按如下办法得到它：通过蒸发使乳清减少至其体积的八分之一，经过滤分离出酪质；然后加上够与该酸化合那么多的石灰；再加草酸离析出石灰，草酸与之化合成为一种不溶的中性盐。经倾析分离出草酸石灰时，蒸发剩下的液体至蜂蜜的浓度；乳酸用醇溶解，醇不与奶糖和其他杂质结合；这些杂质经过滤从醇和酸中分离；蒸发或蒸馏掉醇，最后剩下的就是乳酸。

此酸与所有的成盐基结合，形成不结晶的盐；它似乎很像亚醋酸。

糖乳酸与成盐基的化合物表

（以亲和力为序）

基	中性盐
石灰	糖乳酸石灰
重晶石	重晶石
苦土	苦土
草碱	草碱
苏打	苏打
氨	氨
黏土	糖乳酸黏土
氧化锌	锌
锰	锰
铁	铁
铅	铅
锡	锡
钴	钴
铜	铜
镍	镍
砷	砷
铋	铋
汞	汞
锑	锑
银	银

注　这些皆不为古代化学家所知。——A

① 即金鸡纳皮。——C

② 这些化合物叫做乳酸盐；它们全都不为古代化学家所知，其亲和力尚未确定。——A

第三十九章　对于糖乳酸及其与成盐基的化合物的观察

通过蒸发，可以从乳清中提取一种糖，它在药学中早已为人所知，它很像从甘蔗中获得的糖。这种糖质像通常的酸一样，可以用硝酸氧化。为此目的，从中蒸馏出几份硝酸；让剩下的液体蒸发并凝固结晶，用这个办法获得的是草酸结晶；同时也得到一种极细的白色粉末凝结物，这就是舍勒发现的糖乳酸。它能与碱、氨、土质，甚至与金属化合。它对于后者的作用，除了它与它们形成难溶的盐这一点之外，迄今几乎还不知道。表中的亲和力次序取自伯格曼。

蚁酸与成盐基的化合物表

（以亲和力为序）

基	中性盐
重晶石	蚁酸重晶石
草碱	草碱
苏打	苏打
石灰	石灰
苦土	苦土
氨	氨
氧化锌	锌
锰	锰
铁	铁
铅	铅
锡	锡
钴	钴
铜	铜
镍	镍
铋	铋
银	银
黏土	黏土

注　这些全部不为古代化学家所知。——A

第四十章　对于蚁酸及其化合物的观察

此酸是在17世纪由萨米埃尔·菲希尔(Samuel Fisher)经蒸馏从蚁类中获得的。马格拉夫于1749年，莱比锡的阿德维森(Ardwisson)和奥克恩(Ochrn)两位先生于1777年分别论述了这个问题。蚁酸是从大型红蚁种 *formica rufa*, *Lin.*[①]提取的，该蚁在树木

① 拉丁文，意为“大红蚁”。——C

茂密的地方形成蚁冢。获得它要么是用柔热蒸馏玻璃曲颈瓶或蒸馏器中的蚁类;要么是在用冷水洗涤蚁类并将其在布上弄干之后,泼上沸水,沸水溶解此酸;此酸也可以通过轻轻榨挤这种昆虫而获得,这种方法比前述两种方法都好一些。要得到纯蚁酸,我们必须精馏,通过蒸馏将它从未化合的油质和炭化物质中分离开来;它可以按处理亚醋酸的方式,通过冷冻而浓缩。

第四十一章　对于蚕酸及其与成盐基的化合物[①]的观察

当蚕从幼蚕变成蚕蛹时,这种昆虫的体液似乎呈现某种酸的特性。当它由蚕蛹变成蚕蛾时,它放出使蓝纸变红的微红色液体,第一个留心观察的是第戎科学院的肖西埃(Chaussier)先生,他将蚕蛾浸泡于醇之中,醇溶解蚕蛾的酸而不带有这种昆虫的任何胶质部分;蒸发掉醇,剩下的酸尚纯。此酸的性质和亲和力迄今尚未精确确定;我们有理由相信,从其他昆虫可以获得类似的酸。此酸的根自然如其他来自动物界的酸一样,是由炭、氢和氮,也许还加上磷组成的。

皮脂酸与成盐基的化合物表

(以亲和力为序)

基	中性盐
重晶石	皮脂酸重晶石
草碱	草碱
苏打	苏打
石灰	石灰
苦土	苦土
氨	氨
黏土	黏土
氧化锌	锌
锰	锰
铁	铁
铅	铅
锡	锡
钴	钴
铜	铜
镍	镍
砷	砷
铋	铋
汞	汞
锑	锑
银	银

注　所有这些皆不为古代化学家所知。——A

① 这些化合物称为蚕酸盐,不为古代化学家所知;成盐基与蚕酸的亲和力尚未确定。——A

第四十二章 对于皮脂酸及其化合物的观察

为得到皮脂酸，把一些板油与一些细粉状生石灰一起放进长柄支脚小煮锅中，置于火上熔化，不断搅拌，升火至操作结束，注意防止令人作呕的蒸气。经此过程，皮脂酸与石灰结合成为皮脂酸石灰，它难溶于水；然而，将与脂质混合的皮脂酸石灰溶解于大量的沸水之中，它就与脂质分离。此中性盐经蒸发便由此分离出来；要使之变纯，则将其煅烧、再溶解并再次结晶。此后，我们倒上适量的硫酸，皮脂酸经蒸馏就出来了。

第四十三章 对于石酸及其与成盐基的化合物[①]的观察

根据伯格曼和舍勒新近的实验，尿结石似乎是一种带有某种土质成分的盐；它有微弱的酸性，需要大量的水溶解，一千格令沸水中只溶三格令，而且冷却时大部分再次结晶。这种凝固的酸，德·莫维称之为*结石酸*（*lithiasia acid*），我们将其命名为*石酸*（*bithic acid*），其本质和性质尚不知道。看来它是一种微酸性的中性盐，即过理地与某种成盐基化合的酸；我有理由相信，它实际上是一种微酸性的磷酸石灰；如果是这样的话，它必定就被排除在特殊的酸类之外了。

氰酸及其与成盐基的化合物表

（以亲和力为序）

基	中性盐
草碱	氰酸草碱
苏打	苏打
氨	氨
石灰	石灰
重晶石	重晶石
苦土	苦土
氧化锌	锌
铁	铁
锰	锰
钴	钴
镍	镍
铅	铅
锡	锡
铜	铜
铋	铋

① 此酸原来只是一种，它的所有这些化合物皆不为古代化学家所知，该酸与成盐基的亲和力尚未确定。——A

（续表）

基	中性盐
锑	锑
砷	砷
银	银
汞	汞
金	金
铂	铂

注　所有这些皆不为以前的化学家所知。——A

第四十四章　对于氰酸及其化合物的观察

由于迄今对于此酸所做的实验关于其本质仍然留下了相当大的不确定度，我将不详述其性质以及使其变纯和从化合物中离析的方式。它与铁化合，使其染上蓝色，并且同样能与大多数其他金属化合，由于较大亲和力的缘故，碱、氨和石灰使这些金属脱离化合物而沉淀出来。根据舍勒的实验，尤其是根据贝托莱先生的实验，氰酸根似乎由炭和氮组成；因此，它是具有一个双基的酸。已经发现磷与之化合了，根据哈森夫拉兹先生的实验，磷似乎只是偶然的东西。

虽然此酸以与其他酸相同的方式，与碱、土质和金属化合，但它却只具有我们一直习惯于认为是酸所具有的性质中的某些性质，所以，这里把它归入酸类也许是不适当的；不过，按我已有的观察，直到用较大量的实验进一步阐明这个问题为止，关于这种物质的本质是难以形成一个明确的意见的。

拉瓦锡

人们对火和燃烧现象的实践已经由来已久。在17世纪以前，与化学有关的研究分散于炼金术和医药化学之中，没有形成统一的研究对象。而且有关化学的知识都处于经验阶段，炼金术士们虽然已经积累了许多孤立的事实，但是他们却未能发现涉及这些事实的理论。

油画《炼金术士》

在炼金术的研究中，常用的分析方法是“干法”，炼金术士们频繁地利用烈火，所以在他们的实验室里，最常见的就是炼金炉。而到了拉瓦锡时代，“湿法”已经胜过“干法”，化学家们不再频繁地求助于熔化。

17世纪的巴黎，人们常常把化学实验展示当成一种魔法表演。

17世纪之后，化学研究取得了重要的进展，但在拉瓦锡建立新理论之前，化学由燃素理论统治着。

J. J. BECHERI Spirensis Med. D. & Cæs. Maj. Consiliarii.

Mille HYPOTHESES Chymicæ De SUBTERRANEIS M.DC.LXVIII

TRIPLEX NATURÆ OFFICINA

AER

AQUA

TERRA

Vegetabilis

Animalis

Mineralis

Actorum Laboratorii
Chymici Monacensis,
Seu
PHYSICÆ
SUBTERRANEÆ
Libri Duo,
Quorum Prior profundam subterraneorum genesin, nec non admirandam Globi terr-aque-aërei super & subterranei fabricam, Posterior specialem subterraneorum Naturam, resolutionem in partes partiumq; proprietates exponit, accesserunt sub finem Mille hypotheses seu mixtiones Chymicæ, ante hac nunquam visæ, omnia, plusquam mille experimentis stabilita, sumptibus & permissu Serenissimi Electoris Bavariæ &c. Domini sui clementissimi elaboravit & publicavit
JOANNES JOACHIMUS
BECHERUS, SPIRENSIS,
Med. D. Sacræ Cæsar. Majestatis Consiliarius, nec non Serenissimi Bavariæ Electoris Aulæ Medicus.
FRANCOFURTI,
Imp. JOH. DAVIDIS ZUNNERI.
ANNO M. DC LXIX.

1669年，德国著名化学家贝歇尔（Johann Joachim Becher，1635—1682）在《土质物理》一书中，对燃烧现象作了系统的研究。他认为燃烧是一种分解反应。

1731年，贝歇尔的学生施塔尔（Georg Ernst Stahl，1660—1734）继承了他的理论，并提出了燃素理论。他认为，物质在空气中燃烧是物质失去燃素，同时空气得到燃素的过程。

燃素理论可以解释一些现象，因此很多化学家（包括普里斯特利和舍勒等人）都拥护这一学说。图为瑞典著名化学家舍勒（Carl Wilhelm Scheele，1742—1786）。

普里斯特利（Joseph Priestley,1733—1804），英国著名化学家和牧师。他是笃信燃素理论的典型代表，总是用燃素理论来解释自己的研究成果。

图为普里斯特利在伯明翰的房子和实验室，他在这里进行了分解氧化汞的“历史性”实验。虽然当时普里斯特利意识到该实验产生了一种新的气体，但是他却认定这是一种“脱燃素气体”。后来拉瓦锡也用氧化汞进行着同样的实验，发现了氧气。所以，法国著名生物学家居维叶（Georges Cuvier,1769—1832）说：“普里斯特利是现代化学之父，但是，他始终不承认自己的亲生‘女儿’。”

图为化学家在巴黎的皇家植物园演示化学实验。17世纪的人们喜欢到现场观看这种神奇的化学实验，尤其是鲁埃尔的展示更为受欢迎。拉瓦锡早年正是从鲁埃尔这里接受了对燃素理论的怀疑。

燃素理论是化学发展过程中不可超越的阶段，是人类对化学运动形式认识长链中的一个环节，它对化学的发展曾起过值得肯定的历史作用，但是它始终难以解释金属燃烧之后变重这个问题。

◁ 英国著名化学家波义耳（Robert Boyle，1627—1691）发现金属在空气中焙烧时，其重量会增加。早在1673年，他在著作中就描述了这一事实。

△ 英国医生梅酉（John Mayow，1641—1679）也研究了燃烧现象。他和波义耳一样，也提出过很多见解，但他们的定量实验研究还不够系统，提出的见解只能说明某类燃烧或煅烧现象。

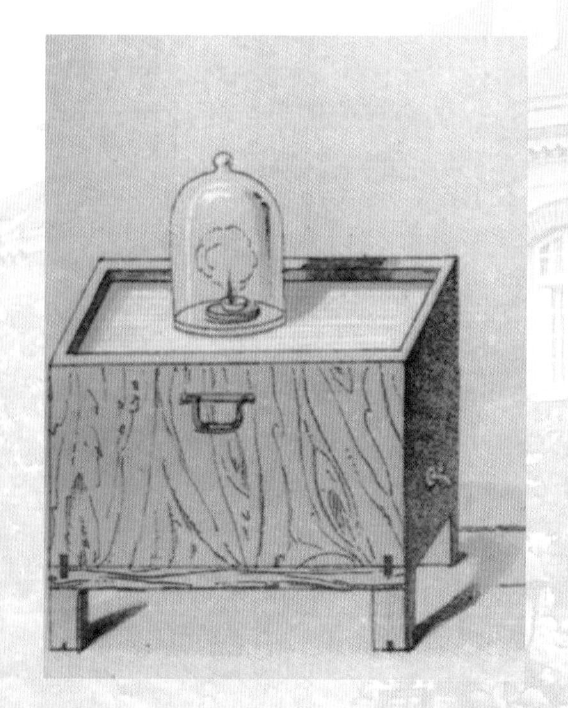

◁ 拉瓦锡为了验证物质燃烧后增重的事实，进行了著名的“钟罩实验”：把磷放在一个钟状的容器里燃烧，并证明了物质燃烧后的增重是因为与空气结合了，这一观点是与燃素理论完全对立的。

当普里斯特利还沉睡在燃素理论的怀抱中时， 拉瓦锡的新研究思想已经形成，他以后的工作，正是在这一新思想指导下完成的。他否定了燃素的存在，认为燃烧是一种化合过程。氧的发现标志着拉瓦锡“氧化理论”真正确立起来了。

拉瓦锡1789年在巴黎出版的《化学基础论》（*Traité Elémentaire de Chimie*），是第一部真正意义上的化学教科书。拉瓦锡在这部书中成功地将很多实验结果通过自己的氧化理论进行了圆满的解释，很快产生了巨大的轰动效应，被列入化学史上划时代的作品。在这本富有创造力的教科书中，约三分之一的篇幅为“化学仪器与操作说明”，可见拉瓦锡对这项工作的专注程度。图为拉瓦锡使用的气量计，现藏于巴黎国家工艺博物院国家技术陈列馆。（丁弘女士1994年拍摄）

图为拉瓦锡使用过的各种实验仪器，如天平、防护面罩等，现藏于巴黎国家工艺博物院国家技术陈列馆。

贝托莱（Claude Louis Berthollet，1748—1822）是拉瓦锡的亲密研究伙伴，和拉瓦锡共同制定了沿用至今的化学命名法。在此之前炼金术书中的“宇宙物质谱系”始终保留着一种神秘的气氛，常常使用隐讳的符号和名称。拉瓦锡使用化学语言来代替炼金术中的符号和名称，使人人都能看懂。

贝托莱和拉瓦锡在实验室中。

◁ 拉瓦锡正在给当时法国著名的科学家们解释空气的分析实验。图中人物从左至右分别为：维克达齐（Fèlix Vicq d'Azyr，1748—1794），居顿（Guyton，1737—1816），蒙日（Monge，1746—1818），贝托莱，拉普拉斯（Laplace，1749—1827），拉马克（Lamarck，1744—1829），拉格朗日，孔多塞（Condorcet，1743—1794），拉瓦锡。

▷ 图为拉瓦锡进行的水的分解实验：水蒸气从左边的曲径瓶中逸出，进入用陶瓷密封的管道继续受热，分解得到的氢气，用右边的试管收集起来。

△ 拉瓦锡正在演示“空气的成分”实验。

▶ 图为拉瓦锡的量热计（仿制品）。拉瓦锡认为动物的呼吸作用是一种氧化过程，断定小鼠体中的热来自氧化。他和拉普拉斯共同进行了这项研究：小鼠被放在中央室里，从它身体发出的热量使其周围的冰融化；测量冰块的融化得出呼吸放出的热量，同时还能测量小鼠呼出的二氧化碳的量。

卡文迪什(Henry Cavendish, 1731—1810)

布莱克（Joseph Black，1728—1799）

▲ 很多重要的实验并非是拉瓦锡第一个进行的，只是他比别人走得更远。拉瓦锡将诸如卡文迪什、布莱克和普里斯特利等化学家的实验工作集中到一起，将他们的结果放到氧化理论的框架中，使化学向前发展到一个全新的水平。

▼ 拉瓦锡有着强大的工作能力，他承担了科学院的许多工作，如统一法国的度量衡：建立米制系统、制定质量标准。正如拉瓦锡预测的那样，统一度量衡不但有利于科学研究，而且促进了商业中货物的公平买卖。

拉瓦锡的氧化理论推翻了统治化学百年之久的燃素理论，这一智识壮举被公认为历史上最自觉的科学革命。它扫清了化学发展的障碍，奠定了现代化学的基础，指明了化学研究的方向和任务。自此以后，原子论、电化学、早期有机结构化学等一系列新理论、新发现接踵而至，使化学一跃成为19世纪的带头学科。如今，人们以各种各样的方式纪念这位伟大的化学家：修建博物馆、树立雕像、设立拉瓦锡奖章等。

图为位于德国慕尼黑Deutsches博物馆里的拉瓦锡实验室复原模型。

拉瓦锡雕像

国际生物热量学会（ISBC）为纪念拉瓦锡在热量测定方面作出的贡献而设置的“拉瓦锡奖章”。左图为奖章正面，其上有拉瓦锡的头像；右图为奖章的背面，上面刻有著名的拉瓦锡量热计。

1994年5月3日，在纪念拉瓦锡逝世200周年国际学术讨论会的招待会上，本书译者任定成与法国科学院副院长克洛德·傅雷雅克（Claude Fréjacques，1924—1994）在巴黎市政厅合影，两人手中的书是任定成翻译的拉瓦锡《化学基础论》中译本第一版。

印有拉瓦锡头像的银质奖章

第三部分

化学仪器与操作说明

· *Description of the Instruments and Operations of Chemistry* ·

第三部分，我对与现代化学有关的所有操作进行了详细描述。我很久以来一直认为非常需要这样一种工作，而且我确信它不会没有用处，实施实验的方法，尤其是实施现代化学实验的方法，尚不为人所知，但却应当为人所知。

——拉瓦锡

导 言

在本书的前两部分，我有意避而不详述手工化学操作，因为我由经验发现，在一部专门论述推理的著作中，对过程和图版的细致描述，会使思想之链中断，使注意力分散，并且必然使读者既觉得艰难，又觉得冗长乏味。另一方面，假若我只限于迄今所作的扼要说明，那么，初学者从我的著作中就只会获得十分含糊的实际化学概念，而且必定对他们既不会重复又未透彻理解的操作缺乏信心和兴趣。这种缺乏从各种书籍都得不到补充；不仅没有充分详尽描述现代仪器和实验的任何书籍，而且能够查阅的任何著作都是在极为不同的排列次序之下用不同的化学语言介绍这些东西的，这必定会极有损于我的工作的主要目的。

受这些动机的影响，我决定把与基础化学有关的对一切仪器与操作的扼要说明留在另一部分。我认为将其放在书末比放在书的开头更好，因为放在书的开头我就必须被迫假定，读者已经知道初学者不可能知道而必定是阅读了基础部分才知道的细节。因此，可以认为这一部分的全部就类似于通常置于学术论文末而不会因为延长的描述会中断正文的联系的那些图版解释。尽管我已经竭尽全力使这一部分清晰而有条理，并且没有遗漏任何必要的仪器或装置，但我远远不敢妄称靠此就宣布那些愿意获得化学科学的精确知识的人不必听课和进实验室。这些人应当通过实际经验去熟悉装置的使用及实验的实施。*Nihil est in intellectu quod non prius fuerit in sensu*①，著名的鲁埃尔让人以大型字母刷在其实验室醒目地方的这条箴言，是一个决不会被化学专业的教师或学生忘却的重要真理。

根据实施目的，化学操作可以自然地分成几类。有些可以认为是纯机械的，譬如确定物体的重量和体积、研磨、捣磨、搜寻、洗涤、过滤，等等。另一些可以认为是真正的化学操作，因为它们是靠化学力和化学试剂完成的；如溶化、熔化等等。这些操作中有一些是打算将物体的元素彼此分离，有一些是打算使这些元素再结合起来；而有一些操作，如燃烧，则在同一过程中产生这两种效果。

这里，不严格努力遵循上述方法，而打算按照似乎最适合于介绍细则这样一种安排次序来详述化学操作。我将较细致地描述与现代化学相联系的装置，因为这些装置几乎不为那些把他们的许多时间献给化学的人们所知，甚至不为许多理科教授所知。

---

① 拉丁文，意为“感官所没有的，悟性也没有”。——C

◀波义耳(Robert Boyle，1627—1691)，英国化学家。他强调：“化学应立足于严密的实验基础上”，这种思想在拉瓦锡的工作中得到了很好的体现。

第一章　论确定固体和液体的绝对重量与比重所必需的仪器

确定受化学实验作用的物质的量或由之产生的物质的量的已知最好方法，就是靠精确建造的横梁、天平盘以及完全校准了的砝码，这一周知的操作叫做称量。为此目的用作单元或标准的砝码单位和数量是极任意的，不仅在不同的王国里不同，甚至在同一个王国的不同省份、同一个省份的不同城市也不同。这种不同在商业和技术中被理解为是无限重要的；但是在化学中，这种不同无足轻重，无论使用的是什么特殊的重量单位，提供的实验结果都以相同单位的变换系数表达。为此目的，直到社会上使用的所有砝码都折合成相同的标准为止，不同地区的化学家们用他们自己国家的普通磅作为标准单位，并用十进制而不是用现在采用的任意分割制去表示小数部分，也就足够了。通过这种方式，所有国家的化学家们都将彼此完全理解，因为尽管配料和产物的绝对重量不能得知，但他们不用计算很快就能够极精确地确定这些东西的彼此相对比例。这样，通过这种方式，我们在化学的这个部分便将拥有一种通用的语言。

由于这个看法，我一直计划将磅分成十进制小数，最近在傅尔谢(Fourche)先生的帮助下取得了成功，他是巴黎的天平匠，为我极精确地完成并鉴定了这件事。我建议一切从事实验的人们都将磅作类似的分割，他们将发现，这样做只要很少的十进制小数知识，应用起来既容易又简单。①

由于化学的有效性和精确性完全依赖于实验前后配料和产物重量的确定，因此在本学科的这一部分不能过于精密；为此目的，我们必须提供好的仪器。由于我们在化学过程中常常被迫在一格令或更少的范围内确定大而重的仪器的皮重，因此我们必须有由精密的工匠特别精确地制作的横梁，而且这些横梁必须总是保存在离开实验室的某个地方，这地方不能有酸或其他腐蚀性液体的蒸气进入；否则，钢将生锈，天平的精度就遭到破坏。我有三台规格不同的天平是方廷(Fontin)先生极精密地制作的，我认为除了伦敦的拉姆斯顿(Ramsden)先生做的天平之外，任何天平的精密度和敏感都不能与之相比。最大的一台的横梁约三呎长，用来称最重的，适合于称十五或二十磅重的；第二台适合于称十八或二十盎司的重量，精确到十分之一格令；最小的一台只打算用来称约一格罗斯重的，对百分之五格令都敏感。

除了这些只用于研究性实验的较精密天平之外，我们还必须有对于实验室的通常目的来说不怎么有价值的另外一些天平。一台能称十四或十五磅、精确到半打兰的大铁天

① 拉瓦锡先生在其著作的这一部分中，用表对第三部分加以增补，对于将法磅的普通分度折算或十进制小数及将十进制小数折算成法磅的普通分度给出了极精确的说明。由于法衡与金衡分制之间的差异，这些说明和表对英国化学家也许没有什么用处，我已经将它们略去，不过在附录中有将一种衡制变换为另一种衡制的精确规则。——E

平，一台可以确定八或十磅、精确到十或十二格令的中等大小的天平，一台可以确定一磅左右、精确到一格令的小天平。

我们还必须提供分成若干等份的砝码，这些等份既普通又是十进制的，极为精密，可用极精密的天平重复试验和精确试验所验证；要能够正确使用不同的砝码，需要某些经验并且精确地熟悉砝码。精密确定任何特定物质重量的最好方法，就是将其称两次，一次用磅的十进划分，另一次用通常划分或普通分度，通过二者的比较，我们就获得极高的精度。

通过任何物质的比重来理解该物质的绝对重量除以其数量，换言之，除以一确定体积的任何物体的重量所得之商。为此目的，一般采用了一确定数量的水的重量作为单位；我们说金的重量是水的十九倍、硫酸的重量是水的两倍、其他物体的重量是水的若干倍，来表示金、硫酸等的比重。

取水作为比重的单位较方便，因为为此目的，我们要确定其比重的那些物质最通常的是在水中称量。这样，如果我们要确定用锤子锤平了、在空气中重8盎司4格罗斯$2\frac{1}{2}$格令的金的比重[①]的话，就用一根金属丝将其悬挂在静流天平(hydrostatic balance)的天平盘之下，以便完全浸入水中并再次称量。在布里松先生的实验中，该金片以这种方式失去3格罗斯37格令；显然，由于在水中称量的一个物体所失去的重量恰好等于排出的水的重量，即相等体积的水的重量，因此我们可以断定，以相等的数量而言，金重$4893\frac{1}{2}$格令，水重253格令，化为单位得出，水的比重为1.0000，金的比重为19.3617。我们可以以同样的方式用所有其他固体物质操作。除了在处理合金或金属玻璃时，在化学中我们很少有必要确定固体的比重；但是我们经常必须弄清液体的比重，因为它往往是判断液体的纯度或浓度的唯一手段。

用静流天平，通过称量某种固体，可以完全达到这个目的；譬如，用一根极细的金丝将一个小水晶球先后悬挂在空气中和我们欲发现其比重的流体中称量。当在液体中称重时，水晶失去的重量，就等于相等体积的该液体的重量。在水和不同液体中逐次重复这个操作，并经简易计算，我们很快就能确定这些液体无论是彼此之间还是相对于水的相对比重。然而，这种方法用于那些在比重上与水没有什么差别的液体时极为棘手，于是就不够精确，至少是颇为麻烦了；譬如用于矿质水或含有极少量溶化态盐分的其他任何水时便是如此。

在一些迄今尚未公开的这类操作中，我使用了一种极有利于这种目的的极敏感的仪器。它由一个中空的黄铜筒，更确切地说是银筒 A*bcf* 组成(图版Ⅶ，图6)，其底部 *bcf* 装着锡，如图所示，圆筒浸于水罐 *lmno* 之中。将一根直径不超过四分之三吩的银丝杆放在圆筒的上部，在顶端装上一只打算用来放砝码的小杯 *d*，在杆上 *g* 处做一标记，其用处我们一会儿就要解释。此圆筒可以做成任何尺寸；但准确地说，至少应当排出四磅水。此仪器所载锡的重量应当是使其差不多在蒸馏水中处于平衡的重量，要不了半打兰，最多要不了一打兰，便使其下降至 *g*。

---

① 参见布里松(Brisson)先生的《论比重》(*Essay upon Specific Gravity*)，第5页。——A

我们首先必须极精确地确定仪器的确切重量，以及在确定温度的蒸馏水中使其下降至标记处所必须加上的格令数。然后，我们对我们要弄清其比重的所有流体实施同样的实验，经计算，将观察到的差值化为普通标准或十进位制的立方呎、品脱或磅，并与水进行比较。这种方法与用一定的试剂做的实验结合起来[①]，就是确定水量的最好方法之一，甚至能够指出极精确的化学分析所没有注意到的差异。在将来的某个时期，我将对我就这个主题所做的范围非常广泛的一系列实验给予说明。

这些金属的液体比重计只用于确定仅含中性盐或碱物质的水的比重；它们也许是按照对于醇和其他含酒精液体采用不同程度的镇重物制作的。当要确定酸液的比重时，我们必须使用玻璃的液体比重计(图版Ⅶ，图 14)[②]。这种比重计由一个中空的玻璃圆筒 *abcf* 组成，其下端被密封住，其上端拉成一个毛细管 *a*，终结于小杯或小盘 *d*。这种仪器，按照与打算检测的液体重量的比例，通过毛细管在圆筒底部导入或多或少的汞来镇重。我们可以把标有等份的一个小纸条插入毛细管 *ad* 之中；尽管这些标度在不同液体中并非精确地与格令的分数相吻合，但在计算中它们也许非常有用。

本章所说的足以说明确定固体和流体绝对重量和比重的方式，无须进一步补充，因为必要的仪器广为人知，而且也许易于获得。不过，由于我用来测量气体的仪器在任何地方都没有描述，因此我将在下一章对这些仪器给出更详细的说明。

---

① 关于这些试剂的使用，见伯格曼先生在其《化学与物理学论集》(*Chemical and physical Essays*)关于矿泉水分析的优秀论文。——E

② 三四年前，我曾见到本市极高明的艺术家尼里(B. Knie)先生为布莱克(Black)博士制作的类似的玻璃比重计。——E

第二章 论气量法,即气态物质的重量与体积之测量

第一节 论气体化学装置

近来法国化学家们已经把气体化学装置这一名称用于普里斯特利博士所发明的非常简单而精巧的机械装置,该装置现在是每一个实验所必不可少的。这由一个木槽组成,木槽尺寸依方便或大或小,镶有铅皮或镀锡铜皮,如图版Ⅴ透视图所描绘的那样。图1中,同一个槽或池的两面假定被切走了,以更清晰地显示其内部构造。在这个装置中,我们分清隔板 ABCD(图 1 和图 2)和池底或池体 FGHI(图 2)。广口瓶或玻璃钟罩按此深度充满水,将其翻转,口朝下,然后竖立在隔板 ABCD 上,如图版Ⅹ图 1F 所示。隔板平面以上池边的上部称为*边*(*rim*)或*缘*(*borders*)。

池子应当充满水,以便在隔板之上至少保持一吋半的深度,池子的尺寸至少应当使池子的每个方向都有一呎水。这种大小足以满足一般的需要;但有较大的空间常常较方便甚至有必要。因此,我建议打算有效地从事化学实验的人们把这种装置做成大尺寸,使他们有地方操作。我的主池能容四立方呎水,其隔板有十四平方呎的表面;虽然我起初认为这个尺寸太大,但现在我常常苦于缺乏空间。

在完成大量实验的实验室里,除了一个可以称为*总池*(*general magazine*)的大池之外,还必须有几个较小的池子;甚至一些轻便的池子,必要时可将它们搬到炉子旁边或任何能够搬到的地方。也有一些操作把装置的水弄脏,因此这些操作需要在池子里独自进行。

使用简易楔形接合的木质池子或包了铁的桶,而不是镶了铅或铜的桶,无疑会相当廉价;在我最初的实验中,我用的是用这种方式做的池子;但是不久我就发现它们不方便。假若水不总是保持相同的高度,那么楔形榫就会干缩,而当再加水时,水就通过接榫处流出跑掉。

我们在这种装置中使用水晶瓶或玻璃钟罩(图版Ⅴ,图 9,A)盛气体;当装满气体时为了将它们从一个池子移往另一个池子,或者当池子过挤时为了保存它们,我们用一个平盘 BC,平盘由直立的边或缘围着,带有两柄 D 和 E。

在用不同材料做了几个试验之后,我发现大理石是建造汞气体化学装置的最好物质,因为汞完全透不进它,而且它不像木头那样,易于在接榫处分离,让汞通过裂缝逸出;也不像玻璃、缸瓷或瓷类那样,冒破裂的危险。取一块大理石 BCDE(图版Ⅴ,图 3 和图 4),约 2 呎长、15 或 18 吋宽、10 吋厚,像在 *mn* 处(图 5)那样将其挖空至少 4 吋深,作为储汞槽;为能较方便地填放广口瓶,凿一道至少约 4 吋深的沟 TV(图 3、4 和 5);由于这

道沟有时也许证明是麻烦的，可以将薄板插入槽 *xy*(图 5)之中，随意将其盖上。我有这种构造的两个不同尺寸的大理石池子，我总是可以用其中的一个作为储汞槽，它保存汞比其他任何容器都安全，既不易翻倒，又不易发生其他事故。我们用汞在这种装置中操作，恰恰如同前面描述的用水在这种装置中操作一样；不过玻璃钟罩必须有较小的直径并且坚固很多；我们也可以使用图 7 中的阔口玻璃管；这些玻璃管被卖玻璃的人称做量气管(*eudiometer*)。图 5A 描绘的竖立在其位置上的一个玻璃钟罩，叫做广口瓶的东西制成了图 6。

在离析了的气体能被水吸收的一切实验中，汞气体化学试验装置都是必需的，除了金属化合物之外，情况往往就是这样，尤其是处于发酵等状态中的所有化合物更是如此。

第二节 论气量计

我把气量计(*gazometer*)这个名称赋予我为熔化实验中能够提供均匀、持续氧气流的一种风箱而发明并让人建造的一种仪器。默斯尼尔先生和我后来又作了非常重要的改进和增添，将其转变成为一种可以称为通用仪器(*universal instrument*)的东西，没有这种仪器，几乎不可能完成大部分极精密的实验。我们给该仪器所赋予的名称，表明它是用来测量经受其检测的气体的体积或数量的。

它由一个三呎长的坚固铁梁 DE 组成(图版Ⅷ，图 1)，在其两端 D 和 E 极牢固地连接着同样用坚固的铁做成的圆片。其横梁不是像常规天平中的横梁那样悬着，而是靠一个磨光了的钢质圆轴 F(图 9)支撑在两个活动的大摩擦轮上，以此大大减少对于摩擦产生的运动的抵抗力，将其转变成为二级摩擦。作为一个附加的预防措施，用抛光水晶片盖住这两个轮子支撑横梁圆轴的部分。整个机械固定在结实的木柱 BC(图 1)的顶上。在横梁的 D 端，用一条直链悬着放砝码的天平盘 P，直链与弧 *nDo* 的弯曲部分相适合，处于为此目的而做成的一个槽里。横梁的另一端即 E 端，用另一条直链 *ikm*，这条直链要建造得不会因负载重量的多少而延长或缩短；此链在 *i* 处牢固地固定着一个具有三个分支 *ai*、*ci* 和 *hi* 的三脚架，这三个分支吊着一个直径约 18 吋、深约 20 吋，倒置的锻铜大广口瓶 A。这个机械的整体在图版Ⅷ图 1 中用透视图描绘出来了；图版Ⅸ图 2 和图 4 给出了显示其内部结构的垂直截面图。

环绕广口瓶底部外面，固定着分成格子 1、2、3 等的外沿，用来放图版Ⅸ图 6[①] 的 1、2、3 分别描绘的铅砝码。这些东西是在需要很大压力时用来增加广口瓶重量的，这在以后再解释，不过很少有这种必要。圆桶广口瓶 A 的下面 *de*(图版Ⅸ，图 4)是完全敞开的；但是其上面用一个铜盖 *abc* 封闭住，在 *bf* 处开口，能用开关 *g* 关闭。正如通过查图可以看到的那样，这个盖子置于广口瓶顶部之内几吋的地方，以防止广口瓶在任何时候完全浸于水中被遮没。假若我要再改制这个仪器，我就要让盖子大大压扁，使其几乎成为平的。这个广口瓶或气槽置于装满了水的圆桶状铜容器 LMNO(图版Ⅷ，图 1)之内。

---

① 英文版误为“图 3”。——C

在圆桶状容器 LMNO(图版Ⅸ,图 4)的中间,放两个管子 *st*、*xy*,使两个管子在其上端 *ty* 相互接近;把这两个管子做成这样一种长度,即比容器 LMNO 上沿 LM 高出一点,而且当广口瓶 *abcde* 触及底部 NO 时,其上端约有半吋进入通向活塞 *g* 的锥状孔 *b* 之中。

图 3 描绘的是容器 LMNO 的底部,在其中间焊有一个中空的半球形小帽,可以将其看成倒置的漏斗的大端;*st*、*xy*(图 4)这两个管子在 *s* 和 *x* 处配在这个小帽上,并且以这种方式与管子 *mm*、*nn*、*oo*、*pp*(图 3)连通,这些管子水平地固定在容器的底上,并且全部结尾于和连接于球帽 *sx*。这些管子中的三根延伸至容器的外面,如图版Ⅷ图 1 所示,图中标有 1、2、3 的第一个管子,其标有 3 的一端插入中间活塞 4,与广口瓶 V 相连,广口瓶 A 位于小气体化学装置 GHIK 的隔板上,GHIK 的内部如图版Ⅸ图 1 所示。第二个管子从 6 至 7 紧靠容器 LMNO 的外侧,延伸至 8、9、10 处,并且在 11 处与广口瓶 V 的下面相连。这两个管子中的前者是打算用来把气体送进机械的,后者则是打算用来导入供广口瓶中做试验用的少量气体的。根据气体所受压力的程度,它要么进入机械,要么从机械中出来;这个压力通过用砝码使天平盘 P 载重的或少或多而随意改变。当气体导入机械之中时,压力就减小,甚至变成负的;但是,当要排出气体时,就要用必要的力度去产生压力。

第三个管子 12、13、14、15 打算用来将空气或气送至燃烧、化合或者其他任何需要空气的实验所必需的地方或装置。

要解释第四个管子的用途,我必须开始某些讨论。假设容器 LMNO(图版Ⅷ,图 1)装满了水,广口瓶 A 部分装气、部分装水;显然,盘 P 中的砝码可以校准到使盘的重量与广口瓶的重量之间严格处于平衡,以便使外面的空气不至于进入广口瓶,气体也不至于从广口瓶逸出;在这种情况下,水在广口瓶内外都将严格处于相同的水平面。相反,假若盘 P 中的重量被减少,那么广口瓶就将承受其自身向下的重力,水在广口瓶内就将比在广口瓶外低;在这种情况下,所包含的空气或气体受压缩的程度就将超过内部空气所受压缩的程度,这超过的程度正好与水柱的重量成比例,等于内外水面之差。出自这些考虑,默斯尼尔先生设计了一种确定广口瓶中所容纳的空气在任何时候所受压力的确切程度的方法。为此目的,他用一个玻璃双虹吸管 19、20、21、22、23,在 19 和 23 处牢固地黏合住。此虹吸管的 19 端自由地与机械内容器中的水接通,23 这一端则与圆桶状容器底部的第四个管子相通,因而靠垂直的管子 *st*(图版Ⅸ,图 4)与广口瓶中所盛空气接通。他还在 16 这个地方(图版Ⅷ,图 1)黏合了另一个玻璃管 16、17、18,此管与外面的容器 LMNO 中的水接通,在其上端 18 与外面的空气相通。

显然,通过这几个装置,水在管子 16、17、18 中必定与在池子 LMNO 中处于同一个水平面;相反,在支管 19、20、21 中,它必定随广口瓶中的空气所受的压力比外部空气所受压力的大或小而处于或高或低的位置。为确定这些差值,将分成吋和吩的一个黄铜刻度尺固定在这两个管子之间。易于想象,由于空气以及所有其他弹性流体经浓缩必定在重量上会增加,因此必须知道它们缩合的程度以能计算它们的量并将其体积的计量单位变换成为相应的重量单位;这个目的打算用现在描述的装置来达到。

但是,要确定空气或气体的比重,弄清它们在一已知体积中的重量,就必须知道它们的温度以及它们存在于其下的压力程度;这由牢固地粘接在拧进了广口瓶A的盖子之中的黄铜套中的一个小温度计来完成。图版Ⅷ图10描绘的便是这个温度计,图版Ⅷ图1和图版Ⅸ图4的24、25描绘了它所处的位置。水银球处于广口瓶A的内部,有刻度的杆则高出盖子的外面。

气量法的实践假若没有比以上描述的更进一步的措施的话,仍然会有很大的困难。当广口瓶A沉入池子LMNO的水中时,它必定失去与它所排出的水的重量相等的重量;因此,它对于所盛空气或气体的压缩必定按比例减小。所以,实验过程中由此机械所提供的气体在快要结束时的密度,将与其开始时的密度相同,因为其比重在不断减小。果然不错,这个差值可以通过计算来确定;不过,这引起的数学探索必定会使这种装置的使用变得既麻烦又困难。默斯尼尔先生已经通过下列装置对这种不便进行了补救。让一个正方形铁杆26、27(图版Ⅷ,图1)垂直并高于横梁DE的中间。此杆穿过中空的黄铜盒28,黄铜盒敞口,可以填铅;把此盒做得可以靠一个在齿轨上运动的齿轮沿杆滑动,以便升高或降下盒子,并将其固定在被认为是适当的地方。

当杠杆或横梁DE处于水平状态时,此盒不倾向于任何一边;但是当广口瓶A沉进池子LMNO使横梁向这边倾斜时,灌了铅的盒子28就越过支撑中心,显然必定倾向广口瓶一边,增加它对所盛的空气的压力。这是按盒子向27升高的比例增加的,因为力借杠杆起作用,而同样的重量所施加的力随杠杆的长度按比例增大。因此,沿杠杆26、27移动盒子28,我们就能增加或减小打算对于广口瓶的压力所做的校正;经验和计算都表明,这恰恰可以补偿在各种程度的压力下广口瓶中失去的重量。

我迄今还没有解释这个机械的用途中的最重要的部分,这就是用它确定实验过程中所提供的空气或气体的量的方式。要极精确地确定此量以及由实验给机械提供的量,我们已将分成度和半度的铜扇 *lm* 固定在横梁E(图版Ⅷ,图1)臂终端的弧上,因此铜扇与横梁一起运动;用固定的指针29、30测量横梁的这一端的降低,该指针在其终端有一个指示百分之一度的游标。

上述机械的不同部分的全部细节在图版Ⅷ中描述如下:

图2是沃康松(Vaucanson)先生发明的,用来悬挂图1中的天平盘或盘子P的直链;不过由于此链随着负荷的多少而延长或缩短,因此它不适合悬挂图1中的广口瓶A。

图5是承受图1中的广口瓶A的链 *ikm*。此链完全是由磨光了的铁板彼此交错并用铁钉夹起来形成的。此链不会由于它所承受的任何重量而在任何可感觉的程度上延长。

图6. 广口瓶A借以挂在天平上的三脚架,即三分岔蹬形物,螺钉用来将其固定在某个精确垂直的位置上。

图3. 垂直于横梁的中心而固定、带有盒子28的铁柱26、27。

图7和图8. 摩擦轮,带有水晶片z作为接触点,以避免天平横梁轴的摩擦。

图4. 支托摩擦轮轴的金属片。

图9. 杠杆或横梁的中部,带有它在其上运动的轴。

图10. 测定广口瓶中所盛空气或气体温度的温度计。

当要使用这个气量计时,要在池子或外部容器LMNO(图版Ⅷ,图1)中把水灌至确定高度,这个高度应当在一切实验中都相同。应当在天平横梁处于水平状态时取水位;此水位当广口瓶处于池子底部时,由于它排出水而增加,并随广口瓶升至其最高处而减小。然后我们就通过重复试验,尽力发现盒子 28 必须固定在什么高度使压力在横梁所处的一切情况之下都相等。我差不多就要说到,由于这种校正并非绝对精确;于是四分之一甚或半吩之差就无足轻重。盒子 28 的这个高度对于每一种压力程度皆不相同,而是根据这个程度是一、二、三或更多吋而变化。所有这些都应当极有条理极精确地记下来。

接下来我们取一个装得下八或十品脱的瓶子,通过称量它能容纳的水极精确地测定其容量。将此瓶翻转底朝上,在气体化学装置 GHIK(图版Ⅷ图 1)的池子中充满水,将其口置于装置的隔板上代替玻璃广口瓶 V,将管子 7、8、9、10、11 的 11 这一端插入其口内。将机械固定在压力为零的状态,精确观察指针 30 在扇面 ml 上所指示的度数;然后打开活塞 8,稍稍压住广口瓶 A,迫使空气完全充满瓶子。马上观察指针在扇面上指示的度数,我们同时计算与每一度相应的立方吋数。然后,我们同样谨慎,以同样方式装满第二、第三等等瓶子,甚至用不同大小的瓶子重复同样的操作若干次,直至最后精确注意我们全部弄清广口瓶 A 的确切限度或容量;不过,最初将其精确做成圆桶形的较好,这样我们就避免了这些计算和估计。

我描述的这种仪器是工程师兼物理仪器制造者小梅格尼(Meignie, Jr.)先生极精确地用非凡的技能建造的。由于用于许多目的,因此它是一种极有价值的仪器;的确,没有它,许多实验几乎都不能完成。由于在许多实验,譬如水和硝酸形成的实验中,绝对必须使用两个相同的机器,因此它就变得昂贵了。在目前化学的先进状态下,对于按照数量和比例以必要的精确性弄清物体的分析和合成来说,极昂贵和复杂的仪器就成为必不可少的了;尽力简化这些仪器并使其费用较低当然很好;但是,这绝不应当以尽力牺牲其使用的方便为代价,更不用说以牺牲其精度为代价了。

第三节　测量气体体积的某些其他方法

前一节所描述的气量计,对于一般在实验室里用于气体的测量来说,过于昂贵和复杂,而且它甚至不适合全部这种情况。在许多系列的实验中,必须使用更简单更易于适用的方法。为此目的,我将描述我在拥有气量计之前曾使用并且在我的实验的常规过程中优先于它而仍然在使用的手段。

假设在某个实验之后,置于气体化学装置隔板上的广口瓶 AEF(图版Ⅳ,图 3)的上部盛有既不能被碱又不能被水吸收的气体残留物,我们要弄清此残留物的量。我们首先必须用纸条分成若干等份围贴在广口瓶上,极精确地标明汞或水在广口瓶中所升至的高度。如果我们一直是用汞操作的,那么我们就由导入水排出汞开始。将一个瓶子完全充满水,这就容易办了;用你的手指将其堵住,把它翻转过来,将其口插入广口瓶的边缘之下;然后再将瓶体翻转,汞靠其重力落入瓶中,水在广口瓶中升高,占据汞原来所占据的位置。这一完成,就将水注入池子 ABCD,使汞面上保持约一吋水;然后将盘子 BC(图版Ⅴ,图 9)放到广口瓶之下,将其移往水池(图 1 和图 2)。这时我们把气体转入另一个按照后面要描述的方式事先已经刻上了标度的广口瓶之中;于是,我们就用气体在刻有标度的广口瓶中所占据的程度来判断其数量或体积。

还有另一种确定气体体积的方法,这种方法既可以用上述方法代替,又可以用作对这种方法的校正或证明。在将空气或气体从用纸条作标记的第一个广口瓶转入刻有标度的广口瓶中之后,将刻有标度的广口瓶瓶口翻转,精确地将水注入至标记 EF(图版Ⅳ,图 3)处,称量此水,并将法衡制每 70 磅折算成一立方呎或 1728 立方吋的水,我们就确定了它所盛空气或气体的体积。

为此目的而给广口瓶刻标度的方式极为容易,我们应当准备几个不同尺寸的广口瓶,如遇事故甚至每种尺寸的都应当准备几个。取一个高而细又结实的玻璃广口瓶,在池子(图版Ⅴ,图 1)里充满水,置于隔板 ABCD 上;对于这个操作我们应当一直使用同一个地方,以便隔板的高度总是完全相同,这样,就将避免这个过程容易出现的几乎是仅有的误差。然后,取一个正好装得下 6 盎司 3 格罗斯 61 格令水,相当于 10 立方吋的细口管形瓶。如果你没有正好这么大的管形瓶,就挑一个稍大一点的,滴一点熔蜡或松香将其容量减小至需要的大小。这个瓶子用作校正广口瓶的标准。让此瓶中所容纳的空气进入广口瓶,在水下降正好到达的地方做一个标记;再加一瓶空气并记下水的位置,依此重复,直至所有的水都被排出。极为重要的是,在此操作过程中,管形瓶和广口瓶要保持与池子中的水相同的温度;由于这个原因,我们必须尽可能地避免把手放在二者中的任何一个上;如果我们怀疑它们被加热了的话,就必须用池子中的水将其冷却。此实验过程中,气压计和温度计的高度无关紧要。

这样一确定了每十立方吋的标记,我们就用金刚钻刀在其一侧刻上一个刻度。玻璃管以同样方式刻上标记供汞装置中使用,不过它们必须划分成为立方吋和十分之一立方吋。用来校正这些玻璃管的瓶子必须装得下 8 盎司 6 格罗斯 25 格令汞,这正好相当于一立方吋的该金属。

用刻有标度的广口瓶确定空气或气体体积的方法,具有不需要校正广口瓶内和池子中水面高度差的优点;但是它需要根据气压计和温度计的高度进行校正。不过当我们通过称量广口瓶在标记 EF(图版Ⅳ,图 3)以下能容纳的水来确定空气的体积时,必须进一步校正池子中的水面与广口瓶内水上升的高度之差。这将在本章的第五节解释。

第四节　论使不同气体彼此分离的方法

由于实验常常产生二、三种或更多种气体,因此必须能够将这些气体彼此分离,以便我们可以确定每种气体的数量和种类。假设在广口瓶 A(图版Ⅵ,图 3)之下容纳有一些混合在一起并处于汞之上的不同气体;像前面指出的那样,我们由用纸条给汞在玻璃瓶中所处的高度作标记开始;然后将约一立方吋水导入广口瓶中,它将浮在汞面上。如果气体混合物含有任何盐酸气或亚硫酸气,那么,由于这两种气体,尤其是前者具有与水化合或被水吸收的强烈倾向,因此迅速、大量的吸收立即发生。如果水只微量吸收不到与自身体积相等的气体，那么我们就断定，该混合物既不含盐酸气和硫酸气，也不含氨气，而是含碳酸气，水只吸收其自身体积的碳酸气。为弄清这个猜想，导入一些苛性碱溶液，碳酸气将会在几小时之内逐渐被吸收；它与苛性碱或草碱化合，剩下的气体几乎完全不含任何感觉得到的碳酸气残留物。

在每一个这种实验之后，我们必须细致地贴上纸条标明汞在广口瓶内所处的高度，纸条一干就涂上清漆以便它们被置于水装置之中时不会被冲掉。也有必要记下每个实验终结时池子中和广口瓶中的汞面之差，以及气压计和温度计的高度。

当所有能被水和草碱吸收的气体都被吸收之后，让水进入广口瓶取代汞；如前一节所述，池子中的汞就会被一两吋的水所覆盖。此后，用平盘BC（图版Ⅴ，图9）将广口瓶移往水装置之中；剩下的气体的量要通过将其转进有刻度的广口瓶之中来确定。此后，通过小广口瓶中的实验小规模地检验它，几乎就确定了该气体的本质。例如，将一支点燃的小蜡烛导入充满气体的小广口瓶（图版Ⅴ，图8）；如果小蜡烛不马上熄灭，我们就断定该气体含有氧气；而且，按火焰的亮度，我们可以判断它所含的氧气比大气所含的是多还是少。相反，如果小蜡烛立即熄灭，我们就有强有力的理由推测，该残留物主要由氮气组成。如果蜡烛一靠近，气体就着火并且在表面带着白色火焰平静地发光，我们就断定它大概是纯氢气；如果火焰是蓝色的，我们就断定它由碳化氢气组成；如果它突然爆燃着火，那么它就是氧气和氢气的混合物。另外，如果一份残留物一与氧气混合就产生红烟，我们就断定它含亚硝气。

这些初步的试验给出了有关该气体的性质和混合物的本质的某些一般性知识，但却不足以确定组成它的几种气体的比例和数量。为此目的，必须使用一切分析方法；而且，为了适当地针对这些方法，用上述诸方法先做一个近似处理是极有用的。例如，假定我们知道残留物由氧和氮气混合组成；就把一定的量即100份放进一个十或十二吩直径的刻度管中，导入硫化草碱溶液与气体接触，让它们在一起放几天；硫化草碱吸收全部氧气，使氮气处于纯态。

如果已知它含有氢气，就把一定量的残留物与已知比例的氢气一起导入伏打（Volta）量气管中；用电火花使它们一起爆燃，逐次加进另外的氧气，直至不再发生爆燃，并产生最大可能的减少。此过程形成水，而此水又立即被装置的水所吸收；但是，如果氢气含有炭，则同时形成碳酸，碳酸并不如此迅速地被吸收；通过摇动帮助其吸收，就易于确定其量。如果残留物含有亚硝气，那么加氧气与之化合成为硝酸，我们差不多就可以根据这种混合物的减少来确定其量了。

我所讲的仅限于这些一般的例子，这些例子足以给出这种操作的概念；一整本书也不会用来解释每一个可能的情况。通过长期的经验熟悉气体分析是有必要的；我们甚至必须承认，它们彼此之间大都具有如此强的亲和力，以致我们并不总是有把握将它们完全分离。在这些情况下，我们必须按照每一种可能的观点使我们的实验多样化，给化合物加进新的试剂，使其他试剂不介入，继续我们的试验，直至我们确信我们的结论真实精确为止。

第五节　论根据大气压对气体体积进行的必要校正

一切弹性流体都可与它们所负载的重量成比例地压缩或凝缩。也许，由一般经验所确定的这条定律，在这些流体处于几乎足以使它们处于液体状态的某种凝缩程度之下时，或者处于极稀薄状态或凝缩状态时，可以允许有某种不规则性；不过，我们用我们的实验所处理的大多数气体，很少达到这两个极限中的任何一个。我对于可与压在其上的重量成比例地压缩的气体的这个命题的理解如下：

气压计是一般所知的一种仪器，严格说来是一种虹吸管 ABCD（图版Ⅻ，图 16），其 AB 支管盛满汞，而 CD 支管则充满空气。如果我们假定支管 CD 无限延伸直至它与我们大气的高度相等，我们很容易就可以想象，气压计实际上就是一台天平，其中的汞柱与相同的重量的空气柱处于平衡状态。不过，不必把支管 CD 延长到这样的高度，因为很显然，气压计陷于空气之中，汞柱 AB 将同样与相同直径的空气柱处于平衡状态，不过支管 CD 在 C 处被截断，CD 部分完全被拿开了。

与从大气的最高部分到地球表面的空气柱重量相平衡的汞的平均高度，在巴黎市的较低部分大约是 28 法吋（French inch）；换言之，在巴黎的地球表面的空气上面，通常压着与高度为 28 吋的汞柱的重量相等的重量。在本书的几个部分中谈到不同气体时，譬如说到在 28 吋压力下立方呎的氧气重 1 盎司 4 格罗斯时，必须以这种方式理解我所讲的。此汞柱的高度被空气压力所承载，随我们在地球表面，确切地说是在海平面之上被升高的程度而降低，因为汞只能与它上面的空气柱形成平衡，该空气柱一点也不受其平面之下的空气影响。

汞以什么比率与其海拔成比例地下降呢？就是说，几个大气层按什么定律或比率在密度上减小呢？这个曾经锻炼了 17 世纪的自然哲学家们的独创性的问题，由以下实验加以阐明。

如果我们取一个玻璃虹吸管 ABCDE（图版Ⅻ，图 17），其 E 端封闭、A 端敞开，导入几滴汞截断支管 AB 与支管 BE 之间的空气流通，那么，BCDE 中所含空气显然就与所有周围的空气一样，受与 28 吋汞相等的空气柱重量之压。但是，如果我们往支管 AB 中注入 28 吋汞，那么很清楚，支管 BCDE 中的空气就将受与两倍 28 吋汞，即大气重量两倍的重量相等的重量之压；经验表明，在这种情况下，所含空气不是充满从 B 到 E 的管子，而是只占据从 C 到 E 的管子，即正好是它以前所占空间的一半。如果我们往支管 AB 中最初的汞柱上另外再加两个 28 吋，则支管 BCDE 中的空气就将受大气重量的四倍，即 28 吋汞重量的四倍之压，那么它就只会充满从 D 到 E 的空间，正好是它在实验开始时所占空间的四分之一。从这些可以无限变化的实验，已经推演出一条似乎可适用于一切永久弹性流体的一般的自然定律，即它们的体积与压在其上的重量成比例地减小；换言之："所有弹性流体的体积与压缩它们的重量成反比。"

为了用气压计测量山的高度所做的实验进一步证实了这些推演的真实性；即使假定它们在某种程度上不精确，这些差异也极小，在化学实验中可以认为它们无足轻重。一旦完全理解了这条弹性流体压缩定律，就可以不费力地将其用于关于气体体积与其压力关系的气体化学实验中所必需的校正。这些校正有两种：一种与气压计的变化有关，另一种则是针对池中所容纳水柱或汞柱的。我将从最简单的情况开始，用例子尽力解释这些。

假设得到 100 立方吋氧气，氧气处于温度计的10°(54.5°)和气压计的 28 吋 6 吩，需要知道这 100 立方吋的气体在 28 吋[①]的压力下会占据多大体积，以及 100 吋氧气的重量是多少？令气压计是 28 吋时这种气体所占据的未知体积即未知吋数受 x 之压；由于体积与压在其上的重量成反比，我们就有以下陈述：100 立方吋与 x 成反比，就如同28.5 吋压力比 28.0 吋一样；或者直接就是 28：28.5∷100：x=101.786——立方吋，在 28 吋气压计压力时；这就是说，在气压计为 28.5 吋时占据 100 立方吋体积的同样的气体或空气，在气压计为 28 吋时将占 101.786 立方吋。计算占据 100 立方吋的这种气体在28.5 吋气压计压力下的重量同样容易；例如，由于它相当于压力为 28 吋的 101.786 立方吋，由于在此压力和温度为 10°(54.5°)时每立方吋氧气重半格令，由此得出，在 28.5 气压计压力下，100 立方吋必定重 50.893 格令。这个结论可以更直接地形成，因为，由于弹性流体的体积与其压力成反比，其重量必定就与同样的压力成正比：因此，由于 28 吋压力下 100 立方吋重 50 格令，于是我们就有以下陈述来确定 28.5 气压计压力下 100 立方吋同样气体的重量，28：50∷28.5：x，即未知量 x=50.893。

下列实例较为复杂。假设广口瓶 A(图版Ⅻ，图 18)的上部 ACD 盛有一定量的气体，广口瓶 CD 以下部分装满汞，整个广口瓶竖立于盆或槽 GHIK 之中，槽内盛汞至 EF，并假设广口瓶中 CD 汞面与池中汞面 EF 之差为 6 吋，而气压计位于 27.5 吋。由这些数据显然可见，ACD 中所含空气受大气重量之压，此大气重量由于汞柱 CE 的重量而减少，即减少 27.5－6＝21.5 吋气压计压力。因此，此空气受压小于大气处于气压计的普通高度时所受之压，所以它所占据的空间就比它在处于普通压力下时所占空间大，而差值恰恰就与压重之差成正比。那么，如果测量 ACD 发现它是 120 立方吋的话，那么它必须折算成它在 28 吋的普通压力下所占体积。这由以下陈述完成：120：x(即未知体积)∷21.5：28反比；这就给出 $x=\dfrac{120\times21.5}{28}=92.143$ 立方吋。

在这些计算中，我们可以将气压计中汞的高度以及广口瓶和池中平面之差换算成为吩或吋的十进小数；不过，我更喜欢后者，因为它更易于计算。由于在这些经常出现的运算中简化方法极有用处，我已经在附录中给出了一个表，将吩和吩的小数换算成为吋的十进小数。

在用水装置完成的实验中，我们必须估计和考虑到在池子中的水面之上广口瓶内水的高度差，而作类似的校正以获得严格精确的结果。不过，由于大气压是用汞气压计的吋和吩表示的，由于同类量才能一起计算，因此，我们必须把观察到的水的吋数和吩数换算成汞的相应高度。我已经在附录中给出了供这种换算用的表，假定汞比水重13.5681 倍。

---

① 根据法呎与英呎之间给定的 114 比 107 的比例，法制气压计的 28 吋等于英制气压计的 29.83 吋。在附录中将会找到对于将本书中所使用的法制衡量和度量换算成为相应的英制单位的说明。——E

第六节　论与温度计度数有关的校正

在确定气体重量的过程中，除了像前节指出的那样，要将这些气体换算为气压计压力的平均数之外，我们还必须将它们换算为标准的温度计温度；因为一切弹性流体皆热胀冷缩，所以它们在任何确定体积中的重量都易于发生很大的变动。由于10°(54.5°)的温度是夏热冬冷的中间值，是地下场所的温度，也是在所有季节中最易于接近的温度，因此我已经选择此温度作为我在这种计算中将空气或气体换算成的平均值。

德·吕克先生发现，冻点和沸点之间分成81度的汞温度计的每一度，使空气增加其体积的$\frac{1}{215}$份；对于列氏温度计的每一度来说，是$\frac{1}{211}$份，该温度计在这两点之间分成80度。蒙日先生的实验似乎表明，氢气的这种膨胀较小，他认为它只膨胀$\frac{1}{180}$。迄今，我们尚无任何发表了的有关其他气体膨胀率的精确实验；不过，从已经做了的试验来看，它们的膨胀似乎与大气的膨胀无多大差别。因此，直至进一步的实验给我们提供关于这个主题的更好信息为止，我都可以当然地认为，对于温度计的每一度而言，大气膨胀$\frac{1}{210}$份，氢气膨胀$\frac{1}{190}$份；不过，由于这一点尚极不确定，我们应当总是在尽可能接近10°(54.5°)的标准中操作；用这种方式，通过换算成普通标准来校正气体的重量或体积的过程中产生的误差就将成为极不重要的了。

这种校正值的计算极为容易。把观察到的体积除以210，再用10°(54.5°)以上或以下的温度度数乘商。当实际温度在标准温度之上时此校正值为负，当实际温度在标准温度之下时此校正值为正。使用对数表，这种计算就被大大简化了①。

第七节　计算与压力和温度的偏差有关的校正值的例子

实　　例

竖立于水装置中的广口瓶A(图版Ⅳ，图3)中，盛有353立方吋空气；广口瓶内EF水面处于池子中的水之上4 $\frac{1}{2}$吋，气压计处于27吋9 $\frac{1}{2}$吩，温度计处于15°(65.75°)。在空气中燃烧了一定量的磷，便产生了凝固的磷酸，燃烧后的空气占295立方吋，广口瓶中的

① 当使用华氏温度计时，每一度引起的膨胀必定较小，即按1∶2.25的比例，因为列氏温标的每一度相当于华氏2.25度；因此，我们必须除以472.5，再按以上所述结束其余的计算。——E

水处于池子中的水之上 7 吋处，气压计处于 27 吋 9 $\frac{1}{4}$吩，温度计处于 16°(68°)。需要由这些数据确定空气在燃烧前后的实际体积以及此过程中吸收的量。

燃烧前的计算

燃烧前广口瓶中的空气是 353 立方吋，不过这只是处于 27 吋 9 $\frac{1}{2}$吩的气压计压力之下，将此压力换算成十进制小数，就是 27.79167 吋；我们必须从中减去 4 $\frac{1}{2}$吋水的差值，这相当于压力计的 0.33166 吋；因此，广口瓶中空气的真实压力是 27.46001。由于弹性流体的体积按压重的反比减少，我们就有以下陈述，将 353 吋换算成为空气在 28 吋气压计压力下所占体积。

353 ∶ x(即未知体积)∷27.46001 ∶ 28。于是有，$x=\frac{353\times 27.46001}{28}=346.192$ 立方吋，这就是同量的空气在气压计为 28 吋时所占体积。

此校正了的体积的$\frac{1}{210}$份是 1.65，由此得出，对于标准温度之上每五度来说，即为8.255立方吋；而且，由于此校正值是负的，因此，空气在燃烧前实际校正了的体积是337.942立方吋。

燃烧后的计算

通过对燃烧后的空气体积作类似计算，我们发现其气压计压力为 27.77083－0.51953＝27.25490。因此，为得到在 28 吋压力下空气的体积，295 ∶ x∷27.77083 ∶ 28反比；即$x=\frac{295\times 27.25490}{28}=287.150$。此校正了的体积的$\frac{1}{210}$份是 1.368，它乘以 6 度的温度计差值，就得到对于温度的负校正值为 8.208，剩下空气在燃烧后实际校正了的体积是 278.942 立方吋。

结　果

燃烧前的校正体积	337.942
燃烧后剩下的校正体积	278.942
燃烧过程中吸收的体积	59.000

第八节　确定不同气体绝对重量的方法

取一个能盛 17 或 18 品脱或半立方呎的大球形瓶 A(图版Ⅴ，图 10)，有一个黄铜帽

bcde 牢固地连接在球形瓶瓶颈上，黄铜帽上用严实的螺旋固定着管子和活塞 *fg*。此装置用图 12 中单独描绘的双螺旋与图 10 中的广口瓶 BCD 连通，广口瓶必须在容积上比球形瓶大若干品脱。此广口瓶顶部开口，配有黄铜帽 *hi* 和活塞 *lm*。图 11 单独描绘的是这些活塞中的一个。

我们首先将球形瓶盛满水，并对满瓶和空瓶进行称量，以确定球形瓶的确切容量。放空水时，从瓶颈 *de* 插进一块布将其擦干，最后残余的潮气用空气泵抽一两次除去。

当要确定任何气体的重量时，按以下所述使用此装置：用活塞 *fg* 的螺丝将球形瓶 A 固定到空气泵的板子上，活塞开着；球形瓶要尽可能完全抽空，用附配在空气泵上的气压计仔细观察抽空的程度。形成真空时，关上活塞 *fg*，以一丝不苟的精确性确定球形瓶的重量。然后将其固定到广口瓶 BCD 上，我们让此广口瓶置于气体化学装置(图 1)隔板上的水中；广口瓶要盛满我们打算称量的气体，然后打开活塞 *fg* 和 *lm*，气体上升进入球形瓶，而池子中的水同时上升进入广口瓶。为避免极麻烦的校正，在这第一个部分的操作过程中，有必要将广口瓶沉入池子中至广口瓶中的水面为止，无须精确一致。再关上两个活塞，将球形瓶从它与广口瓶的联结处旋开取下，仔细称重；此重量与抽空了的球形瓶的重量之差，就是球形瓶中所盛空气或气体的精确重量。将此重量乘以 1728，即乘以 1 立方呎中的立方吋数，再将积除以球形瓶中所容立方吋数；商就是用来做实验的 1 立方呎气体或空气的重量。

必须精确说明上述实验过程中气压计的高度和温度计的温度；根据这些，1 立方呎的最终重量就易于校正为 28 吋和 10°的标准，如前节所指出的那样。形成真空之后留在球形瓶中的少量空气也必须注意，这用附配在空气泵上的气压计容易确定。例如，如果该气压计保持在真空形成之前它所处的高度的百分之一处，我们就断言原来所盛空气的百分之一仍留在球形瓶中，因此，只有$\frac{99}{100}$的气体从广口瓶进入球形瓶。

第三章 量热计即测量热素装置的说明

量热计即测量物体中所含相对热量的装置，是由德·拉普拉斯先生和我在1780年《科学院文集》第355页所描绘的，本章的材料便取自这篇文章。

如果使任一物体冷却至冻点之后将其置于25°(88.25°)的大气之中，那么该物体将会由表及里逐渐变热，直至最后它获得与周围空气相同的温度。不过，如果将一块冰置于同样境况之下，情况就颇为不同了；它一点都不接近周围空气的温度，而是持续地处于零度(32°)，也就是使冰融化的温度，直至最后一份冰完全融化。

这种现象易于解释，因为要使冰融化，即将其还原成水，它就需要与一定份额的热素化合；从周围物体吸引的全部热素都被吸引或固定到冰的外层，热素使冰融化并与之化合成水；第二份热素与第二层化合将其融化成水，依此类推，直至全部冰都通过与热素化合而融化，转化成为水，最后的原子仍然保持其以前的温度，因为只要有冰尚待融化，热素就不会渗透。

根据这些原理，如果我们设想一个温度为零(32°)的中空冰球处于10°(54.5°)的大气中，盛有处于冻结温度以上任何温度的某种物质，那么由此可得，第一，外部大气的热不能渗透进冰球的内部中空；第二，置于冰球之中的物体的热不能超越它渗透出去，但将停留在内表面上用来不断融化冰层，直至超过零度(32°)的所有过剩热素都被冰夺走，使物体的温度降至零(32°)。如果仔细搜集所盛物体温度降至零的过程中冰球内形成的全部水，那么，该水的重量将正好与物体在从其原来的温度变为融冰温度的过程中所失去的热素之量成比例；显然，双份热素之量会融化二倍的冰量；因此融冰的量是用以产生融冰结果的热素之量的精确量度，因此就是可能提供了热素的仅有的物质失去的热素量的精确量度。

我提出这个关于中空冰球中所发生的情况的假定，是为了较容易地解释德·拉普拉斯先生首先设想出的这种实验中所采用的方法。得到这样的冰球困难，如果得到了使用也不方便；不过，我们已经用下述装置补救了这个不足之处。我承认我给该装置赋予的量热计(*calorimeter*)的名称部分源自希腊文，部分源自拉丁文，这在某种程度上易引起非难；不过，从严格的词源学来看是微小偏差的东西，为了使思想清晰，在科学上却是言之成理的；而且，我不会完全从不很接近为其他目的所使用的已知仪器的名称的希腊文来取这个名称。

图版Ⅵ中所描绘的便是量热计。图1用透视图显示它。图2和图3中镌版印出的是其内部结构；前者是水平截面，后者是垂直剖面。其容量或腔分为三个部分，为更好区分，我把它们称为内腔、中腔和外腔。用来做实验的物质放进内腔 *ffff*(图4)，它由用数根铁棒支撑的铁丝格栅或铁丝笼组成；其腔口 LM 用相同材料的盖子 HG 盖住。中腔 *bbbb*(图2和图3)用来盛包围内腔的冰，该冰要用实验中使用的物质的热素来融化。冰

由腔底格栅 *mm* 支撑，其下放置格筛 *nn*。这二者分别描绘在图 5 和图 6 中。

按由置于内腔中的物体离析出的热素所融化的中腔中所盛冰的比例，水穿过格栅和格筛，通过圆锥形漏斗 *ccd*（图 3）落入容器 F（图 1）之中。此水可以用活塞 *u* 随意保留或放出。外腔 *aaaa*（图 2 和图 3）填满冰，以防止来自周围空气的热对中腔中的冰有任何影响，由冰产生的水通过管子 ST 流出，此管用活塞 *r* 关闭。整个机器用盖子 FF（图 7）盖住，盖子用锡做成，刷有防锈油漆。

要使用这个机器时，中腔 *bbbb*（图 2 和图 3）、内腔盖 GH（图 4）、外腔 *aaaa*（图 2 和图 3）以及总盖 FF（图 7）都要填满碎冰并且塞紧以免留下空隙，中腔的冰则任其耗尽。然后打开机器将用来做实验的物质放入内腔，迅速将其关闭。待所盛物体完全冷却至冻点，全部融冰从中腔耗尽之后，精确称量容器 F（图 1）中聚集的水。实验过程中产生的水的重量，就是所盛物体冷却过程中离析出的热素的确切量度，因为这种物质显然处于与前面提及的盛于中空冰球中的物质相同的情况之中；离析出的全部热素被中腔中的冰所阻挡，该冰靠总盖（图 7）和外腔所盛之冰而免受其他热的影响。这种实验持续 15～20 小时；用完全无过剩水的冰盖住内腔中的物质，有时使这些实验加速，冰促进该物质冷却。

把要处理的物质放进薄铁桶（图 8）中，桶口配有一个软木塞，软木塞中固定进去一个小温度计。如果我们使用酸或有害于仪器的金属的其他流体，把它们装在卵形瓶（图 9[①]）中，其口上配的软木塞中有一个较小的温度计，卵形瓶竖立于小圆筒支座 RS（图 10）上的内腔之中。

绝对必要的是，量热计的外中腔之间不联通，否则，受周围空气影响而在外腔中融化了的冰就会与中腔的冰所产生的水混合，此水就不再是用来做实验的物质失去的热素的量度了。

当大气的温度只有冻点之上几度时，其热由于受到盖子（图 7）和外腔的冰的阻止而几乎不能到达中腔；但是，如果空气的温度在冻结度下，它就引起外腔中的冰首先降温至零（32°）下，而会使中腔所盛之冰冷却。所以，这个实验必须在冻结温度上面一点的温度中进行：因此，在冰冻时期，量热计必须保持在小心加热了的房间里。使用的冰还必须不处于零（32°）下；为此目的，必须在较高温度的地方把冰敲碎并薄薄地铺开一些时候。

内腔的冰总是保持一定量的水附着在其表面，可以假定它属于实验结果之列；但是，由于在每个实验的开始，冰已经被它能含的那么多的水所饱和，如果由于热素而产生的任何水仍然附在冰上，那么很显然，必定有与实验之前附着于它的水量极接近相等的水量代替它而流进容器 F 之中；因为在实验过程中，中腔中的冰的内表面几乎没有变化。

用任何可以设计出的机械装置，我们在大气为零上 9°或 10°（52°或 54°）时都不能阻挡住外部空气进入内腔的通路。限制在此腔中的空气由于与外部空气相比特别重，就通过管子 *xy*（图 3）泄逸下来，被较暖和的外部空气所取代，此外部空气向冰放出热素，变重再下沉；于是，通过机器就形成了气流，气流随外部空气在温度上超过内部空气的比例而加快。此暖空气流必定融化一部分冰而有损于实验的精确性。将活塞 *u* 持续保持关闭

① 英文版误为“图 10”。——C

状态，我们可以在很大程度上防止此误差之源；不过，只有当外部空气在不超过 3°，最多不超过 4°(39°至 41°)时操作才更好；因为我们已经观察到，在这种情况下，完全察觉不到大气引起的内部冰的融化；这样我们就可以保证我们关于物体比热的实验精确到四十分之一。

我们已经让人建造了两台以上描述的机器；一台打算用来做不需要更换内部空气的实验，精确地按照这里的描述做成；另一台保证关于燃烧、呼吸等必须有外加数量的空气的实验，它不同于前一台，在两边有两个小管子，通过管子可以将空气流吹进机器的内腔。

用这个装置，极容易确定操作中发生的现象，不论操作中热素是离析还是被吸收。譬如，如果我们要确定某一固体在冷却一定度数的过程中离析出的热素的量，就让其温度升至 80°(212°)；然后将其放进量热计的内腔 *ffff*(图 2 和图 3)，让其留至我们确信其温度降至零(32°)时为止；收集它在冷却过程中融化冰所产生的水并仔细称量；此重量除以用来做实验的物体的体积，乘以它在实验开始时所具有的零上温度，就得到英国哲学家们叫做比热(specific heat)的东西的比例。

流体盛于其比热已事先确定了的适当器皿之中，用与已经指出的处理固体相同的方式在机器中处理液体，注意要从实验过程中融化的水量中，扣除属于盛器的部分。

如果要确定不同物质化合过程中离析出的热素的量，就要事先用碎冰把它们包围起来保持足够长的时间，使其处于冻结温度；然后在量热计内腔中一个也处于零度(32°)的适当器皿中将其混合；让它们处于封闭状态，直至化合物的温度恢复到相同度数为止。产生的水量就是化合过程中离析的热素的量度。

要确定燃烧过程和动物呼吸过程中离析的热素的量，就在内腔中让可燃物体燃烧或让动物呼吸，仔细收集产生的水。豚鼠极抗严寒，很适合用来做这种实验。由于在这样的实验中绝对需要不断更新空气，因此我们就靠为此目的之用的一根管子将新鲜空气送进量热计的内腔，并让它从另一个同种类的管子泄出；由于此空气的热不得在实验结果中产生误差，要使将空气输送进机器的管子通过碎冰的，以使其到达量热计之前降至零度(32°)。还必须使泄出的空气通过机器内腔之中用冰包围着的管子，产生的水必须成为收集的部分，因为由此空气离析的热素是实验结果的一部分。

确定不同气体所含比热由于它们的密度小而稍微困难一些；因为，如果仅仅像其他流体那样把它们盛于器皿之中放进量热计内，那么融冰的量如此之少，以致实验结果充其量也是极不确定的。为了这种实验，我们已经设法使空气通过两个金属蛇管，即旋管；其中的一个置于充满沸水的器皿之中，空气从中通过并在通向量热计的途中被加热，另一个置于机器的内腔 *ffff* 之内，空气通过它在量热计中循环以离析其热素。用置于第二个蛇管的一端的一个小温度计，确定空气进入量热计时的温度，空气离开内腔时的温度用置于蛇管另一端的另一个温度计测得。用这个机械装置，我们就能够通过有定值的空气或气体的量在失去一定量的温度时所融化的冰的量，从而也就能够确定它们的比热素(specific caloric)的度数了。采用某些特殊的预防措施，可以把同样的装置用以确定由不同气体的凝聚而离析的热素的量。

可以用量热计做的各种实验都不提供绝对的结论，只给我们提供相对量的量度；因此，我们就得确定一个单位即标准点，由此形成一个关于若干结果的标度。融化一磅冰所必需的热素的量已经被选作这种单位；由于融化一磅冰需要一磅温度为60°(167°)的水，因此，我们的单位或标准点所表示的热素的量，就是使一磅水从零(32°)升至60°(167°)的量。一旦确定了这个单位，我们就只得用类似的值表示不同物体由于冷却一定的度数而离析的热素的量了。以下是用于此目的的一个简易计算模式，适用于我们最早的一个实验。

我们取7磅11盎司2格罗斯36格令剪成窄片并且卷起来了的铁皮，此量用十进制小数表示就是7.7070319。这些铁片在沸水浴中加热至约78°(207.5°)，迅速放进量热计的内腔。11小时末，当由冰融化的全部水量彻底排出时，我们发现融化了1.109795磅冰。因此，铁冷却78°(175.5°)离析的热素融化了1.109795磅冰，那么，冷却60°(135°)会融化多少呢？这个问题给出下列正比陈述，78∶1.109795∷60∶x=0.85369。此量除以所用的全部铁的重量，即7.7070319，商0.110770就是一磅铁冷却60°(135°)的温度时会融化的冰量。

将流体物质，譬如硫酸和硝酸等等，盛入在软木塞上配有温度计的卵形瓶(图版Ⅵ，图9)中，温度计的球部浸入液体之中。卵形瓶置于沸水浴中，当我们根据温度计断定该液体升至适当温度时，就将卵形瓶放进量热计中。为确定这些流体的比热素，就要像上面指出的那样进行结果计算，注意从得到的水中扣除单由卵形瓶产生的水量，这必须由前面的一个实验确定。由这些实验获得的结果表被略去了，因为此表尚不够完全，不同的情况打断了此结果序列；然而，它并没有被忽视；每个冬天我们都或少或多地从事了对这个主题的研究。

第四章 论分离物体的机械操作

第一节 论研磨、捣磨与粉碎

严格说来，这些只是使物体的粒子分开和分离并把它们弄成极细的粉末的基本的机械操作。这些操作永远不能把物质分解成为原始的、基本的和终极的粒子；它们甚至不破坏物体的聚集体；因为每一个粒子在极精确地研磨之后，形成一个与其由之分离的原块相像的小整体。相反，实际的化学操作，譬如溶化，则破坏物体的聚集体，并使其成分和组成粒子彼此分离。

脆物质用研杵(pestle)和研臼弄成粉末。杵和臼是黄铜或铁质的(图版Ⅰ，图 1)；大理石或花岗石质的(图 2)；愈创木质的(图 3)；玻璃质的(图 4)；玛瑙质的(图 5)；或者瓷质的(图 6)。每一副杵臼中的研杵在图版中都直接描绘在它们分别所属的研臼之下，根据打算用它们来研磨的物质的本性，它们用锻铁或黄铜、木头、玻璃、陶瓷、大理石、花岗石或者玛瑙制成。在每一个实验室里，都必须有各种尺寸和种类、品种齐全的这些器皿。陶瓷和玻璃的杵臼只能通过在臼的周壁上灵巧地用杵将物质磨成粉，因为研杵的反复击打易于使其破碎。

研臼的底部应当呈空心球形状，其壁应当有这样一个倾斜度，即举起研杵时，使所盛物质落回底部，而不应当这么垂直以至举起研杵时物质在底部聚集得太多，否则大量物质处于研杵之下妨碍其操作。由于这个原因，也不应当把大量要研碎的物质同时放进研臼之中；我们必须不时地用后面要描述的筛子去掉已经研成粉末的粒子。

最通常的捣磨方法，是借助于一个斑岩平板或有类似硬度的石头平板 ABCD(图版Ⅰ，图 7)，将要研成粉末的物质铺展于其上，然后用一个由同样硬的材料制成的捣磨杵(muller)M 捣击和磨研，捣磨杵的底部做成一个大球的一小部分；当研磨杵快将物质驱推至板边时，用一把铁质、角质、木质或象牙质的薄柔刀或刮铲将其铲回石板中间。

在大规模的工作中，这个操作要么靠若干个大硬石滚辗来完成，这些滚辗以制粉机的方式水平地在彼此之上转动，要么靠一个竖立的滚辗在平石板上转动来完成。在上述操作中，通常需要把物质略微弄湿，以防止细粉飞掉。

有许多物体不能用前述方法中的任何一种弄成粉末；木头那样的含纤维物质便是这样的物体；那些坚韧而有弹性的物体，如动物角、弹性胶等等，以及有延展性的金属，在研杵之下展平，而不是碎成粉末。为使木头碎成粉末，则使用粗锉(图版Ⅰ，图 8)；对于角质物，用较细的锉刀，对于金属则使用更细的锉刀(图版Ⅰ，图 9 和图 10)。

有些金属虽然不是脆得足以在研杵之下成为粉末，但也软得不能锉，因为它们塞满锉刀妨碍其操作。锌就是其中之一，但在加热了的铁臼中变热时可以将其研成粉末，用少量汞与之熔合也可以使其变脆。烟花工用这些方法中的某一种靠锌来产生蓝焰。金属熔化时将其倒进水中，可以使金属变成颗粒，在不想让金属呈细粉状时，这种方法极为有用。

用粗齿木锉（图版Ⅰ，图 11）可以把果内质和纤维质的水果、马铃薯等等变成浆状。

选择不同的物质制造这些仪器是一个重要的问题；黄铜或铜不适合于处理用做食物或用于药学中的物质；大理石或金属仪器一定不能用来处理酸物质；因此，极硬的木臼以及瓷臼、花岗石臼或玻璃臼在许多操作中极为有用。

第二节 论粉状物质的过筛与水洗

用来使物体变成粉末的任何机械操作都不能使粉末有完全相等的细度；由时间最长、最精细的研磨得到的粉末仍然是各种大小的粒子的集合。与特定的目的相适应，用不同细度的筛子（图版Ⅰ，图 12、图 13、图 14、图 15）去掉这些粉末中的粗粉，以便只留下较细和较均匀的粒子；所有比筛眼大的粉状物质都留下来再受研杵作用，较细者则通过筛眼。筛子（图 12）用马毛布或丝罗制作；图 13 中所描绘的一个是穿有适当大小圆孔的羊皮纸做的；后者用于黑色火药的制造。当极细微或极贵重而又容易弥散的材料要过筛，或者粉末的较细部分可能有害时，就使用复合筛（图 15），它由筛子 ABCD、盖子 EF 和接收器 GH 组成；三个部分使用时结合起来，这已经描绘出来（图 14）。

有一种比过筛要精确得多的获得相同细度粉末的方法；不过它只能用于水对其不起作用的那样一些物质。用水或其他合适的流体与粉末状物质混合，并搅拌之；让此液澄清一会儿，然后将其倾析；最粗的粉末留在容器底部，较细者则随液体倾出。用这种方式反复倾析，就得到不同细度的各种沉淀物；最后的沉淀，即在该液中悬浮时间最长的，是最细的。这种方法也可以有效地用来分离比重度不同但细度相同的物质；这后一种方法主要在采矿中用来从较轻的土质中将与之混合的较重的金属矿分离出来。

在化学实验室里，玻璃盘罐或陶器曾用来进行这种操作；用的时候，为了倾析液体而不扰动沉淀，就用靠中间有洞的板子 DE 支撑的玻璃虹吸管 ABCHI（图版Ⅱ，图 11），在容器中的适当深度 FG 处，将所需要的液体全部放进接收器 LM 之中。这种有用的仪器的原理和应用众所周知，不需要解释。

第三节 论 过 滤

过滤器是一种非常细的筛子，流体的粒子可以透过它，但最细的粉状固体粒子则不能通过它；因此它用来将细粉末从流体中的悬浮物分离开来。在药学中，这种操作主要使用极密极细的呢绒；过滤器通常呈圆锥形（图版Ⅱ，图 2），这有一个优点，就是使所有过滤排出的液体集中成一点即 A，这就易于用窄口器皿收集它。在大型药学实验室里，这个滤包铺在一个木架上(图版Ⅱ,图 1)。

对于化学的目的来说,由于必须使过滤器完全干净,就用未上胶的纸代替布或绒布;固体不会从这种物质通过,然而,如果粉碎得很细则能够透过,而且它能极迅速地滤出流体。由于纸潮湿时易于破裂,根据情况就采用了各种方法支撑它。要过滤大量流体时,用木框(图版Ⅱ,图 3)ABCD 支撑纸,上面铺有一块用铁钩拉直的粗布。此布每次使用时必须非常干净,如果有理由怀疑它渗有任何有损于后续操作的东西的话,甚至必须使用新布。在通常的操作中,要过滤的流体量适中,就使用不同种类的玻璃漏斗来支撑纸,如图版Ⅱ图 5、图 6 和图 7 所绘。当必须同时进行几个过滤操作时,在支架 C 和 D 上架上穿有圆洞的板子或隔板 AB(图 9),极便于放漏斗。

在些液体如此之浓,如此之黏,以致没有某种事先准备就不能从滤纸滤出,譬如,用蛋白澄清便是这种准备,由于蛋白与液体混合处于沸腾状态时凝结并且与杂质纠缠在一起,于是就随杂质一起以泡沫状上升至表面。将鱼胶溶解于水中,用同样的方式可以澄清含酒精溶液,鱼胶靠醇的作用不要热的帮助就凝结。

由于大多数酸是通过蒸馏产生的,因而清澈,所以我们几乎不需要对它们过滤;不过,不论浓酸任何时候需要这种操作,都不可能使用纸,纸会被酸腐蚀和毁坏。碎玻璃,更确切地说是碎成片和粗粗粉碎了的石英或水晶,极符合这种需要;少量的大片放进漏斗颈中;用小片盖住这些大片,细粉全放在上面,酸倒在顶上。为了通常的社会目的,常常用干净的水洗沙过滤河水,以分离其杂质。

第四节 论 倾 析

这种操作常常用来代替过滤,以分离通过液体而扩散的固体粒子。让溶液在圆锥形容器 ABCDE(图版Ⅱ,图 10)中澄清,分散的物质逐渐下沉,将清澈的流体轻轻倒出。如果沉淀极轻,最轻的动作都容易使其再与流体混合,那么,就用虹吸管(图 11)而不是倾析,放出清澈流体。

在必须精确确定沉淀物重量的实验中,假若用相当大比例的水数次洗涤沉淀物的话,倾析比过滤更好。通过仔细称量操作前后的过滤器,的确可以确定沉淀物的重量;但是,当沉淀物的量少时,可以以干燥程度的大小,用滤纸所保留的水分的不同比例来检验应当仔细避免的具体的误差根源。

第五章 论不经分解使物体粒子彼此分离以及使其再次结合的化学手段

我已经指出，分离物体的粒子有两种方法，即*机械方法*和*化学方法*。前者只把固体块分成许多小块；为了这些需要，根据情况使用各种力，譬如人或动物的力气、通过水力机所使用的水的重量、蒸汽的膨胀力、风力，等等。用这些机械力，我们绝不可能把物质变成超过一定细度的粉末；用这种方式变成的最小粒子，虽然对我们的器官来说似乎非常微小，但当与尘埃物质的终极基本粒子比较时，它实际上仍然是一座山。

相反，化学试剂则把物体分成它们的原始粒子。例如，如果一种中性盐受试剂作用，它就尽可能地分开，除非它不再是中性盐。在这一章中，我打算给出物体的这种分离的例子，我将给这些例子增加一些有关操作的说明。

第一节 论盐溶化

在化学语言中，*溶化*(*solution*)和*溶解*(*dissolution*)这两个术语长期混淆，而且极不适当、不加区别地用来既表示某种盐的粒子在某种流体，譬如水中分开，又表示某种金属在某种酸中分开。对这两种操作的结果稍加思考，就足以说明它们不应当混为一谈。在盐的溶化中，盐粒子仅仅彼此分离，而无论是盐还是水都完全不分解；我们能够以与操作前相同的量重新得到这二者。树脂溶化于醇，发生相同的情况。相反，在金属的溶解中，无论是酸还是稀释它的水，总是发生分解；金属与氧化合变成氧化物，离析出一种气态物质；结果所用的物质在操作之后实际上皆不处于与它们在操作之前相同的状态。此节限于考虑溶化。

要完全理解盐溶化的过程中所发生的事情，必须知道，在大多数这种操作中，靠水溶化和靠热素溶化，这两种性质截然没的作用搅在一起；由于对大多数溶化现象的解释依赖于对这两种情况的区分，因此我将详述它们的本质。

通常称作硝石的硝酸草碱，几乎不含，也许甚至完全不含结晶水；然而这种盐在几乎不高于沸水的热度中便液化。因此这种液化不能靠结晶水来产生，但是由于此盐本质上极易熔化的缘故，当温度升高至沸水温度之上一点点时，它就从固体聚集态变为液体聚集态。一切盐都能以这种方式被热素液化，只是要用高低不同的温度。有些盐，譬如亚醋酸草碱和亚醋酸苏打，用其温和的热液化，而另一些盐，譬如硫酸草碱、硫酸石灰等等，则需要我们能够产生的最强的火。由热素引起的盐的这种液化，正好产生与冰的融化相同的现象；每种盐完成液化都靠确定的热度，此热度在整个液化过程中总是相同。热素在盐熔化过程中被花费被固定，相反，当盐凝结时则被离析。这些就是在每一种物质由固体聚集态过渡为流体聚集态，以及由流体过渡为固体的过程中所普遍发生的现象。

这些靠热素而溶化所引起的现象，总是或少或多地与在水中溶化的过程中所发生的现象相联系。我们不能把水倒在某种盐上有意使其溶化而不使用某种复合溶剂，无论是水还是热素；因此，我们可以根据每种盐的本质和存在方式，对几种溶化情况加以区分。例如，如果某种盐难以在水中溶化，靠热素却容易溶化，那么显然就得出，此盐在冷水中将难以溶化，在热水中则相当多地溶化；硝酸草碱，尤其是氧化盐酸草碱，便是如此。如果另一种盐在水和热素中几乎都不能溶化，那么，它在冷水和温水中的溶化度之差就无足轻重了；硫酸石灰便属于这一种。从这些考虑得出，在下列情况之间存在着一种必然的关系；盐在冷水中的溶化度、它在沸水中的溶化度，与同样的盐无助于水而被热素液化的温度；而且，热水和冷水中的溶化度之差与其在热素中的迅速溶化相比，即与其在低温中的液化敏感性相比，是如此之大。

以上是关于溶化的总的观点；不过，由于缺乏特定的事实和充分精密的实验，它仍然不过是接近某个特定的理论的一种近似。使化学科学的这个部分完善的手段极为简单；我们仅须确定一定量的水在不同温度下使每种盐溶化了多少；而且，由于通过德·拉普拉斯先生和我所发表的实验，精确地知道一磅水在温度计的每一度所含热素的量，因此，用简单的实验就极容易确定溶化每种盐所需要的水和热素的比例、每种盐液化时所吸收的热素的量以及结晶时离析的热素有多少。于是，盐在热水中何以比在冷水中能更迅速地溶化的原因就十分明显了。在盐的所有溶化中，都要花费热素；当从周围物体在中间提供热素时，它就只能缓慢地到达盐；而当所需要的热素事先已与溶液的水化合而存在时，这就大大加速了。

一般说来，水的比重由于溶化了盐而增大；不过这条规则有某些例外。因此，组成每种中性盐的根、氧和基的量、溶化所必需的水和热素的量、传递给水的增加了的比重以及晶体的基本粒子的形状，在某个时候都将精确地知道。一切关于结晶的情况和现象都将根据这些得到解释，化学的这个部分将通过这些手段而完善。塞甘(Seguin)先生已经制订了详尽探索这种情况的方案，它极有能力实施这个方案。

在水中溶化盐不需要特定的装置；大小不一的小玻璃管形瓶(图版Ⅱ，图 16 和图 17)、陶平底盘(图 1 和图 2)、长颈卵形瓶(图 14)、铜或银的平底锅或盆(图 13 和图 15)就完全满足了这些操作。

第二节 论 浸 滤

这是一种在化学和制造业中用来将溶于水的物质与不溶于水的物质分离开来的操作。一般用于这种目的的是一个大瓮或大桶(图版Ⅱ，图 12)，在靠近其底部的地方有一个洞 D，洞中有一个木塞和龙头或金属活塞 DE。桶的底部放一层薄薄的稻草；稻草之上，放上要浸滤的物质，用一块布盖上，然后根据含盐物质的溶解度倒上热水或冷水。当假定水已经将所有盐分溶解了时，关上活塞；由于有些饱含盐的水必定黏附在稻草和不溶物质上，于是，就再倒若干外加量的水。稻草用来保证让水完全通过，它可以比作过滤中避免纸与漏斗壁接触的麦秆或玻璃棒。放在受浸滤的物质之上的布防止水在它倾倒的地方把这些物质冲成一个洞，水可以通过这个洞不对全部浸滤物质起作用就流走。

化学实验中或少或多地模仿了这个操作；但是由于这些实验中，尤其是在以分析为目的的实验中，需要更高的精确性，因此就必须采用特殊的预防措施，以不让任何盐或可溶部分留在残留物中。使用的水必须比通常的浸滤中使用的水更多，清液放出之前浸滤物质应当先在水中搅动，否则全部物质就不会得到同样的浸滤，某些部分甚至会一起逃避水的作用。我们还必须大量使用外加的水，直到水完全没有盐为止，这我们可以用前面描述过的比重计来确定。

在量少的实验中，在罐子或玻璃卵形瓶中，并通过玻璃漏斗中的纸过滤液体，来完成这个操作很方便。当物质的量较大时，可以在开水壶中浸滤，通过木架中用布托住的纸（图版Ⅱ，图 2 和图 4）来过滤；在大规模的操作中，必须使用已经提到过的桶。

第三节　论　蒸　发

这种操作用来使两种物质相互分离，至少其中的一种必须是流体，而且这两种物质的挥发度差异相当大。我们用这种手段得到一种处于凝固态的盐，此前它一直溶于水中；水经加热与热素化合，热素使其挥发，而盐的粒子则彼此靠得较近，处于相互吸引范围之内，结合成为固态。

由于人们长期认为空气对被蒸发的流体的量有很大影响，因此，指出这种见解所引起的错误将是适当的。暴露在大气中的流体的蒸发当然持久缓慢；而且，尽管这种蒸发在某种程度上可以认为是在空气中的溶化，然而热素在引起溶化的过程中却有相当大的影响，这从冷冻总是伴随着这个过程来看就很明显；因此，我们可以认为，这个逐渐的蒸发就是部分在空气中部分在热素中所产生的一种复合溶化。不过，从持续沸腾的流体所发生的蒸发就其本质而言则极为不同，其中由于空气的作用所引起的蒸发与由热素引起的蒸发相比，则极其微小。这后一种可以称为*汽化*（*vaporization*）而不是*蒸发*（*evaporation*）。这个过程并不与蒸发面的广度成比例地加速，而是与和流体化合的热素量成比例地加速。过于畅通的冷空气流常常对这个过程不利，因为它有助于从水中将热素夺走，妨碍它转化成为蒸气。因此，假如盖子具有不强烈地吸收热素这样的本质，用富兰克林（Franklin）博士的表达方式，就是假如它是热的不良导体的话，那么，将盛有靠持续沸腾而蒸发的液体的容器在某种程度上盖住，就不会产生不便之处。在这种情况下，蒸汽通过留下的空隙逸散，所蒸发的至少与让其与外部空气畅通时所蒸发的同样多，而且往往更多。

由于在蒸发过程中，被热素夺走的流体完全丧失了，为了它曾与之化合的固定物质而消耗了，因此，这种方法只在流体如水那样价值甚小的地方使用。不过，当流体较重要时，我们就诉诸蒸馏，用这种方法，我们既保存住固定物质，又保存住挥发性流体。蒸发用的容器是铜、银或铅的平底锅或盆（图版Ⅱ，图 13 和图 15），或者玻璃、瓷质或陶质的器皿(图版Ⅱ,图1和图2;图版Ⅲ,图3和图4)。用于这种目的的最好器具是用玻璃曲颈瓶和卵形瓶的底做成的,因为它们相同的薄度使它们比任何其他种类的玻璃器皿更适合承受烈火和热冷的突然交替而不破裂。

由于切割这些玻璃器皿的方法在各种书籍中的任何地方都没有描绘,因此,我将在这里对它加以描绘,让化学家们能够以比从玻璃制造商那里得到它们的价格廉价得多的价格,为他们自己用损坏了的曲颈瓶、卵形瓶、接收器制作它们。仪器(图版Ⅲ,图5)由一个铁环AC固定在杆子AB上组成,杆子有一个木柄D,其用法如下:用火使环炽热,将其放到要切割的卵形瓶(图6)上;当玻璃充分加热时,往上喷一点冷水,它一般就将正好在被环加热了的环线处破裂。

小的薄玻璃烧瓶和管形瓶是蒸发少量流体的极好器皿;它们非常廉价而且非常耐火。可以把一个或多个这种器皿放在炉子(图版Ⅲ,图2)上的第二个炉箅上,在这里它们只受柔火作用。用这种方式,可以同时进行大量的实验。把一个玻璃曲颈瓶放进沙浴中,用烧固了的土拱顶(图版Ⅲ,图1)盖住,就相当好地为蒸发提供了保证;但是用这种方式蒸发总是相当缓慢,甚至易于发生事故;由于沙受热不均匀,玻璃不能以同样均匀的方式膨胀,因此曲颈瓶极易破裂。有时候,沙恰恰起到前面提及的铁环的作用;因为,如果一滴蒸汽凝结成液体碰巧落到该器皿的受热了的部分,它就在该处产生圆形裂损。当需要极烈的火时,可以使用陶制坩埚;不过,我们一般用蒸发一词表示由沸水的温度或者不比它高很多的温度所引起的过程。

第四节 论 结 晶

在这个过程中,由于某种流体的介入而彼此分离了的固体的组成部分相互聚集吸引,以便结合并再产生一种固体。当某种物体的粒子仅仅被热素所分离,并且该物质因此而处于液态时,为了使其结晶所必须做的一切,就是去掉其粒子之间所容纳的热素,换言之,就是冷却它。如果此冷冻缓慢,并且该物体同时处于静止状态,那么,其粒子就呈规则排列,严格地讲,就是发生了所谓结晶;但是,如果使冷冻迅速进行,或者液体在向凝固态过渡时被搅动了,那么,结晶就是不规则的和混乱的。

水的溶液,或者更确切地说,部分在水中部分在热素中所形成的溶液,也发生同样的现象。只要还有充足的水和热素使物体的粒子超越它们相互吸引的范围,保持分离状态,该盐就处于流体状态;但是,每当热素或水的存在不足量,而且粒子的相互吸引比使它们保持分离的力更占优势时,盐就恢复其凝固态,产生的晶体就依蒸发较慢的程度及完成较平静的程度而较规则。

我们前面提到的在盐溶化过程中所发生的所有现象,都在相反的意义上发生于它们结晶的过程之中。热素在它们呈固态的瞬间离析,这就对盐受水和热素的复合作用而被约束在溶化状态提供了另外一种证明。因此,要使靠热素容易液化的盐结晶,夺走在溶液中约束它们的水还不够,还必须去掉与它们结合的热素。硝酸草碱、氧化盐酸草碱、明矾、硫酸苏打等等,就是这种情况的例子,因为要使这些盐结晶,除了蒸发之外还必须加上冷冻。相反，几乎不需要热素就保持溶化状态并且根据这种情况可在冷水和热水中同样溶化的盐，仅仅去掉在溶化状态约束它们的水就可以结晶，甚至在沸水中恢复它们的固体状态；硫酸石灰、盐酸草碱、盐酸苏打以及另外几种盐便是如此。

硝石提纯术依靠的就是盐的这些性质，就是它们在热水和冷水中的不同溶化度。在工厂里用基本操作生产的这种盐由许多不同的盐组成：有些是潮解性的，不能结晶，譬如硝酸石灰和盐酸石灰；另一些则几乎可在热水和冷水中同样溶化，如盐酸草碱和盐酸苏打；最后，硝石即硝酸草碱在热水中比在冷水中溶化的多得多。操作由往这种盐的混合物上倒水开始，水要多得甚至能够使最不溶化的盐酸苏打和盐酸草碱处于溶化状态；只要它一热，此量的水就容易溶化所有的硝石，但是一冷却此盐的大部分就结晶，留下约六分之一份仍然处于溶化状态，并与硝酸石灰和两种盐酸盐相混合。由此法得到的硝石仍稍微含有其他几种盐，因为它由之结晶出来的水中富含这些盐。通过在少量沸水中再次溶化并再次结晶，就将其从这些盐中完全纯化出来。硝石几次结晶之后所剩下的水仍然含有硝石和其他盐的混合物；经进一步蒸发，就从中获得天然硝石，即工匠们所说的粗硝石，再经两次溶化和结晶，就将其纯化了。

不含硝酸的潮解土质盐在这种制造业中被抛弃了；但是，由被某种上质基中和了的该酸组成的这些盐溶化于水中，土质用草碱来凝结，任其沉淀，然后倾析清液，蒸发，任其结晶。以上提纯硝石的手段可以作为将碰巧混合在一起的盐彼此分离开来的一条一般规则。必须考虑每种盐的本质、每种盐在给定量的水中溶解的比例以及每种盐在热水和冷水中的不同溶解度。如果我们再加上某些盐所具有的能溶化于醇或醇水混合物的性质，我们就有许多办法通过结晶将盐彼此分离开来，不过必须承认，要使这种分离十分完全是极端困难的。

结晶所使用的器皿是陶平底盘 A（图版Ⅱ，图 1 和图 2）和大浅盘（图版Ⅲ，图 7）。当某种盐溶液有畅通的空气，要以大气之热将其缓慢蒸发时，必须使用有某种深度的器皿（图版Ⅲ，图 7），以便能盛相当多的液体；用这种方式产生的晶体有相当大的体积，形状异常规则。

每种盐都以特有的形态结晶，甚至每种盐都依结晶过程中所发生的情况而处于不同的晶体形态之中。我们一定不要由此断言每种盐的粒子的形状都是不确定的。一切物体的原始粒子，尤其是盐的原始粒子都完全不变地呈其特定形状；但是，在我们的实验中形成的晶体则是由细微粒子团集组成的，这些粒子虽然大小和形状完全等同，但却可以取极为不同的排列从而形成多种多样的规则形状，这些形状彼此极不相似，与原始晶体也不相似。阿贝·阿维（Abbé Haüy）已经在提交给科学院的数篇论文以及他关于晶体结构的著作中巧妙地论述了这个主题：唯一要做的只是把他特别应用于某些晶石的那些原理广泛扩展到盐晶族。

第五节　论简单蒸馏

由于蒸馏有两个要达到的截然不同的目的，它可以分成简单蒸馏和复合蒸馏；在本节中，我打算把我所讲的完全限于前者。当要蒸馏两个物体，其中一个比另一个更易挥发，即对热素具有更大的亲和力时，我们的意图就是使它们彼此分离。较易挥发的物质呈气体形态，然后在适当的容器中经冷却而凝结。在这种情况中，蒸馏就与蒸发一样，成为一种机械操作，它将两种物质彼此分离而不使它们分解或者改变其本质。在蒸发中，我们的唯一目的是保持固定物体，并不注意挥发性物质；而在蒸馏中，我们首先注意的一般是挥发性物质，除非我们打算二者都保持住。因此，简单蒸馏不过是在封闭的容器中引起的蒸发而已。

最简单的蒸馏器皿是一种瓶子或长颈卵形瓶 A(图版Ⅲ，图 8)，它由原来的形状 BC 弯成 BD，于是就被叫做曲颈瓶，使用时将其置于反射炉(图版XIII，图 2)或者烧结了的土拱顶之下的沙浴(图版Ⅲ，图 1)之中。为得到产物并使产物凝结，我们配一个接收器 E(图版Ⅲ，图 9)，将其用封泥封到曲颈上。有时候，尤其是在药学操作中，使用带有盖子 B(图版Ⅲ，图 12)的玻璃或石质葫芦形蒸馏瓶 A，或者玻璃蒸馏器与盖子(图 13)。后者靠配有打磨了的水晶活塞带管的开口 T 来控制；葫芦形蒸馏瓶和蒸馏器的盖子都有一条沟或壕 *rr*，用来把凝结了的液体输送进鸟嘴口 RS，液体通过 RS 流出。由于几乎在所有的蒸馏中都产生膨胀的蒸气，蒸气可以使所用的器皿破裂，因此，我们有必要在球形瓶或接收器上开一个小孔 T(图 9)，蒸气由此泄出；因此，用这种蒸馏方式，永久气体产物全都失去了，甚至那些难以失去该状态的产物在球形瓶中也没有足够的凝结空间。所以，这种装置并不适合用来做探索性实验，只能用于实验室或药学中的常规操作。在论述复合蒸馏的一节，我将解释已经设计用来保留这个过程中的全部产物的各种方法。

由于玻璃器皿和陶制器皿非常容易碎，不易经受热冷的突然交替，每一个管理良好的实验室都应当有一个或多个用来蒸馏水、烈酒、精油等等的金属蒸馏器。此装置由一个葫芦形蒸馏器和镀锡的铜或黄铜盖子组成(图版Ⅲ，图 15 和图 16)，适当的时候可以将其置于水浴 D(图 17)中。在蒸馏中，尤其是在烈酒的蒸馏中，必须给盖子配一个不断保持盛满冷水状态的冷却器 SS(图 16)；水变热时就用活塞 R 将其放出，换上新提供的冷水。由于被蒸馏的流体靠炉火提供的热素转化成为气体，那么显然，如果不使它把它在葫芦形蒸馏瓶中得到的所有热素都积存于盖子之中，它就不会凝结，因此严格地讲，蒸馏就不会发生；着眼于此，盖子的每一面必须一直维持在比使蒸馏物质处于气态所必需的温度更低的温度，冷却器中的水就是用于此目的的。水经 80°(212°)的温度、醇经 67°(182.75°)、醚经 32°(104°)转化成为气体；因此，如果冷却器的温度不分别保持在这些度数之下，就不能蒸馏这些物质，或者更确切地讲，它们就将处于气态而跑掉。

在烈酒和其他膨胀性液体的蒸馏中，以上描绘的冷却器不足以使产生的所有蒸汽凝结；因此，在这种情况中，不直接从盖子的鸟嘴口 TU 把蒸馏出的液体接收进接收器，而是将一个蛇管插入它们之间。图版Ⅲ图 18 描绘的就是有一个镀锡铜蛇浴的这种仪器；它由弯成许多螺旋的一个金属管组成。容纳蛇管的容器保持充满冷水状态，冷水变暖时予以更换。这个机械装置用于烈酒的各种蒸馏中，无须盖子和所谓冷却器的干预。图版中所描绘的配有两个蛇管，其中的一个专供蒸馏有气味的物质之用。

在某些简单蒸馏中，必须在曲颈瓶和接收器之间插一个接收管，如图版Ⅲ图 11 所示。这可以用于两个目的，既使不同挥发度的两种产物分离，又使接收器与炉子离开较大的距离以便受热更少。不过，这些仪器以及其他几种古代设计的较复杂的仪器远远不符合现代化学中的精确性需要，这一点在我开始论述复合蒸馏时将很容易看出。

第六节　论　升　华

这个术语用于凝结成固结或固体形态的物质的蒸馏，譬如硫的升华以及盐酸氨即盐氨的升华。这些操作可以在已经描绘了的普通蒸馏器皿中方便地完成，不过，在硫的升华中，通常使用一种称为奥勒德尔（Alludels）的器皿。这些器皿是石质或瓷质器皿，在盛有要升华的硫的葫芦形蒸馏瓶上面相互调节。对于不十分易于挥发的物质来说，一种最好的升华皿是约三分之二埋在沙浴中的烧瓶或玻璃管形瓶；不过用这种方式我们容易失去部分产物。当要完全保留这些产物时，我们必须求助于下一章要描绘的气体化学蒸馏装置。

第六章 论气体化学蒸馏,金属溶解以及需要极复杂仪器的其他某些操作

第一节 论复合蒸馏和气体化学蒸馏

在前一章中,我只论述了作为一种简单操作的蒸馏,通过这种操作,两种挥发度不同的物质可以彼此分离;但是,蒸馏实际上常常使受其作用的物质分解,成为化学中最复杂的一种操作。在每一种蒸馏中,被蒸馏的物质必须通过与热素的化合而在葫芦形蒸馏瓶或曲颈瓶中处于气态。在简单蒸馏中,此热素耗进冷却器或蛇管中了,物质重新恢复其液态或固态,但是受复合蒸馏的物质则绝对被分解了;一部分,譬如这些物质所含的炭,仍然固定在曲颈瓶中,所有其余的元素都被还原成为不同种类的气体。这些气体有些能凝结恢复其固体或液体形态,而另一些则是永久气体状的;这些气体的一部分可被水吸收,有些可被碱吸收,其他的则根本就不能被吸收。前一章所描绘的常规蒸馏装置根本不足以保留或分离这些多种多样的产物,我们只得为此目的而求助于性质更为复杂的方法。

我即将描绘的装置特意计划用于最复杂的蒸馏,可以根据情况简化。它由一个有管口的玻璃曲颈瓶 A(图版Ⅳ,图 1)组成,其鸟嘴口装配到有管口的球形瓶或接收器 BC 上;球形瓶的上口 D 配有一个弯管 DEfa,弯管的另一端 a 插进瓶子 L 所盛的液体之中,此瓶有三个瓶颈 xxx。靠以同样方式配置的三个弯管,把另外三个类似的瓶子与第一个瓶子相连;用一个弯管把最后一个瓶子的最后一个瓶颈与气体化学装置中的广口瓶相连[①]。通常把有确定重量的蒸馏水放进第一个瓶子之中,其他三个瓶子中各有苛性草碱的水溶液。必须精确确定所有这些瓶子以及它们所盛的水和碱溶液的重量。一切安排停当时,必须用粘封泥封住曲颈瓶和接收器之间以及后者的管子 D 的接头处,用亚麻布条盖上,涂上粘鸟胶和蛋白;所有的其他接头都要用蜡和松香共熔制成的封泥封紧。

完成了所有这些安排,并对曲颈瓶 A 施热时,其中所盛物质就被分解,显然,挥发性最小的产物本身必定就在曲颈瓶的鸟嘴口或瓶颈中凝结或升华,大多数固结物质本身都将在这里固定。较易挥发的物质,如较轻的油、氨及其他几种物质,将在接收器 GC 中凝

① 图版Ⅳ图 1 对这个装置的描绘所表达的关于其配置的思想,比用最麻烦的说明所能表达的思想,要丰富得多。——E

结，而最不易受冷凝结的气体则将通过管子，穿过几个瓶子中的液体鼓泡跑出。能被水吸收的将留在第一个瓶子中，能被苛性碱吸收的将留在其他瓶子中；而既不会被水又不会被碱吸收的气体则将通过管子 RM 逸出，在此管末端进入气体化学装置的广口瓶中而被接收。炭、固定土质等等形成曾被称为**废物**（*caput mortuum*）的物质或残留物，则留在曲颈瓶中。

在这种操作方式中，我们总是拥有实质性的精确分析证据，因为在过程结束之后产物合起来的总重量必定恰好等于原来受蒸馏的物质的重量。譬如，如果我们处理了八盎司淀粉或阿拉伯树胶，那么，曲颈瓶中淀粉残留物的重量，连同其瓶颈和球形瓶中收集的所有产物的重量，以及通过管子 RM 接收进广口瓶中的所有气体的重量，加上瓶子所得到的额外重量，一并考虑时，必定正好就是八盎司。如果结果偏低或偏高，则就是误差所致，必须重复实验直至获得令人满意的结果，结果与受实验的物质的重量之差不应大于每磅六或八格令。

在这种实验中，我碰到一个几乎不可克服的困难已经很久了，要不是哈森大拉兹先生给我指出了避免这个困难的极简单的方法，它最后必定会迫使我完全停下来。炉热的一点点减少以及与这种实验分不开的许多其他情况，通常都引起气体的重吸收；气体化学装置池子中的水通过管子 RM 冲进最后一个瓶子，同样的情况一个瓶子接一个瓶子地发生，流体甚至常常压进接收器 C。用有三个瓶颈的瓶子防止这个事故，如图版Ⅳ图 1 所绘，在每个瓶子的一个瓶颈中配一个毛细玻璃管 St、st、$S''t$、$S'''t$，使其下端 t 浸在液体中。无论是在曲颈瓶中还是在任何一个瓶子中，如果有任何吸收发生，那么，靠这些管子，就有足量的外部空气进来填充真空；我们以普通空气与实验产物的少量混合物为代价摆脱了这个不便之处，因而全然防止了失败。虽然这些管子让外部空气进入，但却不让任何气态物质逸出，因为它们总是被瓶子的水封闭在下面。

显然，在用这种装置做实验的过程中，瓶子的液体必定与瓶子中所含气体或空气所维持的压力成比例地在这些管子中上升；此压力由所有后面瓶子中所盛流体柱的高度和重量来确定。如果我们假定每个瓶子盛有三吋流体，而且与上述管子 RM 的口相连的装置的池子中有三吋水，让流体的重量仅仅等于水的重量，那么就得出，第一个瓶子中的空气必定维持与十二吋水的压力相等的压力；因此，水必定在与第一个瓶子相连的管子 S 中上升十二吋，在属于第二个瓶子的管子中上升九吋，在第三个瓶子的管子中上升六吋，在最后一个瓶子的管子中上升三吋；为此，这些管子必须分别做得稍长于十二、九、六和三吋，以为液体中经常发生的振荡运动留出余地。有时候必须在曲颈瓶和接收器之间插入一个类似的管子；由于直到蒸馏进行中聚积了一些液体时管子的下端才浸入液体之中，因此其上端最初必须用一点封泥封闭住，以便根据需要或在接收器中有足够的液体达到其下端之后打开。

当打算处理的物质有非常迅速的相互作用，或者当其中的一种物质只能一小份一小份地相继导入时，由于混合起来就产生剧烈的泡腾，因此，在非常精确的实验中就不能使用这种装置。在这些情况下，我们使用一个有管口的曲颈瓶 A（图版Ⅶ，图 1），将一种物质导入其内，如果要处理的是固体还是将固体导入其中为好；然后我们把一个弯管BCDA用封泥封到曲颈瓶的口上，弯管上端 B 终止于漏斗处，另一端 A 终止于毛细口。实验的流体原料靠此漏斗注入曲颈瓶中，漏斗从B端到C必须做成这样的长度，使导入的流体柱能够抵消所有瓶子(图版Ⅳ，图1)中所盛液体所产生的阻力。

尚未习惯于使用上述蒸馏装置的人们，也许会为这种实验中需要用封泥封许多瓶口并且为事先要做的一切准备所需要的时间而大吃一惊。的确，如果我们考虑到实验前后原料和产物都必须称量，那么，这些预备步骤和善后步骤所需要的时间和注意力比实验本身所需要的要多得多。但是，当实验完全成功时，我们付出的时间和辛劳就全部得到了回报，因为通过以这种精确的方式所进行的过程所获得的关于被探索的植物物质和动物物质的本质的知识，比以通常的方法通过许多星期的辛勤劳动所获得的知识要合理得多、广博得多。

当缺乏三个口的瓶子时，可以用两个口的；假如瓶口足够大，甚至可能在一个口上插进所有三个管子，以便使用通常的阔口瓶。在这种情况中，我们必须仔细给瓶子配上极精确地切削并在油、蜡和松油的混合物中煮沸过的软木塞。这些软木塞必须用圆锉打上容纳管子所必需的孔，如图版Ⅳ图8所示。

第二节　论金属溶解

我已经指出了盐在水中溶化与金属的溶解之间的差异。前者不需要特殊的器皿，而后者则需要新近发明的极为复杂的器皿，以至于我们可以不丢失任何实验产物，从而可以获得关于所发生的现象的真正结论性的结果。一般而言，金属溶解于酸中伴有泡腾，泡腾只是大量空气泡或气态流体泡的离析在溶剂中所激发的一种运动，这些气泡出自金属表面并在液体表面破裂。

卡文迪什先生和普里斯特利博士是收集这些弹性流体的专门装置的最早的发明者。普里斯特利博士的装置极其简单，它由一个带有软木塞B的瓶子A(图版Ⅶ，图2)组成，弯玻璃管BC穿过软木塞，伸至气体化学装置中或者只是装满水的池子中充满水的广口瓶之下。首先把金属放进瓶中，然后把酸倒在上面，立即用软木塞和管子把瓶子封闭起来，如图版所绘。不过这种装置有其不便之处。当酸较浓或者金属较碎时，在我们有时间完全塞住瓶子之前，泡腾就开始了，而且有些气体逸出，妨碍我们精确地确定离析的量。其次，当我们被迫用热或者此过程产生热时，有部分酸蒸馏并且与气体化学装置的水混合，使我们在计算分解了的酸量时出错。除了这些之外，装置的池子中的水吸收产生的所有能够吸收的气体，使无损失地收集这些气体变得不可能。

为消除这些不便之处，我起初使用了一个有两个瓶颈的瓶子(图版Ⅶ，图3)，其中一个瓶颈用封泥封进玻璃漏斗BC以防止任何空气逸出；用金刚砂把一个玻璃棒ED安装在漏斗上以作塞子之用。使用它时，首先把要溶化的物质导入瓶中，然后每当必要时就轻轻提起玻璃棒让酸随我们的意缓慢通过，直至饱和。

后来使用了另一种方法，此方法用于同样的目的，而且在某些场合比刚描述的方法更好。这个方法就在于给瓶子A(图版Ⅶ，图4)的一个口配上一个弯管DEFG，弯管在D处有一个毛细口，在G处以一个漏斗为终端。这个管子牢牢地用封泥封在瓶口C上。当把任何液体倒进漏斗中时，它就落到F处；如果加进足够的量，只要在漏斗里提供另外的液体，它就通过弯曲部分E缓慢地落入瓶中。此液体决不会被压出管子，而且气体不会通过它逸出，因为液体的重量起到了一个精密软木塞的作用。

为防止酸的任何蒸馏，尤其为防止伴热溶化中的酸蒸馏，把这个管子配在曲颈瓶A（图版Ⅶ，图1）上，并且用一个小的有管口的接收器M，任何可以蒸馏的液体都凝结于接收器中。为使任何可被水吸收的气体分离出来，我们加上一个双颈瓶L，半充满苛性草碱溶液；该碱吸收任何碳酸气，而且通常只有一两种气体由管子NO通过而进入相连的气体化学装置的广口瓶中。在这一部分的第一章，我已经指出过如何分离和检验这些气体。如果认为一个碱溶液瓶子不够，可以加上两个、三个或更多个。

第三节　酒发酵与致腐发酵实验中必需的装置

这些操作，尤其是打算做这种实验的操作，需要一套特殊的装置。我即将描述的装置，是做了许多校正和改进之后，最后采用的最适合于此目的的装置。它由一个大长颈卵形瓶A（图版Ⅹ，图1）组成，A约容纳十二品脱，一个黄铜帽 ab 牢牢地黏合在其口上，帽子中旋进一个弯管 cd，弯管上配有一个活塞 e。此管上接有一个玻璃三口接收器B，接收器的一个口与放在它下面的瓶子连通。此接收器后面的口上配一个玻璃管 ghi，在 g 和 i 处黏合着黄铜套筒，用来盛极易潮解的固结中性盐，譬如硝酸石灰或盐酸石灰、亚醋酸草碱等等。这个管子与D和E这两个瓶子连通，D和E中苛性草碱溶液盛至 x 和 y 处。

这个机器的各个部分都用精密的螺旋接起来，接触部分垫上涂了油的皮革以防止空气通过。每个部件都配有两个活塞，用它们可以关闭两端，以使我们能够在任何操作阶段分别称量各个部件中的物质。

把发酵性物质譬如糖与适量的酵母用水稀释放进长颈卵形瓶中。有时候，当发酵过于迅速时，产生大量的泡沫，泡沫不仅堵塞长颈卵形瓶的瓶颈，而且还流进接收器，由此跑进C瓶。为了收集这浮渣和未发酵的汁，防止它到达充满潮解性盐的管子，接收器和相连的管子要做成大容量的。

在酒的发酵中，只离析出碳酸气，它携带着少量溶化状态的水。这水的大部分在通过充满粗粉状潮解性盐的管子 ghi 时积存下来，其量通过盐重量的增加来确定。碳酸气由管子 klm 输送至D瓶，通过D瓶中的碱溶液冒出来。不能被这第一个瓶子吸收任何一点的气体，都被第二个瓶子E中的溶液所获得，以致一般来说，除了实验开始时容器中所盛的普通空气之外，就没有什么东西进入广口瓶F了。

同样的装置极适合腐败发酵实验的需要，不过，在这种情况中，大量氢气通过管子 $qrsu$ 离析出来，氢气由此管输送进入广口瓶F。由于此离析极其迅速，在夏天尤其如此，因此必须时常更换广口瓶。这些腐败发酵需要按照上述情况不断照料，而酒发酵则几乎不需要照料。靠这种装置，我们可以极精确地确定用以发酵的物质重量以及离析出的液体和气体产物的重量。关于酒发酵的产物，可以查阅我在第一部分第八章所讲的内容。

第四节　分解水的装置

由于在本书的第一部分中已经说明了与水的分解有关的实验，因此，在这一节中我将避免不必要的重复，只就这个主题发表一点概括性的意见。具有分解水的力量的主要物质是铁和炭；为此目的，需要使它们达到并保持炽热状态，否则，水就只变成蒸汽，然后经冷却而凝结，连最小的质变都不发生。相反，处于炽热状态时，铁或炭从氧与氢的结合物中夺走氧；在第一种情况中，产生黑色氧化铁，氢以纯气体形态离析出来；在第二种情况中，形成碳酸气，它离析出来混有氢气；这后者一般被碳化，即拥有溶化状态的炭。

没有枪栓的滑膛枪管极适合用来以铁分解水，枪管应当选择很长很坚固的。当枪管太短以致冒使封泥过热的危险时，要把一个铜管牢固地焊接在其一端。把枪管置于一个长炉子 CDEF(图版Ⅶ，图 11)之中，使其从 E 到 F 有一定程度的倾斜；把玻璃曲颈瓶用封泥封到其上端 E 上，曲颈瓶中盛有水并被置于炉子 VVXX 之上。较低的一端 F 用封泥封到蛇管 SS 上，蛇管与有管口的瓶子 H 相连接，操作过程中任何蒸馏了而没分解的水便聚集在此瓶之中，离析的气体则由管子 KK 输送到气体化学装置中的广口瓶。可以用一个漏斗代替曲颈瓶，漏斗的下部用一个活塞关闭，让水通过活塞逐渐滴进枪管之中。水一经与铁的受热部分接触就立即转化成为水蒸气，实验以同样方式继续进行，就好像它是以蒸汽状态从曲颈瓶中提供的一样。

在由默斯尼尔先生和我当着科学院的一个委员会所做的实验中，我们采取了一切预防措施以在我们的实验结果中获得最大可能的精确性，甚至在我们开始之前就把所使用的所有器皿都抽空了，以使得到的氢气不与氮气相混合。这个实验的结果以后将在一篇详尽的论文中给出。

在许多实验中，我们不得已使用玻璃、瓷质或铜质的管子代替枪管。但是，如果热增加得稍有一点点过高，玻璃就有易于熔化和变扁的缺点；陶瓷多半充满微孔，气体通过微孔逸出，当受水柱压缩时尤其如此。由于这些原因，我弄到了一个黄铜管，此管是德·拉·布里谢先生在斯特拉斯堡亲自检验为我铸造并用实心铸件镗制而成的。这个管子极便于分解醇，醇分解成为炭、碳酸气和氢气；它可以同样用来有效地通过炭分解水，在大量这种性质的实验中用它也都方便。

第七章　论封泥的组成与用法

把化学器皿的接头处彻底封严以防止任何实验产物逸出的必要性，必定是十分明显的；使用封泥就是为了这个目的，封泥应当具有这样的性质，即最细微的物质同样不能穿透它，像玻璃那样只有热素能穿过它逸出。

用与约八分之一份松油共熔的蜂蜡便很好地达到了这第一个目的。这种封泥非常容易处理，粘玻璃非常严密，而且非常难以穿透；通过添加不同种类的树脂物质，它可以变得更坚固，其硬度和柔性变得或弱或强。尽管这种封泥极适合用以保留气体和蒸气，但是却有许多产生大量热的化学实验使这种封泥液化，因此膨胀性的蒸气必定容易强行通过而逸出。

对于这些情况来说，下述粘封泥是迄今所发现的最好的封泥，不过它也不是没有将要指出的缺点。把非常纯而干的未经烧结的黏土研成非常细的粉末；将其放进研臼之中用很重的铁杵捣几个小时，缓慢滴进一些煮沸过的亚麻子油；这是已经被氧化了并且已经与铅黄共沸而获得了干燥品质的油。如果用琥珀漆代替上述油，则此封泥就更粘，更好用。为制得这种漆，在一个长柄铁勺中熔化一些黄琥珀，通过这个操作黄琥珀失去部分琥珀酸和精油，再将它与亚麻子油混合。虽然用这种漆制备的封泥比用煮沸过的油制备的更好，然而由于其优良的品质几乎不能补偿其额外的花费，因此它很少使用。

上述粘封泥能够经受极高的热度，不能被酸和烈酒穿透，而且，如果金属、石制品或玻璃事先已完全弄干了的话，此封泥可十分令人满意地黏合它们。不过遗憾的是，如果实验过程中在玻璃与封泥之间或者在封泥层之间有任何液体通过而部分弄湿了的话，它就极难封闭和打开。这是使用粘封泥所要注意的主要的不便之处，也许是唯一要注意的不便之处。由于它受热易于变软，我们必须用湿膀胱包住接头处的封泥，并用双股绳在接头的上下扎紧；膀胱及其下面的封泥必须用双股绳绕许多圈将其全部缠住扎紧。通过这些预防措施，我们可以摆脱意外事故的危险；用这种方式扎紧了的接头在实验中可以认为是密封了的。

接头的形状常常碰巧妨碍绑扎，这就是前面所述三颈瓶的情况；甚至需要极灵巧使用双股绳而不使装置振动；以便在需要用封泥封的地方，我们能够在扎紧一个的同时代替扎几个。在这些情况中，我们可以用涂上了与石灰混在一起的蛋白的亚麻布，来代替湿膀胱。这些亚麻布条要在还是潮湿的时候用，它们干起来非常迅速，而且达到很强的硬度。溶解于水的强胶可以成功地代替蛋白。用蜡和松香一起封住了的接头上面用这些带子也很有效。

在用封泥之前，器皿的所有接头都必须精密牢固地相互装配，以免其移动。如果要把曲颈瓶的鸟嘴口用封泥封到接收器的颈上，应当相当精密地装配它们；否则我们就必须插进软木小片固定它们。如果二者十分不相称，我们必须给接收器的颈配一个软木塞，软木塞有一个直径适当的圆孔以容纳曲颈瓶的鸟嘴口。在把弯管装配到图版Ⅳ图 1 所绘装置及其他性质类似的装置中的瓶颈上时，必须有同样的预防措施。每个瓶子的每个口都必须配一个软木塞，软木塞有一个为容纳管子而用适当大小的圆锉打的孔。当打算用一个口容纳两个或更多个管子时，这常常发生在我们稍有足够数量的二颈瓶或三颈瓶的时候，我们必须使用有两个或三个孔的软木塞（图版Ⅵ，图 8）。

当整个装置这样牢固地结合起来以致没有任何一个部件能够影响另一个部件时，我们就开始用封泥封。通过手指之间的捏揉，必要时借助于热，使封泥变软。把它捏成圆筒状用于接头上，极小心地使它把每一个部件都装严密、粘牢固；在第一层封泥上卷上第二层使其每一侧都卷上，直至每一个接头都被充分盖住；此后，必须把以上指出的膀胱片或亚麻布片仔细地包住所有的接头。尽管这种操作可能看起来极为简单，然而却需要特别的灵巧和手段；在用封泥封一个接头时必须极为小心，不要弄乱了另一个接头，在用包带和扎条时尤其如此。

在任何实验开始之前，总是应当通过稍微加热一下曲颈瓶 A（图版Ⅳ，图 1），或者通过一些垂直的管子 S、*s*、*s*、*s* 吹进一点空气，事先对泥封的严密性进行检验；压力的改变引起这些瓶子中液面的变化。如果装置封得很精密，那么，液面的变化就将是持久的；而如果在任何一个接头上有最小的孔洞的话，液体就将很快恢复其以前的高度。必须永远记住，现代化学实验的所有成就都依赖于这种操作的精确性，因此它需要极度的耐心和最细微的精密。

使化学家，尤其是使那些从事于气体力学过程研究的化学家们能够省却封泥的使用，至少是减少复杂仪器中所必需的泥封数目，是无限有用的。我曾经考虑这样建构我的装置，即在带有水晶活塞的瓶子的通道上配上金刚砂把所有的部件都联结起来；但是实施这个计划极其困难。后来我认为在泥封的地方用几吩汞柱代替更可取，并且让人根据这个原理建造了一套装置，它似乎能够非常方便地用于许多情况之中。

它由一个重颈瓶 A（图版Ⅻ，图 12）组成；内颈 *bc* 与瓶子内部相通，外颈或外缘 *de* 使两颈之间留有间隙，形成一道打算用来盛汞的深槽。玻璃帽或玻璃盖 B 进入这道槽，将其适当安放在槽上，玻璃帽的较低边缘处是凹口，用来让输送气体的管子通过。这些管子不像常规装置中那样直接插进瓶子，而是有一个图 13 所示的双弯，用以使其进入槽中，并与瓶帽 B 的凹口相配；它们再从槽中上升，越过内口的边缘进入瓶子内部。当管子安排在适当位置上并稳牢地装上帽子时，将槽子盛满汞，瓶子靠汞就排除了任何沟通的可能性，除非通过管子进行沟通。在所使用的物质不对汞发生作用的许多操作中，这套装置也许都非常方便。图版Ⅻ图 14 描绘了一套根据这个原理装配起来的装置。

我常常受惠于塞甘先生的许多主动而富于才智的帮助，他曾经在玻璃厂里向我证明，一些曲颈瓶与其接收器密封地联结起来，靠此全然不需要泥封。

第八章　论燃烧与爆燃操作

第一节　燃烧通论

根据我在本书第一部分已经说过的，燃烧就是由可燃物体引起的氧气的分解。形成这种气体的基的氧被燃烧物体吸收并与之化合，同时游离出热素和光。因此，每一种燃烧必定都意味着氧化；相反，并非每一种氧化必定都意味着伴有燃烧；因为严格说来，所谓燃烧没有热素和光的离析就不能发生。在燃烧能够发生之前，氧气的基对可燃物体的亲和力必定应当比它对热素的亲和力大；用伯格曼的措辞就是，这种有择吸引只能在一定的温度上发生，此温度因每种可燃物质而异；因此，通过靠近加热了的物体引起第一运动或开始每一种燃烧是必要的。加热我们打算燃烧的任何物体的必要性依赖于某些考虑，这些考虑迄今尚未引起任何自然哲学家的注意，由于这个原因，我将在这个地方稍微详细地论述这个主题。

自然界目前处于平衡状态，这种平衡状态直至在通常的温度下可能的自发燃烧或氧化得以发生才能达到。因此，不打破这种平衡并把可燃物质升至较高的温度，新的燃烧或氧化就不能发生。要用例子说明关于这个问题的抽象观念：让我们假定地球的常温有一点变化，假定它只升高至沸水的程度；显然，在这种情况中，在低得多的温度中可以燃烧的磷，就不再会以其纯粹和简单状态存在于自然界之中，而总是会处于其酸态或氧化态，其根就会成为不为化学所知的一种物质了。通过逐渐升高地球的温度，一切能够燃烧的物体都会相继发生同样的情况；最后，每一种可能的燃烧都发生，无论任何可燃物体都不再会存在，因为每一种可受这种操作影响的物质都会被氧化，因此也就是不可燃烧的了。

因此，就与我们有关而言，除了在地球的常温中不可燃烧的物体之外，不可能存在任何可燃物体；换言之也一样，即，每种可燃物体如果不加热，即如果不将其升高到自然发生燃烧的温度，就必须不具有燃烧性质。一旦达到这个温度，燃烧就开始，而且由于氧气分解而离析出的热素就维持持续燃烧所必需的温度。当情况不是这样时，即当离析的热素不足以维持必需的温度时，燃烧就停息了。用普通语言表达这种情况，就是说物体烧得不完全或者很困难。

尽管燃烧与蒸馏，尤其是与复合的这种操作，具有某些共同的情况，但它们在非常实质性的一点上却不同。在蒸馏中有物质的部分元素彼此分离，并且在蒸馏过程中温度升高时发生的亲和力使这些元素以一种新的次序化合。这也发生于燃烧之中，但是却有进一步的情况，即物体中原本没有的一种新元素发生作用；氧加给了被操作的物质，热素则被离析了。

在伴有燃烧的所有实验中必须使用气体状态的氧以及必须严格确定所使用的量，使这种操作变得特别麻烦。由于几乎所有燃烧产物都以气体状态离析，保留它们甚至比保留复合蒸馏过程中所提供的气体更为困难；因此，这种预防措施就被古代化学家们完全忽视了；这种实验设备就独属现代化学了。

由于已经以一般方式指出了在燃烧实验中要考虑到的目的，因此，在本章以下各节中，我开始描述我为此目的所使用过的不同仪器。以下安排不是根据可燃物体的类别而是根据燃烧所必需的仪器的类别而形成的。

第二节 论磷燃烧

在我们着手的那些燃烧之中，在水装置（图版Ⅴ，图1）中将至少能容六品脱的广口瓶盛满氧气；当广口瓶完全盛满，以致气体开始从下面涌出时，将广口瓶A移往汞装置（图版Ⅳ，图3）。然后我们用吸墨水纸把广口瓶内外的汞面弄干，在把纸插到广口瓶下面之前小心将纸浸入汞中保持一些时间，以免让普通空气进去，普通空气非常顽强地粘在纸的表面。首先把要用来燃烧的物体放在精密的秤中极精确地称量，然后将其放入铁质或瓷质小浅底盘D中；用一个大杯子P将此盖住，大杯子起分割钟罩的作用，再把整个通过汞放进广口瓶中，此后将大杯子撤掉。以这种方式使燃烧材料通过汞的困难，要以通过将广口瓶A的某一边升高一下，尽可能迅速地把可燃物体塞进小杯D来避免。在这种操作方式中，少量普通空气进入广口瓶，不过这无足轻重，在任何可以察觉的程度上既无损于实验的进行又无损于实验的精确性。

当D杯放入广口瓶之下时，我们吸出一部分氧气，以使汞升至EF处，如前面第一部分第五章中所指出的那样；否则，当燃烧物体着火时，膨胀的气体就会被部分压出去，我们就不再能够对实验前后的量做任何精确的计算。极方便的吸出空气的方式，是靠配有虹吸管GHI（图版Ⅳ，图3）的气泵注射器，用此注射器可以使汞上升到二十八吋以下的任何高度。极易燃的物体如磷，用炽热的弯铁丝MN（图版Ⅳ，图16）快速通过汞来点火。不易点燃的物体则用一点引火物，引火物上固定有微小的磷粒子，磷在用炽热铁丝点火之前就放在要点火的物体上。

在燃烧的最初瞬间，受热了的空气变稀薄，汞下降；但是，当在磷和铁燃烧过程中不形成弹性流体时，不久吸收就十分明显，汞就上升进入广口瓶中。必须十分注意在一定量的气体中燃烧的任何物质的量都不可以太大，否则，在接近实验终了时，杯子就会离广口瓶很近，以致由于产生的强热及冷汞引起的突然冷却使其受破裂之危。关于测量气体体积的方法，以及根据气压计和温度计等等校正量具的方法，见这一部分第二章的第五和第六节。

上述方法极适合燃烧所有的固结物质甚至固定油。后者在广口瓶之下的灯中燃烧，用引火物、磷和热铁易于点着。但是，对于诸如醚、醇和精油之类的易蒸发物质来说，这是危险的；这些物质大量溶解于氧气之中；一着火，就发生危险而突然爆炸，把广口瓶抛得很高，将其击成无数碎片。科学院的一些成员和我本人有两次险些挨炸。此外，虽然这种操作方式足以相当精确地确定被吸收的氧气量和产生的碳酸量，但是，由于对含有过量氢的植物物质和动物物质所做的一切实验中还形成了水，因此这套装置既不能收集水也不能确定水的量。用磷做的实验甚至是不完善的，因为不可能证实产生的磷酸重量等于燃烧的磷重量与此过程中吸收的氧气重量之和。因此，我不得已根据情况改变了仪器，并且使用了几种不同的仪器，我将从用来燃烧磷的仪器开始，按次序描述这些不同的仪器。

取一个大水晶或白玻璃球形瓶A(图版Ⅳ，图4)，球形瓶有一个直径约为二吋半或三吋的瓶口EF，用金刚砂给瓶口精确地配上一个黄铜帽，黄铜帽有两个让管子 *xxx* 和 *yyy* 通过的孔。在用盖子关闭球形瓶之前，将支座BC放入其内，支座上放上盛有磷的瓷杯。然后用粘封泥封上瓶帽，让其干燥数日，精确称量；此后，用与管子 *xxx* 相连的空气泵抽空球形瓶中的空气，通过管子 *yyy* 从这一部分第二章第二节所描绘的气量计(图版Ⅷ，图1)将其充满氧气。然后用取火镜将磷点着，让其燃烧，直至固结的磷酸云使燃烧中止，同时不断由气量计提供氧气。装置已经冷却时称重并打开泥封；扣除仪器的皮重，剩下的就是所盛磷酸的重量。为了更加精确，检验燃烧之后球形瓶中所盛空气或气体是适当的，因为也许它碰巧稍重或稍轻于普通空气；在关于实验结果的计算中必须考虑这种重量之差。

第三节　论炭燃烧

我用于此过程所使用的装置由一个小圆锥锻铜炉组成，如图版Ⅻ图9透视图所绘，其内部如图11所示。它分为燃烧炭的炉体ABC、炉箅 *de* 和灰孔F；炉子拱顶中间的管子GH用来导入炭，并用作放出燃烧用过了的空气的烟筒。通过与气量计相通的管子 *lmn*，把打算用来维持燃烧的氢气或空气送进灰孔 *F*，通过对气量计施加压力，由灰孔迫使氢气或空气通过炉箅 *de*，吹到直接放于其上的燃烧的炭上。

在与炭的燃烧过程中，占大气$\frac{28}{100}$的氧气变成碳酸气，而氮气则根本不发生变化。因此，炭在大气中燃烧之后，必定留下了碳酸气和氮气的混合物；为了让此混合物通过，在G处用一个螺旋给烟筒GH配上管子 *op*，把气体输送进半盛满苛性草碱溶液的瓶子之中。碳酸气被碱吸收，氮气输送进第二个气量计，在此气量计中确定其量。

首先精确确定炉子ABC的重量；然后通过烟筒GH将已知重量的管子RS插进去使其下端搁在炉箅 *de* 上，下端完全占据炉箅；接下来将炉子装满炭，再将整个装置加以称量以知道用来做实验的炭的精确量。于是将炉子放就位，把管子 *lmn* 拧紧与气量计连通，把管子 *op* 拧紧与碱溶液瓶子连通。一切准备就绪，打开气量计活塞，把一小块燃烧的炭投进管子RS，立即将此管撤掉，把管子 *op* 拧到GH上。小炭块落至炉箅上，以这种方式到达所有炭的下面，通过来自气量计的空气流保持着火状态。为确信燃烧开始和完全继续，把管子 *grs* 安装到炉子上，此管上端 *s* 粘接有一片玻璃，通过它我们可以看见炭是否着火。

上面我忘了说炉子及其附件放在池子 TVXY(图版Ⅻ,图 11)中的水中,必要时可以加冰起缓和热的作用;不过,此热并不是很强,因为除了来自气量计的空气之外并无任何其他空气,而且至多只是直接在炉箅上的炭同时在燃烧。

一块炭烧完时,由于炉壁倾斜的缘故另一块炭就落入其位置中;此炭进入来自炉箅 *de* 的空气流之中并且燃烧;依此相继,直至全部炭都燃尽。供燃烧之用的空气通过炭块,受气量计之压通过管子 *op* 逸出,再通过碱溶液瓶子。

这个实验提供了大气和炭的完全分析所必需的全部数据。我们知道消耗了的炭的重量;气量计给我们度量了所用的空气;燃烧之后所剩下的气体的量和质可以确定,因为它要么被接收在另一个气量计中,要么被接收在气体化学装置中的广口瓶中;留在灰孔中的灰量容易确定;量后,碱溶液瓶子所得到的增加的重量就给出了这个过程中所形成的碳酸的确切量。用这个实验,我们还可以足够精确地确定炭和氧以何种比例成为碳酸的组成部分。

在将来的一篇论文中,我将向科学院说明我用仪器对所有植物炭和动物炭所做过的一系列实验。通过极微略的改动,就可以使这台机器用来观察主要的呼吸现象。

第四节 论油燃烧

油就其本质而言与炭相比是较为复合的,它们至少由炭和氢这两种元素化合而成;当然,它们在普通空气中燃烧之后,剩下的是水、碳酸气和氮气。因此,它们燃烧所使用的装置需适合收集这三种产物,因此也就比炭炉更为复杂。

我用于这个目的装置由一个大广口瓶或罐子 A(图版Ⅻ,图 4)组成,在其上缘 DE 处的外围适当粘接一道铁边,在 BC 处收口,以便在 BC 与广口瓶的外壁之间留下一道略深于两吋的沟或槽。广口瓶的盖子(图 5)也围有一道铁边 *fg*,铁边适合放进盛满汞的槽 *xx*(图 4)之中,盖子具有不用封泥就马上密封住广口瓶的作用;由于槽将容纳约两吋汞,因此,可以使广口瓶的空气承受两呎多水的压力而没有使其泄出的危险。

盖子有 *Thik* 四个孔,以使同样数目的管子通过。开口 T 装有一个皮盒,通过皮盒的是一个打算用来升降灯芯的杆,此杆以后将指出。其他三个孔打算用来通过三个不同的管子,其中一个把油输送到灯,第二个输送维持燃烧的空气,第三个在空气起燃烧作用之后将其送出。油在其中燃烧的灯如图 2 所绘;*a* 是贮油器,有一个用来盛油的漏斗;*bcdefgh*是把油输送给灯 11 的虹吸管;7、8、9、10 是为燃烧把空气从气量计输送给同一盏灯的管子,管子 *bc* 下端 *b* 在外部形成一个阳螺旋,旋进贮油器 *a* 的盖子中的阴螺旋之中;以便通过某种方式旋转贮油器,使其上升或下降,以此把油保持在必须的水平上。

要注满虹吸管并连通贮油器和灯时,将活塞 *c* 关上,将 *e* 处打开,从虹吸管顶部的开口 *f* 注入油直至油在里面上升至灯上缘的三或四吩;然后关上活塞 *k*,将 *c* 处打开;然后在 *f* 处注入油至将虹吸管分支 *bcd* 注满,然后关上活塞 *e*。此时虹吸管的两个分支完全盛满,贮油器和灯完全连通。

图版Ⅻ图 1 中放大绘出了灯(图 2)的所有部件以清楚地显示它们。管子 *ik* 把油从贮油器输至容纳灯芯的腔 *aaaa*；管子 9、10 将空气从气量计引出以维持燃烧；此空气通过腔 *dddd* 扩散，并且靠通道 *cccc* 和 *bbbb*，按照阿甘德(Argand)、奎因奎特(Quinquet)和兰格(Lange)提出的灯具原理分配到灯芯的每一边。

为使这整个复杂装置更易于理解，以及以此装置的说明能够使所有其他相同种类的装置更易于领会，图版Ⅺ中描绘了完全连接起来以供使用的装置。气压计 P 通过管子和活塞 1、2 为燃烧提供空气；管子 2、3 与第二个气量计相连，在此过程中当第一个气量计空了时将第二个气量计充满，以能不使燃烧中断；4、5 是一个充满潮解性盐的玻璃管，用以在空气通道中尽可能地干燥空气；由于在实验开始时已知此管及其所容纳盐的重量，因此也就容易确定这些盐从空气中所吸收的水量。由此潮解管空气通过导管 5、6、7、8、9、10 传导至灯 11，在这里如前所述扩散到灯芯的两边，供给火焰。此空气的一部分，即用以维持油燃烧的部分，通过氧化其元素而形成碳酸气。此水部分凝结在 A 罐的壁上，另一部分靠燃烧提供的热素而在空气中处于溶化状态。此空气受气量计之压通过管子 12、13、14、15，进入瓶子 16 和蛇管 17、18，在这里，水由于空气的冷却而完全凝结；如果还有任何水仍处于溶化状态的话，也被管子 19、20 所容纳的潮解盐所吸收了。

所有这些措施都只是用来收集和确定实验过程中形成的水量的；碳酸和氮气仍有待确定。前者用瓶子 22 和 25 中的苛性碱溶液来吸收。我在图中只绘出了两个瓶子，但是至少需要九个；这一系列瓶子中的最后一个可以半充满石灰水，石灰水是指示碳酸存在的最可靠的试剂；如果石灰水不变混浊，我们就可以确信该酸在此空气中的量察觉不到。

已经供燃烧之用剩下的空气虽然仍混有相当分量的未经过燃烧、未发生变化的氧气，但却主要由氮气组成，此空气通过第三个潮解盐管 28、29 而失去其在碱溶液瓶子和石灰水瓶子中可能已经获得的水分，由此通过管子 29、30 进入一个气量计之中，在这里确定其量。然后用它做小试验，使其受硫化草碱的作用，以确定它所含的氧气和氮气的比例。

在油的燃烧中，灯芯最终被烧焦，妨碍油的上升；此外，如果我们把灯芯升到一定高度之上，那么，通过其毛细管上升的油就多于能够消耗的空气流，也就产生了烟。因此，必须不打开装置就能够延长或缩短灯芯；这靠杆子 31、32、33、34 来完成，它通过一个皮盒与灯芯支座相连；而且，此杆的运动，因而灯芯的运动就可以极光滑极灵巧地得到调节，它通过在齿轨上运转的一个小齿轮随意移动。图版Ⅻ图 3 描绘的就是此杆及其附件。据我看来，似乎用图版Ⅻ中所绘两头开口的小玻璃广口瓶将灯焰围住，会助燃。

我不必更详尽地描述此装置的建造，此装置在许多方面仍然可以改动和调整，我只是要补充说，要在实验中使用此装置时，必须精确称量容纳了油的灯和贮油器，此后再像前面指出的那样将其放置并点燃；然后在气量计和灯中的空气相通之后，用一个板子 BC 和两根铁杆将外面的广口瓶 A(图版Ⅺ)从上到下固定起来并弄紧，铁杆与板子和盖子相连并且用螺丝拧住。在广口瓶调整盖子时，就有少量油燃烧，而此燃烧的产物失去了；同时，来自气量计的空气也有少量损失。这二者在范围广泛的实验中无足轻重，而且在我们的计算中甚至可以估算它们。

在一篇详尽的论文中，我将向科学院说明与这种实验分不开的种种困难。这些困难如此难以克服、如此令人烦恼，以致我迄今还完全不能严密确定产物的量。然而，我已经有充分证据证明，固定油在燃烧过程中完全分解成为水和碳酸气，因此它们是由氢和炭组成的；不过，我还没有把握知道这些成分的比例。

第五节 论醇燃烧

醇的燃烧在已经描述了的适合于炭和磷燃烧的装置中很容易就可以完成。将一盏盛满醇的灯置于广口瓶 A（图版Ⅳ，图 3）之下，把一点点磷放在灯芯上，如前所述，灯芯用赤铁点着。然而，这个方法有极不方便之嫌；在实验开始时使用氧气以免爆燃，这是危险的，使用普通空气时甚至都发生爆燃。最近在科学院的一些成员面前，就有一个对我本人来说证明是致命的事例。我没有像往常那样在要做实验时准备实验，而是在前一个晚上就将一切都安排妥当；因此，广口瓶的大气就有足够的时间溶解大量的醇；这种蒸发甚至被汞柱的高度大大促发，我已经将汞柱升至 EF（图版Ⅳ，图 3）处。我一试图用炽热铁将一点点磷点着，就发生了剧烈的爆炸，把广口瓶猛向实验室的地面上抛击，将其击成无数碎片。

因此，我们用这种方式只能处理非常少量譬如十或十二格令的醇；而在处理量这么少的实验中可能犯的错误就会妨碍我们信任其结果。在载于《科学院文集》1784 年第 593 页的实验中，我曾通过首先在普通空气中点燃醇，然后按照消耗的比例给广口瓶提供氧气，尽力使燃烧延长；但是此过程产生的碳酸气成为燃烧的极大障碍，以致醇更难以燃烧，尤其比在普通空气中更糟，结果用这种方式甚至连极少量的都不能燃烧。

也许这种燃烧在油装置（图版Ⅺ）中会较为成功；不过我迄今尚未敢去试。燃烧在其中完成的广口瓶大小接近 1400 立方吋；假若在这样一个容器中发生爆炸，其后果就会极糟，而且极难防范。然而，迄今我还没有丧失进行尝试的信心。

由于所有这些困难，迄今我只得把我的实验限于对极少量醇的实验，或者至少是限于诸如图版Ⅸ图 5 中所绘的敞开容器中所进行的燃烧，此容器将在本章第七节加以描述。如果我任何时候能够消除这些困难，我就将重新开始这种探索。

第六节 论醚燃烧

虽然醚在封闭容器燃烧不出现与醇燃烧相同的困难，然而，它却含有某种不同的、更不易克服的困难，仍然妨碍我的实验进展。我竭力利用了醚所具有的溶解于大气并且使其变得易燃而不爆炸的性质。为此目的，我建造了一个贮醚器 *abcd*（图版Ⅻ图 8），空气通过管子 1、2、3、4 从气量计送至贮醚器。此空气首先在贮醚器的双盖中扩散，由此通过 *ef*、*gh*、*ik* 等 7 个下端通往醚的底部的管子，并且受气量计之压通过贮醚器中的醚而沸腾。我们可以用一个附加的贮醚器 E，按照被空气溶解并被带走的醚的比例，恢复第一个贮醚器中的醚，附加的贮醚器用一个十五或十八吋长的黄铜管及一个活塞连接。连接管的这个长度使下降的醚能够战胜来自气量计的空气的压力所引起的阻抗。

于是，载有醚蒸气的空气就由管子5、6、7、8、9通往广口瓶A，让它在广口瓶中从一个毛细口逸出，在其终端点火。空气满足了燃烧之目的时，就通过瓶子16(图版Ⅺ)，蛇管17、18及潮解管19、20，此后通过碱瓶；在这些瓶子中，其碳酸气被吸收，而实验过程中形成的水则在装置的前面部件中已经先沉积下来。

我让人建造这个装置时，我曾假定大气和醚在贮醚器 *abcd*(图版Ⅻ图8)中是以维持燃烧的恰当比例形成化合物的；但是我在这一点上错了；因为有许多过量的醚；以致使其充分燃烧必须有一定量的补充大气。因此，根据这些原理建造的灯要在普通空气中点燃，普通空气提供燃烧所必需的氧量，不过，灯不能在封闭的容器中点燃，空气在封闭的容器中得不到更换。由于这个情况，我的醚灯在点燃并关闭在广口瓶A(图版Ⅻ图8)中之后不久就熄灭了。为补救这个不足，我曾用侧管10、11、12、13、14、15给灯送大气，我把大气环绕火焰进行分配；但是，火焰极端稀薄，以致最柔和的空气流就将其吹熄了，结果我迄今还没在燃烧醚方面取得成功。然而，我还没有丧失能够用我即将对此装置进行的某些改变来完成它的信心。

第七节　论氢气燃烧与水的形成

在形成水时，在燃烧之前皆处于气态的氢和氧这两种物质通过这种操作转变成为液体或水。如果能够得到完全纯净的这两种气体，以致它们可以燃烧而无任何残留物的话，这个实验就非常容易，而且只需非常简单的仪器。在这种情况中，我们可以在非常小的容器中操作，而且，按适当比例不断提供两种气体，我们就可以使燃烧无限持续下去。但是，迄今化学家们仅仅使用了混有氮气的氧气；由于这种情况，他们只能在封闭的容器中使氢气的燃烧维持非常有限的时间，因为，由于氮气残留物不断增加，空气最后变得如此之赃致使火焰变弱而熄灭。这种麻烦随所使用的氧气的不纯程度而变大。由于这种情况，我们要么必须满足于处理的量少，要么必须不时地抽空容器，以除去氮气残留物；但是，在这种情况中，实验过程中形成的一部分水因抽气而蒸发；而引起的误差对此方法的精确性来说是较危险的，使得我们没有估计它的可靠手段。

这些考虑使我想用完全没有掺和任何氮气的氧气来重复气体化学的主要实验；这可以从氧化盐酸草碱获得。从此盐提取的氧气除非偶然，似乎不合氮，以致通过适当的措施可以获得完全纯的氧气。在此期间，第一部分第八章水重组实验中所述默斯尼尔先生和我用来燃烧氢气的装置，将符合这个意图，这里不必重述此装置；当获得了纯气体时，除了可以缩小容器的容量之外，这个装置将不需要改动。见图版Ⅳ图5。

燃烧一旦开始，就持续相当的时间，但却随着燃烧留下的氮气量增加的比例而逐渐减弱，直至最后氮气超过这样的比例，使燃烧不再能够维持，火焰熄灭。必须防止这种自发的熄灭，因为由于氢气在其贮存器中受一吋半水的压力，而氧气只承受三吩的压力，因此在球形瓶中就会发生二者的混合，而混合物就会被较大的压力压进氧气贮存器之中。因此，每当火焰变得非常微弱时，就必须关闭管子 *dDd′* 的活塞来中止燃烧；为此目的，必须留意守视它。

还有另外一种燃烧装置，虽然我们不能用它以与用上述装置同样一丝不苟的精确性来完成实验，但这种装置却给出极端适合于在各门哲学化学课程中演示的引人注目的结果。它由一个置于金属冷却器ABCD中的蛇管EF(图版Ⅸ，图5)组成。此蛇管的上部E固定着烟筒GH，烟筒由两个管子组成，内管是蛇管的延续，外管是一个镀锡铁皮套，铁皮套约在一吋距离处围住内管，间隔中填满沙。在内管下端K固定一个玻璃管，我们给它配一盏阿甘德灯LM用以燃烧醇等等。

器具这样安排妥当，灯充满一定量的醇时，就点火；燃烧过程中形成的水在烟筒KE中上升，在蛇管中凝结，在其F端流出进入P瓶。间隔中填满了沙的烟筒双管用来防止管子在其上部冷却，防止使水凝结；否则，它就会在管中落回来，我们就不能确定其量，而且它会一滴一滴地落到灯芯上使火焰熄灭。这种建构的意图是使烟筒总是保持热的状态，使蛇管总是保持冷的状态，以使水上升时可以维持处于蒸气状态，并且一进入装置的倾斜部分就能够立即凝结。此装置由默斯尼尔先生设计，我在《科学院文集》1784年第593页曾加以描述，我们用这个装置，注意总是保持蛇管处于冷的状态，就可以从燃烧十六盎司醇而收集到差不多十七盎司水。

第八节　论金属氧化

氧化或煅烧这个术语主要用来表示金属受一定程度的热，通过吸收空气中的氧而转化成为氧化物的过程。这种化合的发生，是由于氧在一定的温度所具有的对金属的亲和力，比对以游离态离析的热素的亲和力大的缘故；但是，由于这种离析在普通空气中发生时是缓慢而渐进的，因此人们的感觉几乎不明显。然而，当氧化发生于氧气中时，情况就完全不是这样了；因为此氧化的产生快得多，一般伴有热和光。以致明显地显示出金属物质是真正的可燃物体。

所有的金属对氧并非都有相同的亲和度。譬如，金、银和铂甚至在已知最强的热中都不能从它与热素的化合物中将其夺走；而其他金属则大量或少量吸收它，直至金属对氧的亲和力以及后者对热素的亲和力处于严格的平衡。的确，可以假定亲和力的这种平衡状态在所有化合物中是一条普遍的自然规律。

在所有这种性质的操作中，给空气提供畅通无阻的通路，可以加速金属的氧化；结合风箱的作用，有时候对氧化大有帮助，风箱把空气流直接送至金属表面。如果用氧气流，这个过程就快得多，这靠前面所述的气量计就容易做到。在这种情况中，金属发生耀眼的光辉，氧化完成得非常快；但是这种方法因为花费制得的氧气而只能在非常有限的实验中使用。在矿石试验及所有普通的实验室操作中，金属的煅烧或氧化通常都是在置于坚固炉子中通常称为烤钵(*roasting test*)的烧制陶盘(图版Ⅳ，图6)中完成的。为了把另外的表面朝着空气，常常拌动要氧化的物质。

每当完成的操作所处理的金属不是挥发性的并且在这个过程中没有什么东西由之挥发进入周围空气之中时，该金属就得到额外的重量；但是，氧化过程中重量增加的原因从来就没能靠畅通空气中完成的实验发现过；而且，关于这种现象的原因所形成的任何猜想，仅仅是由于在封闭的容器和确定量的空气中完成了这些操作。用于此目的的第一种方法归功于普里斯特利博士，他把要煅烧的金属放在一个瓷杯 N(图版Ⅳ，图 11)中，瓷杯放在广口瓶 A 之下的支架 IK 上，广口瓶放在盛满水的池子 BCDE 之中；用虹吸管吸出空气使水上升到 GH，并使取火镜的焦距落到金属上。氧化一发生，空气中所含的部分氧就与金属化合，并且引起空气体积按比例减少；剩下的不外是氮气，不过其中仍混有少量氧气。我在我 1773 年首次出版的《物理学和化学论集》(*Physical and Chemical Essays*)中，说明了用这套装置所做的一系列实验。在这个实验中可以用汞代替水，靠此使结果更具有结论性。

用于此目的的另一种方法是波义耳先生发明的，我在《科学院文集》1774 年第 351 页曾对此加以说明。将金属导入曲颈瓶(图版Ⅲ，图 20)中，密封住其鸟嘴口；然后极谨慎地加热使该金属氧化。用这种方法，在曲颈瓶末端破裂之前，容器及其所盛物质的重量完全不变；但是，当末端破裂时，外部空气就嘶嘶地冲进去。如果不在密封曲颈瓶之前通过加热赶出部分空气，这种操作就有危险，因为不然的话，当曲颈瓶置于炉子中时，它就会由于空气的膨胀而容易爆裂。赶出的空气的量可以接收在气体化学装置中的广口瓶之下，由此广口瓶确定此量及曲颈瓶中所剩下的空气量。我所增加的关于金属氧化的实验并没有我所希望的那么多；除了锡之外，我处理任何金属也都没有得到令人满意的结果。要是某个人能够在几种气体中做一系列金属氧化实验就太好了；这是一个重大主题，完全会补偿这种实验可能引起的麻烦。

由于汞的所有氧化物不加成就能使它们以前所吸收的氧气再生和恢复，因此，它似乎是结论性的氧化实验主题最合适的金属。以前，我曾力图通过把盛有少量汞的曲颈瓶充满氧气，并给其鸟嘴口配上一个半充满相同气体的膀胱，在封闭的容器中完成汞的氧化；见图版Ⅳ图 12。后来，通过在曲颈瓶中非常长时间地加热汞，我成功地氧化了一小份，结果形成了一点漂浮在流动汞面上的红色氧化物；但是，此量如此之少，以致在确定操作前后氧气量时所产生的最小误差，都必定使实验结果带来很大的不确定性。而且，我对这种方法也不满意，不无缘由地唯恐空气通过膀胱微孔泄漏出去，当它没用布盖住使其不断维持潮湿状态，因炉热而枯皱时，尤其如此。

这个实验用《科学院文集》1775 年第 580 页所描绘的装置来完成就更加肯定。此装置由一个曲颈瓶 A(图版Ⅳ，图 2)组成，其鸟嘴口熔接有一个内径为十或十二吩的弯玻璃管 BCDE，伸在口朝下倒立在盛满水或汞的池子中的玻璃钟罩 FG 之下。曲颈瓶置于炉子 MMNN(图版Ⅳ，图 2)炉栅上或沙浴中，靠此装置我们可以在几天期间在普通空气中氧化少量汞；红色氧化物漂在面上，由此它可以收集和再生，以便将再生得到的氧气量与氧化过程中吸收的氧气量进行比较。这种实验只能小规模地完成，以致由它们不能引出非常可靠的结论①。

这里应当提到，铁在氧气中的燃烧是该金属的真正氧化。图版Ⅳ图 17 中所绘的，便是英根豪茨②先生用来进行这种操作的装置；不过，由于已经在第三章中充分加以叙述，

---

① 见第一部分第三章对这个实验的说明。——A

② 此处英文版将“英根豪茨”拼为“Ingenhousz”。——C

我请读者查阅该处所讲的内容。也可以用已经指出过的燃烧磷和炭的方式,通过在充满氧气的容器中燃烧,来氧化铁。此装置如图版Ⅳ图3中所绘,如本书第一部分第五章中所述。我们从英根豪茨先生那里认识到,除了金、银、汞之外的所有金属,弄成非常细的丝或者截成窄条的极薄的薄片,可以用同样方式燃烧或氧化;这些金属与铁丝一起扭转,它把燃烧性质传递给其他金属。

汞甚至在畅通的空气中都难以氧化。在化学实验室里,这个过程通常在一个长颈卵形瓶A(图版Ⅳ,图10)中进行,该卵形瓶有非常扁平的瓶体和非常长的瓶颈BC,此器皿通常称为波义耳巢(*Boyle's hell*)。导入的汞量足以盖住瓶底,将其置于沙浴之中,沙浴保持的持续的热接近使汞沸腾。用五或六个类似的长颈卵形瓶继续这种操作几个月,不时地更新汞,最后得到几盎司红色氧化物。此装置极缓慢极不方便是由于不充分更换空气引起的;但是另一方面,如果与外部空气的循环过于流畅,就会夺走蒸气状态的溶化汞,以致容器中几天之内都不会留下任何东西。

由于在所有的金属氧化实验中,竟然只有用汞做的实验最具结论性,因此,要是发明一个简单的装置,能够在大学化学课程中演示这种氧化并论证其结果该有多好。依照我的看法,这可以用与我已经描述过的燃烧炭和油相似的方法来完成;不过,由于其他事务,我迄今还未能重新开始这种实验。

氧化汞经加热至微微炽热,不加成而再生。在此温度中,氧对热素的亲和力大于它对汞的亲和力而形成氧气。此氧气总是混有一小份氮气,这表明在氧化过程中吸收了一小份后一种气体。它几乎总是含有少量碳酸气,这归因于该氧化物的污染物是必定无疑的;这些污染物受热炭化,把部分氧气转化成为碳酸。

假若化学家们非要在他们的实验中使用从经过非加成加热氧化了,即所谓煅烧了或自脱溶了(*precipitated per se*)的汞获得的所有氧气不可的话,那么,氧气制备的过分昂贵就会使甚至中等规模的实验成为完全行不通的。但是汞也可以用硝酸氧化;用这种方式,我们甚至获得比煅烧制得的更纯的红色氧化物。我有时候用在曲颈瓶中或在长颈卵形瓶和曲颈瓶碎片形成的小皿中,用前述方式将汞溶解于硝酸,蒸发至干,并煅烧此盐,而制备这种氧化物;但是,我用药商销售的、我认为是从荷兰购进的氧化汞,从来没有同样成功地制得过氧气。排选氧化汞时,我们应当选择由表面光滑的黏附鳞状物组成的硬块,因为粉状掺杂有红色氧化铅。

为了从红色氧化汞得到氧气,我通常用一个瓷质曲颈瓶,其鸟嘴口上配有一个长玻璃管,放在水气体化学装置中的广口瓶之下,我并且在管子的末端把一个瓶子放在水中,按汞再生和馏出的比例接收它。由于直至曲颈瓶变红才有氧出现,这似乎证明了贝托莱先生所确立的暗热决不能形成氧气以及光是其组成元素之一的原理。我们必须抛弃最初的一份气体,因为该气体混有普通空气,此普通空气在实验开始时就盛于曲颈瓶之中了;不过,甚至用这种措施,所获得的氧气也常常被十分之一的氮气和极少量的碳酸气所污染。使气体通过苛性碱溶液,容易去掉后者;但是,我们知道,没有什么方法分离氮气;然而,使已知量的氧气被氮气污染两周,并与硫化苏打或硫化草碱接触,硫化物吸收氧气使硫转化成硫酸,留下纯氮气,由此就可以确定氮气的比例。

使黑色氧化锰或硝酸苏打在已经描述过的处理红色氧化汞的装置中经受炽热,我们还可以由它们获得氧气;不过,由于它所需要的热至少能使玻璃变软,因此我们必须使用石质或瓷质曲颈瓶。但是,最纯和最好的氧气是经简单加热从氧化盐酸草碱离析出的。此操作在玻璃曲颈瓶中完成,而且,如果抛弃了混有容器中所盛空气的最初一份气体,得到的气体就极纯。

第九章 论爆燃

我在第一部分第九章已经指出，氧气与其他物体化合时并不一定放弃它处于气体状态所含的全部热素。它几乎携带着其全部热素与其一起参加化合形成硝酸和氧化盐酸；以致在硝酸盐，尤其是在氧化盐酸盐中，氧气在某种程度上仍处于氧气状态而被凝结，并被迫处于它所能占据的最小体积状态。

在这些化合物中，热素对氧施以恒久的作用，使其恢复到气体状态；因此只不过非常轻微地黏附着，最小的外力都能使其游离；而且，一施加这种力，它常常瞬即恢复气体状态。这种由固态向气态的快速过渡称为起爆(detonation)即爆炸(fulmination)，因为它常常伴有响声和爆发(explosion)。爆燃(deflagration)通常靠炭与硝石或氧化盐酸草碱的化合引起；有时加硫助燃；火药制造术所依靠的，就是这些配料的比例以及适当的混合处理。

由于用炭爆燃使氧变成碳酸而不是氧气，因此就离析出碳酸气，至少按恰当比例混合了时是如此。在用硝石爆燃时，还离析氮气，因为氮是硝酸的组成元素之一。

然而，这些气体的突然瞬时离析和膨胀，不足以解释一切爆燃现象；因为，假若这是唯一的操作动力的话，那么，在给定时间内离析的气体量愈多，火药就总是按比例地愈强，而这却总是与实验不符。我试验了若干种，虽然它们在爆燃过程中放出的气体比普通火药爆燃过程中放出的少六分之一，但产生的效果却几乎是普通火药的两倍。起爆时离析的热素的量似乎对产生的膨胀效果起的作用很大；因为，虽然热素实际上穿透每个物体的微孔，但它只能逐渐穿透而且是在给定时间内穿透；因此，当同时离析的量太大不能穿透周围物体的微孔时，它必定就会以与普通弹性流体相同的方式起作用，毁灭阻碍其通路的一切。当火药在加农炮中点火时，这就必定发生，至少在一定程度上发生；因为，虽然金属可让热素渗入，但同时离析的量太大不能通过金属的微孔，因此它就必定尽力到处逃逸；由于除了炮口之外到处的抵抗力都太大不能战胜，这种努力就用来发射炮弹。

靠粒子之间施加的这种推斥力，热素就产生了另一种作用；它使爆燃时离析的气体以与产生的温度成比例的力度膨胀。

火药爆燃过程中，水极概然被分解了，而且，提供给初生态碳酸气的氧极概然由它产生。如果是这样的话，那么，膨胀并且对爆发力起作用的瞬时爆燃中，必定离析出大量的氢气。如果我们考虑到1品脱氢气只重 $1\frac{2}{3}$ 格令，那么就容易想象，这种情况必定会极大地增强力的效果；因此，非常小的重量必定占据非常大的空间，而且它在液体存在状态向气体存在状态过渡中必定施加巨大的膨胀力。

最后，由于火药爆燃过程中部分未分解的水变成蒸汽，而且，由于处于气体状态的水占据的空间比其处于液体状态所占据的空间大1700或1800倍，因此，这种情况必定也对火药的爆发力起很大作用。

我已经就混有炭和硫的硝石在爆燃过程中离析出的弹性流体的本质做了许多系列的实验，还做了一些混有氧化盐酸草碱的实验。这种探究方法导致了还算得上是精确的关于这些盐的组成元素的结论。这些实验的一些主要结果以及由它们引出的关于硝酸分析的结论刊载于外地哲学家们向科学院提交的论文集的第十一卷第 625 页。后来，我弄到了更方便的仪器，我打算大规模地重复这些实验，由此我将获得更精确的结果；不过，以下是我迄今所使用的方法。我要非常严肃地建议，在处理含硝石、炭和硫的任何混合物，尤其是用氧化盐酸草碱与这两种材料混合于其中的那些混合物时，要十分谨慎地重复这些实验中的某些实验。

我利用长约六吋、直径约五或六吩的枪管，将一个铁钉牢固地钉进枪管的火门并使铁钉逐渐与火门相合而塞住火门，滴进一点白铁工的焊料以防止可能有空气放出。将磨成无形粉末并用适量的水调成糊的已知量的硝石和炭的混合物或其他任何能爆燃的混合物装进这些枪管。每一份导入的材料都必须用直径几乎与枪管直径相同的撞杆塞下去，枪口处留下四或五吩空着，装料末端加上约二吋的速燃导火索。此实验中的唯一困难，尤其是当混合物中含有硫时的困难，是发现适当的湿润度；因为，如果糊太湿，它就不会着火，而如果太干，爆燃就容易过快甚至危险。

当不打算让实验十分精确时，我们就将导火索点火，当即将燃至装料时，我们就将枪放到气体化学装置中充满水的大玻璃钟罩之下。爆燃在水中开始并继续，气体随混合物干燥程度的大小而或快或慢地离析。只要爆燃在继续，就必须使枪口稍微向下倾斜，以防止水进入枪管。以这种方式，我有时候收集到由一盎司半或两盎司硝石的爆燃产生的气体。

用这种操作方式不可能确定离析的碳酸气的量，因为它在通过水时被水部分吸收了；不过，碳酸被吸收时，却留下了氮气；如果将其在苛性碱溶液中搅动一下，我们就得到纯碳酸气并能容易地确定其体积和重量。用这种方式，多次重复实验并改变炭的比例直至我们找到使所用的全部硝石爆燃所必需的确切的量，我们甚至能够获得关于碳酸量的还算得上精确的知识。因此，我们靠所用的炭的重量确定饱和所必需的氧的重量，并推出在给定重量的硝石中所含的氧量。

我还使用了另一种方法，用这种方法这个实验的结果就精确得多，此方法在于在盛满汞的玻璃钟罩中收集离析的气体。我所用的汞装置大得足以容纳容量为十二至十五品脱的广口瓶，盛汞时广口瓶极不容易控制，甚至需要用特殊的方法盛满汞。广口瓶置于汞池中时，导入玻璃虹吸管，虹吸管与小空气泵相连，靠空气泵抽完空气，使汞上升以至充满广口瓶。此后，用所指出的与用水时相同的方式使爆燃的空气通过进入广口瓶之中。

我必须再次重复，需要尽可能谨慎地进行这种实验。我有时看到，当气体的爆燃过于迅速时，充满一百五十多磅汞的广口瓶被爆发力推出破成碎片，而汞则大量四处散射。

当实验获得了成功，在广口瓶下收集到气体时，就用本书这一部分第二章中已经指出的方法精确确定其总量以及组成混合物的几种气体的本质和数量。我已经开始了的关于爆燃的实验与我目前的目的联系，妨碍我最后着手完成这些实验；我希望它们有助于阐明属于火药制造业的操作。

第十章　论在极高温度中处理物体所必需的仪器

第一节　论 熔 化

我们已经明白，物体的粒子在水溶液中彼此分离，但溶液中无论是所含的溶剂还是所含的物体，根本就不被水溶液所分解；因此，每当分离的原因中止时，粒子就重聚，盐物质恰好恢复其溶化前所具有的外观和性质。实际的溶化由火，即由在物体粒子之间引入和积聚大量的热素而产生；这种在热素中的溶化通常称为*熔化*（*fusion*）。

此操作通常在称作坩埚的器皿中完成，坩埚必须比打算用它们容纳的物体更不易熔。因此，在一切时代，化学家们都极端渴望得到非常耐熔的材料做成的坩埚，即能耐很高热度的坩埚。最佳者用非常纯的黏土或瓷土做成；而用混有石灰质土或硅土做成的则非常易熔。巴黎附近所产的所有坩埚都是这种坩埚，因此不适合做大多数化学实验。砂坩埚尚好；但最好的是用里摩日土做成的，似乎绝对不可熔。在法国，我们有许多非常适合做坩埚的黏土；例如，圣戈宾玻璃工厂用于制作熔锅的那种土便是如此。

坩埚根据打算用它们完成的操作而被制作成各种形状。图版Ⅶ图 7、8、9、10 所绘是最普通的几种；图 9 所绘的一种在口上几乎封闭了。

虽然熔化通常可以不改变被熔物体的本质而发生，但这种操作常常用作分解物体和使物体再复合的化学手段。一切金属都是用这种方式从其矿中提取的；它们靠这种方法再生、浇铸、彼此熔合。沙和碱靠这种方法化合形成玻璃，人造宝石即彩色宝石以及珐琅也是靠它形成的。

古代化学家们利用烈火的作用比现代化学实验中对它的利用要频繁得多。由于在哲学研究中已经更加精确，*湿法*已经胜过*干法*，在舍弃所有其他分析方式之前，很少求助于熔化。

第二节　论加热炉

化学中有最通用的仪器；由于大量实验的成功依它们构造得好坏而定，因此在这方面很好地装备实验室是很重要的。加热炉是一种中空的圆塔，有时上面变粗（图版ⅩⅢ，图 1，ABCD），它至少必须有两个侧口；一个在其上部 F 处，是炉门，一个在其下部 G 处，与灰孔相通。在这二者之间，用来支托燃料的水平炉箅将炉子分隔开来，其位置在图中用 HI 线标明。虽然这是一切化学炉中最不复杂的，但它却能用于许多目的。铅、锡、铋，一般而言，每一种不需要强火的物质，都可以用它在坩埚中熔化；它可以供金属氧化、蒸发器以及沙浴之用，如图版Ⅻ图 1、图 2 所示。为使其适合于这些目的，在其上缘做几个槽口 *mmmm*（图版Ⅻ，图 1)，不然的话，任何可以置于火上的盘状器皿就会阻止空气通过，妨碍燃料燃烧。这种炉子只能产生中等程度的热，因为它所能够消耗的炭量受由灰孔 G 口通过的空气量所限。其力通过扩大此口可以大大增加，但是另一方面，便于某些操作的大空气流对于另一些操作可能不利；因此，在我们的实验室里，我们必须有为不同目的建造的不同形状的炉子。尤其应当有现在要描述的几种不同大小的炉子。

反射炉（图版Ⅻ，图 2)也许是较为必需的。此炉与普通炉子一样，由灰孔 HIKL、火炉 KLMN、实验室 MNOP、拱顶 RRSS 及其通风筒或烟筒 TTVV 组成；根据不同实验的本质，可以给后者配上几节附加的管子。曲颈瓶 A 放在所谓实验室部分之中，由两根穿过炉子的铁棒支撑着，其鸟嘴口在炉壁的圆孔处出来，圆孔一半凿在所谓实验室部件上，一半凿在拱顶上。巴黎陶工所销售的现成的反射炉，大多数上下两个口都太小。这些小口不让足够体积的空气通过；因此，由于消耗的炭量，差不多就是离析的热素量，几乎与通过炉子的空气量成比例，所以这些炉子在许多实验中就产生不出足够的效果。为补救这个不足，灰孔上应当有两个口 GG；只需要中等程度的火时关上一个口；要发挥炉子最强的威力时两个口都开着。拱顶口 SS 也应当比通常做的大得多。

极为重要的是，不要使用与炉子的比例相比尺寸过大的曲颈瓶，因为总是应当有足够的空间让空气从炉壁和该容器之间通过。图中的曲颈瓶 A 相对于炉子的尺寸来说太小，然而我发现，指出差错比更正差错更加容易。拱顶的目的就是迫使火焰或热包围曲颈瓶并且回击或者反射到曲颈瓶的每一个部分上，此炉就是由此而得反射炉之名的。没有这种情况，曲颈瓶就会只在其底部受热，由所盛物质产生的蒸气就会在其上部凝结，就会发生持续的同居而不会有任何东西进入接收器，但是，靠拱顶，曲颈瓶的每个部分都同样受热，被迫出去的蒸气只能在曲颈瓶的瓶颈或接收器中凝结。

为防止曲颈瓶底部受热或冷却得太突然，有时将其放在一个烧制的小陶沙浴中，沙浴直立在炉子的交叉棒上。在许操作中，还给曲颈瓶涂上封泥，这些封泥有的用来防止曲颈瓶受到热或冷的突然影响，有的则是用来支撑玻璃，即形成另一种曲颈瓶，当操作过程中强火使玻璃曲颈瓶软化时支撑住它。前者用制砖用的黏土加少量奶牛毛，搅成糊状或浆状而成，涂在玻璃或石质曲颈瓶上。后者用纯黏土与捣碎了的粗陶混合而成，以同样方式使用。用火使其变干变硬，以形成真正的辅助曲颈瓶，如果下面的曲颈瓶破裂或变软还能够保留住材料。不过，在打算收集气体的实验中，这种封泥有孔，无法使用。

在不需要烈火的许多实验中，去掉所谓实验室这个部件，把拱顶直接放在火炉上，如图图版Ⅻ图 3 所绘，反射炉就可以用做熔炉。图 4 所绘的炉子非常便于熔化；它由火炉和灰孔 ABD 组成，没有炉门，有一个孔 E 接纳用封泥紧紧地封住了的风箱口，拱顶 ABGH应当比图中所绘矮一些。此炉不能产生极强的热，但对于常规操作来说却足够了，而且，易于将其移往实验室里任何想要移往的地方。虽然这些特殊的炉子非常方便，每个实验室仍须配备带有好风箱的煅炉，更有必要的是配备一个强有力的熔炉。我将根据我所用的熔炉的建构原理来描述它。

空气由于通过燃烧的煤受热而在炉子中循环；它膨胀，变得比周围空气轻，受侧面空气柱之压而被迫上升，被来自四面八方尤其是下面的新鲜空气所取代。当煤在普通火锅

(chaffing dish)中燃烧时,甚至都发生这种空气循环;不过,我们容易想象,在所有其他情况都相同时,在四面敞开的炉子中通过的空气团不可能有被迫通过像大多数化学炉那样的中空塔形状的炉子的空气团大,因此,在这后一种构造的炉子中燃烧必定更迅速。例如,假设炉子 ABCDEF 上面敞开并且盛满燃烧的煤,空气通过煤的力就与等于 AC 的两个空气柱的比重之差成比例,这两个空气柱一是外面的冷空气柱,一是炉子内受热的空气柱。在炉口 AB 之上必定有一些受热的空气,这种占优势的轻量也应当考虑到;但是,由于这一部分不断冷却并被外部空气带走,它就不能产生任何大的影响。

但是,如果我们给这个炉子加上一个同样直径的大中空管 GHAB,防止被燃煤已经加热了的空气被周围空气冷却和驱散,那么,引起循环的比重之差就将处于与 GC 相等的两柱之间。因此如果 GC 是 AC 长度的三倍,循环就有三倍的力。这以这个假定为根据,即 GHCD 中的空气与 ABCD 中所容纳的空气受热一样多,严格地讲,情况并不是这样,因为 AB 与 GH 之间的热必定减少了;但是,由于 GHAB 中的空气比外部空气要暖得多,于是由此得出,管子的增加必定增加空气流的速度,通过煤的空气量必定更大,因此发生燃烧的程度必定更大。

然而,我们由这些原理却不一定能断言,此管的长度应当无限延长;因为,由于空气从 AB 到 GH,甚至与管壁的接触,使其热逐渐减少,假若把管子延长到一定的程度,我们最终就会到达某一点,在这一点上所容纳的空气的比重就会与外部空气相等;在这种情况中,由于冷空气不再会上升,它就会成为下沉气团,抵抗下面空气的上升。而且,由于此空气已经供燃烧之用,必定混有碳酸气,碳酸气比普通空气重得多,因此,假若管子做得足够长,那么空气最终就会与外部空气的温度极为接近,甚至下沉;因此,我们必定断言,给炉子增加的管子的长度必须有某个极限,超过了这个极限它就削弱而不是增强火力。

由这些思考就得出,给炉子增加的第一节底管产生的作用大于第六节,第六节大于第十节;不过我们没有数据确定我们应当在什么高度中止。这种有效增加的极限完全按管子材料是热导体的弱度而增长,因为空气将因此而被冷却得很少;所以,烧制的土比铁皮要好得多。做管套并用塞紧的炭填满空隙甚至都是重要的,炭是已知的最不良的热导体之一;由此,空气的冷却就会放慢,空气流的速度因此就会增大;而且,用这种方式,管子完全可以做得更长。

由于火炉是炉子的最热部分,也是空气由之通过时膨胀得最多的部分,因此这一部分应当做得相当粗或腹状的。这是更为必要的,因为打算用它容纳炭和坩埚,并让其维持燃烧,或者确切地讲是引起燃烧的空气通过;因此我只让空气从煤之间的空隙通过。

我的熔炉就是根据这些原理建造的,我相信它在威力上至少与迄今所造的任何熔炉相等,不过我并没有妄称它具有在化学炉中能够产生最大可能的强度。由于迄今尚未根据实验确定空气在通过熔炉时所增加的体积,因此我们还不知道下孔和上孔之间应当存在的比例,这些口子应当做成的绝对大小也几乎不知道;因此缺乏根据原理继续论述的数据,我们只能通过重复试验考虑完成的结果。

按照上述规则,此炉呈椭球形状,如图版Ⅷ图 6 所绘 ABCD;椭球的两端被两个平面切割,平面垂直于轴,通过椭球的焦点。由于这个形状,它就可以容纳大量的炭,同时在间隔中留下足够的空间让空气通过。为了没有障碍能够阻止外部空气的自由通路，仿照马凯先生的熔炉模型在下面完全敞开，并且直立于铁三脚架之上。炉箅由放在缘上的平直炉栅做成，有相当大的间隙。其上部加一个烧制土质的烟筒即管子 ABFG，约十八呎长，直径约为炉子直径的一半。尽管此炉产生的热比化学家们迄今所使用的任何炉子所产生的热都强，但仍然能用已经提及的手段使其威力大大提高，这些手段中之主要者就是把它做成双层的，并用塞紧的炭填满空隙，使管子尽可能成为热的不良导体。

当需要知道铅是否含有金或银的混合物时，将其置于称作烤钵的煅烧炭质页岩小皿中用强火加热。铅被氧化，成玻璃状，渗入烤钵物质中，而金或银不能氧化，保持纯态。由于没有空气的自由流通铅就不会氧化，因此，这个操作就不能在置于炉子中正燃烧着的煤之上的坩埚中完成，因为内部空气经燃烧多半已经还原成为氮气和碳酸气，不再适合金属的氧化。因此，有必要设计特殊的装置，在这种装置中，金属应当同时经受强热的影响和避免与通过燃煤而变成不可燃的空气接触。用来满足这种双重目的的炉子称为烤钵炉或试验炉。通常把它做成方形，如图版Ⅻ图 8、图 10 所绘，它有一个灰孔 AABB、一个火炉 BBCC、一个实验室 CCDD 和一个拱顶 DDEE。烧制土质蒙烰或小烘箱 GH（图 9）放在炉子的交叉铁棒之上的实验室中，对准开口 GG，用以水柔和了的黏土封住。烤钵放在此烘箱或蒙烰中，炭从拱顶和火炉口送进炉子之中。外部空气从灰孔口进入维持燃烧，从 EE 处上口或烟筒逸出；让空气从蒙烰门 GG 进入以氧化所盛的金属。

略加思考就足以发现建造此炉所依据的错误原理。当 GG 口关闭时，氧化发生得缓慢而困难，因为缺乏使其继续进行的空气；当此孔打开时，当时进入的冷空气流就使金属凝固，并阻碍此进程。让外部新鲜空气流一直对金属表面起作用，并使此空气通过用炉火持续保持炽热陶质导管，以这样的方式构造蒙烰和炉子，就容易补救这些不便之处。用此手段，蒙烰内部决不会冷却，而且目前需要相当多时间完成的过程几分钟的工夫就能结束。

萨热（Sage）先生用一种不同的方式补救了这些不便之处；他把盛有用金或银熔合了的铅的烤钵放在通常的炉子的炭当中，并用一个小瓷蒙烰盖住；当全部充分加热时，他用普通手动风箱对着金属表面送风，用这种方式极容易极精确地完成烤钵冶金。

第三节　论用氧气代替大气增强火的作用

用大取火镜，譬如特彻诺森（Tchirnausen）和德·特鲁戴恩（de Trudaine）先生的取火镜，得到的热度略大于在化学炉甚或在烧制硬瓷的炉子烘箱之中迄今所产生的热度。但是这些仪器极端昂贵，而且甚至产生不出足以熔化天然铂的热；以致它们的有利条件并不足以补偿获得它们，甚至使用它们的困难。凹面镜产生的效果稍强于同样直径的取火镜，这已被马凯和博梅两位先生用阿贝·布里奥特（Abbé Bouriot）的反射镜所做的实验证实；但是，由于反射光线的方向必定是自下而上，因此，要处理的物质必须没有任何支撑地悬搁着，这就使大多数化学实验不可能用这种仪器来完成。

由于这些原因，我把大膀胱充满氧气，使其从可以用活塞关闭的管子中通过，首先尽力把氧气用于燃烧；用这种方式，我成功地使它维持了点燃了的炭的燃烧。产生的热的强度，甚至在我的初次努力中，就如此之大，以致很快就熔化了少量的天然铂。这种努力的成功，应当归功于第122页及其以后所描述的关于气量计的思想，我用气量计代替了膀胱；而且，由于我们能够给氧气以任何必要程度的压力，因此我们就能用此仪器维持持续的气流，甚至给它以很大的力。

这种实验必需的唯一装置，由一张小桌子ABCD(图版Ⅻ，图15)组成，桌子上有一个孔F，穿过它的是一个铜管或银管，管端在G处有一个很小的口，通过活塞H可以开或关。此管延长到桌子之下的*lmno*处，并与气量计的内腔相连。当我们打算操作时，必须用凿子在一块炭上凿一个几吩深的孔，把要处理的物质放进去；用蜡烛或吹管将炭点着，此后就使其暴露于来自管子FG的G端的快速氧气流之中。

这种操作方式只能用以处理与炭接触能够放置而没有不便之处的物体，譬如金属、简单土质等等。但是，对于其元素对炭有亲和力因此被该物质分解的物体，譬如硫酸盐、磷酸盐、大多数中性盐、金属玻璃、珐琅等等来说，我们必须用一盏灯，并且使氧气流通过其火焰。由于这个目的，我们用肘状吹管ST代替弯管FG，与炭一起使用。用这种方式所产生的热并没有用前一种方式产生的那样强，而且非常难以使铂熔化。在用灯进行这种方式的操作时，物质置于煅烧炭质页岩烤钵或者小瓷杯甚或金属盘之中。假若后者足够大，就不会熔化，因为，金属是热的优良导体，热素迅速扩散通过整块金属，以致其任何部分都不大量受热。

在《科学院文集》1782年第476页和1783年第573页，可以详细见到我用这种装置所做的系列实验。以下是一些主要结果。

1. 水晶或纯硅土不能熔化，但当与其他物质混合时却能变软或熔化。

2. 石灰、苦土和重晶石不论单独还是化合在一起都不能熔化；但是，它们有助于每一种其他物体的熔化，石灰尤其如此。

3. 黏土或明矾的纯基本身完全可熔化成为极硬的不透明玻璃状物质，此物质像宝石那样刻画玻璃。

4. 一分复合土质和石质皆容易熔化成为一种褐色玻璃。

5. 一切盐物质，甚至固定碱在一瞬之间就挥发了。

6. 金、银，概然地还有铂，缓慢地挥发而无任何特殊现象。

7. 一切其他金属物质除汞之外皆被氧化，不过要放在炭上，燃烧伴随着不同颜色的火焰，并且最终完全消散。

8. 金属氧化物也都燃烧，伴有火焰。这似乎形成了这些物质的鉴别性特征，甚至使我相信，像伯格曼猜想的那样，重晶石是金属氧化物，不过我们迄今还没能得到纯态或熔块状态的该金属。

9. 一些宝石，如红宝石，能够变软并且联结在一起，而不损坏其颜色甚或减少其重量。紫蓝宝石(hyacinth)虽然几乎与红宝石同样被固定，但却很快失去其颜色。撕克逊黄玉、巴西黄玉和巴西红宝石很快失去其颜色并且失去约其重量的五分之一，留下白土，类似于白色石英或未上釉的瓷。祖母绿、贵橄榄石和石榴石几乎立刻熔化成为不透明的有色玻璃。

10. 钻石显示出自身特有的一种性质；它以与可燃物体相同的方式燃烧，并完全消散。

还有另一种方式，把氧气送进炉子，用它大量增大火力。阿哈德（Achard）先生首先构想出这个主意；不过，他使用的方法绝对不是令人满意的，他认为用此方法使大气脱去所谓燃素，也就是使大气除去氮气。我提出为此目的建造一个非常简单的炉子，引炉用非常耐火的土建造，类似于图版Ⅻ图 4 中所绘的炉子，不过在各个维度上都小一些。它在 E 处必须有两个口，其中的一个通过风箱的管嘴，由此要尽可能地用普通空气升高其热；此后，突然停止来自风箱的普通空气流，由另一个口的管子让氧气进入，此管与一个气量计相通，气量计有四或五吋水的压力。我用这种方式可以把几个气量计的氧气结合起来，以使八或九立方呎的气体通过炉子；而且，我期待着用这种方式产生比迄今所知的热要强得多的热。炉子的上孔必须注意做得相当大，以使产生的热素可以通畅地放出，以免该高度弹性流体的突然膨胀产生危险的爆发。

附　录

· *Appendix* ·

拉瓦锡先生在附录中加了几个非常有用的、方便计算的表，这些计算如今在现代化学的高级状态中是必需的，现代化学需要一丝不苟的精确性。

——摘自本书《英译者告白》

附录一

吩即十二分之一吋及吩的小数向吋的十进小数的变换表

一吩的十二分之	十进小数	吩	十进小数
1	0.00694	1	0.08333
2	0.01389	2	0.16667
3	0.02083	3	0.25000
4	0.02778	4	0.33333
5	0.03472	5	0.41667
6	0.04167	6	0.50000
7	0.04861	7	0.58333
8	0.05556	8	0.66667
9	0.06250	9	0.75000
10	0.06944	10	0.83333
11	0.07639	11	0.91667
12	0.08333	12	1.00000

◀著名的化学家们：(a) 舍勒，(b) 拉瓦锡，(c) 戴维，(d) 贝特莱，(e) 盖-吕萨克，(f) 道尔顿，(g) 李比希，(h) 罗伯特·本生，(i) 诺贝尔。

附录二

用吋和十进小数表示的在气体化学装置的广口瓶中观察到的水的高度向相应的汞的高度的变换表

水	汞	水	汞
.1	.00737	4.	.29480
.2	.01474	5.	.36851
.3	.02201	6.	.44221
.4	.02948	7.	.51591
.5	.03685	8.	.58961
.6	.04422	9.	.66332
.7	.05159	10.	.73702
.8	.05896	11.	.81072
.9	.06633	12.	.88442
1.	.07370	13.	.96812
2.	.14740	14.	1.04182
3.	.22010	15.	1.11525

附录三

普里斯特利博士采用的盎司制向法制和英制立方吋的变换表

盎司制	法制立方吋	英制立方吋
1	1.567	1.898
2	3.134	3.796
3	4.701	5.694
4	6.268	7.592
5	7.835	9.490
6	9.402	11.388
7	10.969	13.286
8	12.536	15.184
9	14.103	17.082
10	15.670	18.980
20	31.340	37.960
30	47.010	56.940
40	62.680	75.920
50	78.350	94.900
60	94.020	113.880
70	109.690	132.860
80	125.360	151.840
90	141.030	170.820
100	156.700	189.800
1000	1567.000	1898.000

附录四

列氏温度计度数(R.)向与其相应的华氏温标度数(F.)的折合表

(增补)

R.　F.	R.　F.	R.　F.	R.　F.
0=32	21= 79.25	41=124.25	61=109.25
1=34.25	22= 81.5	42=126.5	62=171.5
2=36.5	23= 83.75	43=128.75	63=173.75
3=38.75	24= 86	44=131	64=176.
4=41	25= 88.25	45=133.25	65=178.25
5=43.25	26= 90.5	46=135.5	66=180.5
6=45.5	27= 92.75	47=137.75	67=182.75
7=47.75	28= 95	48=140	68=185
8=50	29= 97.25	49=142.25	69=187.25
9=52.25	30= 99.5	50=144.5	70=189.5
10=54.5	31=101.75	51=146.75	71=191.75
11=56.75	32=104	52=149	72=194
12=59	33=106.25	53=151.25	73=196.25
13=61.25	34=108.5	54=153.5	74=198.5
14=63.5	35=110.75	55=155.75	75=200.75
15=65.75	36=113	56=158	76=203
16=68	37=115.25	57=160.25	77=205.25
17=70.25	38=117.5	58=162.5	78=207.5
18=72.5	39=119.75	59=164.75	79=209.75
19=74.75	40=122	60=167	80=212
20=77			

注　任何度数,不论是比上表所包含的高还是低,只要记住列氏温标的 1 度等于华氏温标的 2.25°,就可以随时将其变换;即没有表可以用下列公式变换,即$\frac{R\times 9}{4}+32=F$;即列氏度数乘以 9,除以 4,所得之商加上 32,和就是华氏度数。——E

附录五

法制衡量和度量向相应的英制单位的变换规则[①]

（增补）

§1. 重量

巴黎磅，即源自夏勒马涅（Charlemagne）马克的重量，含 9216 巴黎格令；它分成 16 盎司，每盎司分成 8 格罗斯，每格罗斯分成 72 格令。它等于 7561 英制金衡格令。

12 盎司的英制金衡磅含 5760 英制金衡格令，等于 7021 巴黎格令。

16 盎司的英制常衡磅含 7000 英制金衡格令，等于 8538 巴黎格令。

把巴黎格令折合成英制金衡格令，除以…… 把英制金衡格令折合成巴黎格令，乘以……	1.2189
把巴黎盎司折合成英制金衡，除以………… 把英制金衡盎司折合成巴黎制，乘以………	1.015734

也可以用下表进行变换。

Ⅰ.法制折合成英制金衡重量

巴黎磅＝	7561.	英制金衡格令
盎司…＝	472.5625	
格罗斯＝	59.0703	
格令…＝	.8194	

Ⅱ.英制金衡折合成巴黎重量

12 盎司的英制金衡磅…………………＝	7021.	巴黎格令
金衡盎司………………………………＝	585.0830	
60 格令的打兰…………………………＝	73.1353	
便士重量，即 24 格令的旦尼尔（denier）＝	29.2540	
20 格令的斯克鲁泊（scruple）…………＝	24.3784	

① 译者感谢罗伯逊（Robertson）教授为此附录提供的材料。——E

Ⅲ. 英制常衡折合成巴黎重量

16 盎司的常衡磅，即 7000 金衡格令＝8538. } 巴黎格令
盎司……………………………………＝ 533.6250 }

§2. 长度和体积

把巴黎呎折合成英制，乘以…………………… } 1.065977
把英呎或英吋折合成巴黎制，除以………… }
把巴黎立方呎或立方吋折合成英制，乘以… } 1.211278
把英制立方呎或立方吋折合成巴黎制，除以 }

也可以用下表变换：

Ⅳ. 巴黎长度折合成英制

12 吋的巴黎皇呎＝	12.7977	英吋
吋………………＝	1.0659	
吩，即 1 吋的$\frac{1}{12}$＝	.0888	
1 吩的$\frac{1}{12}$………＝	.0074	

Ⅴ. 英制长度折合成法制

英呎……＝	11.2596	巴黎吋
吋………＝	.9383	
1 吋的$\frac{1}{8}$＝	.1173	
$\frac{1}{10}$………＝	.0938	
吩，即$\frac{1}{12}$＝	.0782	

Ⅵ. 法制体积折合成英制

巴黎立方呎＝1.211278 } 英制立方呎，即 { 2093.088384 } 吋
立方吋……＝ .000700 } { 1.211278 }

Ⅶ. 英制体积折合成法制

英制立方呎，即1728立方吋＝	1427.4864	法制立方吋
立方吋……………………………＝	.8260	
十分之一立方吋……………＝	.0008	

§3. 容量

巴黎品脱含58.145[①]英制立方吋，而英制品脱含28.85立方吋；即巴黎品脱含2.01508英制品脱，而英制品脱含.49617巴黎品脱；因此，

把巴黎品脱折合成英制，乘以	2.01508
把英制品脱折合成巴黎制，除以	

① 据《贝利多水利建筑》(*Belidor Archit. Hydrog.*)上讲，是含31盎司64格令水，此水使它等于58.075英吋；但是，由于使用的标准的不确定性使水的法制体积的确定有相当大的不确定性，因此，采用埃弗拉德(Everard)先生的度量较好，其度量采用的是英国财政部的标准而且与法国科学院和皇家学会所确定的英呎和法呎成比例。——E

附录六

用英制度量和英制金衡表示的不同气体在28法时即29.84英时气压计压力和10°(54.5°)温度的重量

气体名称	1立方吋的重量	1立方呎的重量		
	格罗斯	盎司	打兰	格罗斯
大气①	.32112	1	1	15
氮气①	.30064	1	0	39.5
氧气①	.34211	1	1	51
氢气①	.02394	0	0	41.26
碳酸气①	.44108	1	1	41
亚硝气②	.37000	1	2	39
氨气②	.18515	0	5	19.73
亚硫酸气②	.71580	2	4	38

① 此5种气体由拉瓦锡先生本人确定。——E

② 后3种气体由拉瓦锡先生根据柯万先生的数据加进来。——E

附录七

不同物体的比重表

§1. 金属物质

金

铸而未锻的24开纯金 ………………… 19.2581
同样的锻金 ………………………………… 19.3617
未锻的22开成色的巴黎标准金[①] ……… 17.4863
同样的锻金 ………………………………… 17.5894
未锻的21 $\frac{22}{32}$开成色的标准法国铸币金 …………
……………………………………………… 17.4022
同样的铸金 ………………………………… 17.6474
未锻的20开成色的法国饰物标准金 … 15.7090
同样的锻金 ………………………………… 15.7746

银

未锻的24丹尼尔纯银 ………………… 10.4743
同样的锻银 ………………………………… 10.5107
未锻的10格令成色11丹尼尔的巴黎标准银[②] …
……………………………………………… 10.1752
同样的锻银 ………………………………… 10.3765
未锻的21格令成色10丹尼尔法国铸币标准银
……………………………………………… 10.0476
同样的铸银 ………………………………… 10.4077

铂

真正的粗铂 ………………………………… 15.6017
用盐酸处理了的同样的铂 ……………… 16.7521
精炼而未锻的铂 ………………………… 19.5000
同样的锻铂 ………………………………… 20.3366
拉成丝的同样的铂 ……………………… 21.0417
经过轧压的同样的铂 …………………… 22.0690

铜和黄铜

未锻的铜 ………………………………… 7.7880
拉成丝的同样的铜 ……………………… 8.8785
未锻的黄铜 ……………………………… 8.3958
拉成丝的同样的黄铜 …………………… 8.5441

铁和钢

铸铁 ……………………………………… 7.2070
不论是否是螺纹的条形铁 ……………… 7.7880
既没回火也没扭螺纹的钢 ……………… 7.8331
扭螺纹但没回火的钢 …………………… 7.8404
既回火又扭螺纹的钢 …………………… 7.8180
回火而没扭螺纹的钢 …………………… 7.8163

---

① 英国标准亦相同。
② 比英国标准成色多10格令。

锡

熔而未扭螺纹的来自康沃尔(Cornwall)的纯锡 ……………… 7.2914
扭了螺纹的同样的锡……………… 7.2994
未扭螺纹的马六甲锡……………… 7.2963
扭了螺纹的同样的锡……………… 7.3065
铅水 ……………… 11.3523
锌水……………… 7.1908
铋水……………… 9.8227
钴水……………… 7.8119
砷水……………… 5.7633
镍水……………… 7.8070
锑水……………… 6.7021
粗锑……………… 4.0643
锑玻璃……………… 4.9404
钼……………… 4.7385
钨……………… 6.0665
汞……………… 13.5681

§2. 宝石

白色东方钻石……………… 3.5212
玫瑰色东方钻石……………… 3.5310
东方红宝石……………… 4.2833
东方尖晶红宝石……………… 3.7600
东方半刚红宝石……………… 3.6456
巴西利亚红宝石……………… 3.5311
东方黄玉……………… 4.0106
东方阿月浑子绿黄玉……………… 4.0615
巴西利亚黄玉……………… 3.5365
撒克逊黄玉……………… 3.5640
撒克逊白玉……………… 3.5535
东方水蓝宝石……………… 3.9941
东方白水蓝宝石……………… 3.9911
火山丘水蓝宝石……………… 4.0769
巴西火山丘水蓝宝石……………… 3.1307
青蛋白石……………… 4.0000
锡兰伽更石(jargon) ……………… 4.4161
紫蓝宝石……………… 3.6873
银硃……………… 4.2299
波西米亚石榴石……………… 4.1888
类十二面体石榴石……………… 4.0627
叙利亚石榴石……………… 4.0000
24 面火山石榴石 ……………… 2.4684
秘鲁祖母绿……………… 2.7755
淡绿草宝石(crysolite of the jewellers) … 2.7821
巴西淡绿草宝石……………… 2.6923
绿柱石,即东方海蓝宝石 ……………… 3.5489
西方海蓝宝石 ……………… 2.7227

§3. 硅石

马达加斯加纯水晶……………… 2.6530
巴西纯水晶……………… 2.6526
欧洲水晶,即明胶水晶 ……………… 2.6548
结晶石英……………… 2.6546
非晶石英……………… 2.6471
东方玛瑙……………… 2.5901
缟玛瑙……………… 2.6375
透明玉髓……………… 2.6640
光玉髓……………… 2.6137
缠丝玛瑙……………… 2.6025
葱绿玉髓……………… 2.5805
缟玛瑙砾……………… 2.6644
雷恩砾……………… 2.6538
白碧玉……………… 2.9502
绿碧玉……………… 2.9660
红碧玉……………… 2.6612
褐碧玉……………… 2.6911
黄碧玉……………… 2.7101
紫罗兰碧玉……………… 2.7111
灰碧玉……………… 2.7640
碧玉缟玛瑙……………… 2.8160
棱柱六面体黑碧硒……………… 3.3852

晶石黑碧硒…………………………3.3852
称作古玄武岩的非晶黑碧硒…………2.9225
铺路石…………………………2.4158
碾石…………………………2.1429
磨刀石…………………………2.1113
喷泉蓝石…………………………2.5616
奥弗涅的西徐亚石…………………………2.5638
洛林的西徐亚石…………………………2.5298
磨石…………………………2.4835
白燧石…………………………2.5941
微黑燧石…………………………2.5817

§4. 杂石

意大利不透明绿蛇纹岩,即佛罗伦萨辉长岩 ……
…………………………2.4295
布里昂松粗白垩…………………………2.7274
西班牙白垩…………………………2.7902
杜斐内的薄片天青滑石…………………………2.7687
瑞典薄片天青滑石…………………………2.8531
白云母滑石…………………………2.7917
黑云母…………………………2.9004
普通片岩或板岩…………………………2.6718
新板岩…………………………2.8535
白剃刀磨石…………………………2.8763
黑红磨石…………………………3.1311
菱形水晶或冰岛水晶…………………………2.7151
角锥石灰质晶石…………………………2.7141
东方古雪花石膏或白古雪花石膏…………2.7302
绿坎帕大理石…………………………2.7417
红坎帕大理石…………………………2.7242
白卡拉拉大理石…………………………2.7168
白帕罗斯岛大理石…………………………2.8376
法国建筑中所用的各种石灰石,从 ………1.3864
到 ………2.3902
重晶石…………………………4.4300
白萤石…………………………3.1555
红萤石…………………………3.1911
绿萤石…………………………3.1817
蓝萤石…………………………3.1688
紫罗兰萤石…………………………3.1757
埃德尔福斯红闪沸石…………………………2.4868
白闪沸石…………………………2.7039
结晶沸石…………………………2.0833
黑松脂石…………………………2.0499
黄松脂石…………………………2.0860
红松脂石…………………………2.6695
微黑松脂石…………………………2.3191
红斑岩…………………………2.7651
杜斐内斑岩…………………………2.7033
绿蛇纹岩…………………………2.8960
称作球颗玄武岩的黑杜斐内蛇纹岩………2.9339
绿杜斐内蛇纹岩…………………………2.9883
纤闪辉绿岩…………………………2.9722
辉石花绿岩…………………………3.0626
埃及红花岗岩…………………………2.6541
红装饰花岗岩…………………………2.7609
吉拉德马斯花岗岩…………………………2.7163
浮石 ………………………….9145
黑曜岩…………………………2.3480
沃尔维克石…………………………2.3205
试金石…………………………2.4153
大堤道玄武岩…………………………2.8642
奥弗涅斜方玄武岩…………………………2.4153
胆玻璃…………………………2.8548
瓶玻璃…………………………2.7325
绿玻璃…………………………2.6423
白玻璃…………………………2.8922
圣戈宾水晶…………………………2.4882
燧石玻璃…………………………3.3293
月石玻璃…………………………2.6070
塞夫勒瓷…………………………2.1457
利摩日瓷…………………………2.3410
中国瓷…………………………2.3847
天然硫黄…………………………2.0332
熔硫…………………………1.9907

硬泥炭……1.3290

龙涎香…….9263

黄色透明琥珀……1.0780

§5. 液体

蒸馏水……1.0000

雨水……1.0000

过滤了的塞纳河水……1.00015

阿尔克伊水……1.00046

阿夫拉水……1.00043

海水……1.0263

死海水……1.2403

勃艮第葡萄河…….9915

波尔多葡萄酒……9939

马德拉白葡萄酒……1.0382

红啤酒……1.0338

白啤酒……1.0231

苹果酒……1.0181

高度精馏的醇…….8293

普通酒精…….8371

醇……	15份	水1份	.8527
	14	2	.8674
	13	3	.8815
	12	4	.8947
	11	5	.9075
	10	6	.9199
	9	7	.9317
	8	8	.9427
	7	9	.9519
	6	10	.9594
	5	11	.9674
	4	12	.6733
	3	13	.9791
	2	14	.9852
	1	15	.9919

硫醚…….7394

氮醚…….9088

盐醚…….7298

醋醚…….8664

硫酸……1.8409

硝酸……1.2715

盐酸……1.1940

红亚醋酸……1.0251

白亚醋酸……1.0135

蒸馏亚醋酸……1.0095

醋酸……1.0626

蚁酸…….9942

苛性氨草胶溶液,即挥发性碱粉溶液…….8970

松节油精或挥发性松节油精…….8679

液体松节油…….9910

挥发性熏衣草油…….8938

挥发性丁香油……1.0363

挥发性樟属植物油……1.0439

橄榄油…….9153

甜杏仁油…….9170

亚麻子油…….9403

罂粟子油…….9288

山毛榉果油…….9176

鲸油…….9233

人乳……1.0203

马乳……1.0346

驴乳……1.0355

山羊乳……1.0341

羊乳……1.0409

牛乳……1.0324

牛乳清……1.0193

人尿……1.0106

§6. 脂和胶

普通黄松香或白松香……1.0727

松香……1.0857

物质	比重
海松树脂[1]	1.0891
巴拉斯(baras)*	1.0441
香松树脂	1.0920
玛瑞脂	1.0742
苏合香脂	1.1098
暗珐琲树脂	1.1398
透明珐琲树脂	1.0452
马达加斯加珐琲树脂	1.0600
中国珐琲树脂	1.0628
榄香脂	1.0182
东方硬树脂	1.0284
西方硬树脂	1.0426
赖百当胶	1.1862
绺状赖百当胶	2.4933
愈创树脂	1.2289
球根牵牛脂	1.2185
龙血树脂	1.2045
虫脂	1.1390
塔柯胶	1.0463
安息香	1.0924
阿劳希(Alouchi)[2]	1.0604
卡拉甘(Caragan)[3]	1.1244
弹性树胶	.9335
樟脑	.9887
氨草胶	1.2071
阿魏树脂	1.2008
常春藤胶[4]	1.2948
藤黄树脂	1.2216
大戟脂	1.1244
乳香	1.1732
没药树脂	1.3600
芳香树胶	1.3717
阿勒颇墨牵牛子树脂	1.2354
士麦那墨牵牛子树脂	1.2743
古篷香脂	1.2120
阿魏胶	1.3275
甘草味胶	1.2684
苦树脂	1.6226
樱桃树脂	1.4817
阿拉伯树胶	1.4523
黄蓍胶	1.3161
巴士拉树脂	1.4346
槚如树脂[5]	1.4456
门巴树脂[6]	1.4206
浓甘草汁	1.7228
浓金合欢汁	1.5153
浓槟榔汁	1.4573
槟榔膏	1.3980
欧龙牙草芦荟剂	1.3586
索科特拉芦荟剂	1.3795
浓圣约翰植物汁	1.5263
鸦片	1.3366
靛蓝	.7690
胭脂树萃	.5956
黄蜡	.9648
白蜡	.9686
奥劳希(Ouarouchi)蜡[7]	.8970
可可树脂	.8916
鲸蜡	.9433
牛肉	.9232
幼牛肉	.9342
羊肉	.9235

① 在法国从松树榨出的树脂汁。参见《博马拉辞典》(*Bomare's Dict*)。

② 来自产皮质温特(the Cortex Winteranus)的树的有气味的胶。——同上

③ 在墨西哥称为卡拉甘(Caragana)的树,即狂(Madness)树的脂。——同上

④ 在波斯和温带国家从土生常春藤中提取。——同上

⑤ 出自一种这种名称的巴西利亚树。——同上

⑥ 出自一种这种名称的树。——同上

⑦ 瓜扬(Guayana)的乌桕产物。——同上

牛脂	.9419
猪肉	.9368
猪油	.9478
黄油	.9423

§7. 木质

60年的栎木心	1.1700
软木	.2400
榆木树干	.6710
梣木树干	.8450
山毛榉	.8520
桤木	.8000
槭木	.7550
胡桃木	.6710
柳木	.5850
欧椴	.6040
雄冷杉	.5500
雌冷杉	.4980
杨木	.3830
西班牙白杨	.5294
苹果树	.7930
梨树	.6610
榅桲树	.7050
欧楂树	.9440
李树	.7850
橄榄木	.9270
樱桃树	.7150
欧洲榛树	.6000
法兰西黄杨	.9120
荷兰黄杨	1.3280
荷兰紫杉	.7880
西班牙紫杉	.8070
西班牙柏树	.6440
美洲雪松	.5608
石榴树	1.3540
西班牙桑树	.8970
愈疮木	1.3330
橙树	.7050

注　上表中的数字如果小数点向右移3位，差不多就是用常衡盎司表示的每种物质1立方呎的绝对重量。见附录八。——E

附录八

计算英制度量一立方呎和一立方吋的任何已知比重的物质的英制金衡绝对重量的规则[①]

（增补）

1696年，财政部天平制造商埃弗拉德先生在下议院的委员们面前，对华氏55°温度、财政部标准呎2145.6立方吋的蒸馏水进行称量，发现它的重量按财政部金衡标准是1131盎司14英钱。如果在每一个天平盘上各加30磅，那么横梁就倾斜至6格令。因此，假定常衡磅重7000金衡格令，那么，一立方呎的水就重$62\frac{1}{2}$常衡磅，即1000常衡盎司，少106格令。所以，假若把水的比重视为1000的话，那么，所有其他物体的相称的比重差不多就可以表示一立方呎的常衡盎司数。或者更精确地，假定用1表示水的比重，那么，由于上述温度的一立方呎水精确地重437489.4金衡格令，一立方吋水重253.175格令，因此，把任何物体的比重分别乘以以上两个数字中的任何一个，就可以得到用金衡格令表示的一立方呎或一立方吋的物体的绝对重量。

下列数字是由埃弗拉德的实验以及皇家学会和法国科学院所规定的英呎和法呎的比例确定的。

一巴黎立方呎水的巴黎格令数　=645511

一巴黎立方呎水的英制格令数　=529922

一英制立方呎水的巴黎格令数　=533247

一英制立方呎水的英制格令数　=437489.4

一英制立方吋水的英制格令数　=　253.175

根据皮卡尔(Picard)的实验及夏特尔(Chatelet)的度量和衡量，

一巴黎立方呎水的巴黎格令数　=641326

注意，根据杜阿梅尔(Du Hamel)的实验

=641376

根据荷伯格　=641666

这些数据显示出度量或衡量中的某种不确定性；但是根据埃弗拉德的实验所作的上述计算是可以信赖的，因为英呎与法呎的比较是经伦敦皇家学会和法国科学院的共同努力作出的；它与拉瓦锡先生确定的一立方呎水重70巴黎磅也极接近于一致。

---

① 此附录和下一个附录的全部都是鲁滨逊(Robinson)教授告诉译者的。——E

附录九

金衡盎司、打兰和格令向 12 盎司的金衡磅的十进小数以及金衡磅向盎司等的变换表

Ⅰ.关于格令

格令	=	磅	格令	=	磅
1		.0001736	100		.0173611
2		.0003472	200		.0374222
3		.0005208	300		.0520833
4		.0006944	400		.0694444
5		.0008681	500		.0868055
6		.0010417	600		.1041666
7		.0012153	700		.1215277
8		.0013889	800		.1388888
9		.0015625	900		.1562499
10		.0017361	1000		.1736110
——			——		
20		.0034722	2000		.3472220
30		.0052083	3000		.5208330
40		.0069444	4000		.6944440
50		.0086806	5000		.8680550
60		.0104167	6000		1.0418660
70		.0121528	7000		1.2152770

格令	=	磅	格令	=	磅
80		.0138889	8000		1.3888880
90		.0156250	9000		1.5624990

Ⅱ.关于打兰

打兰	=	磅
1		.0104167
2		.0208333
3		.0312500
4		.0416667
5		.0520833
6		.0625000
7		.0729267
8		.0833338

Ⅲ.关于盎司

盎司	=	磅
1		.0833333
2		.1666667
3		.2500000
4		.3333333
5		.4166667
6		.5000000
7		.5833333
8		.6666667
9		.7500000
10		.8333333
11		.9166667
12		1.0000000

Ⅳ.磅的十进小数变换成为盎司等等

十等份

磅	=	盎司	打兰	格令
0.1		1	1	36
0.2		2	3	12
0.3		3	4	48
0.4		4	6	24
0.5		6	0	0
0.6		7	1	36
0.7		8	3	12
0.8		9	4	48
0.9		10	6	24

百等份

磅	=	盎司	打兰	格令
0.01		0	0	57.6
0.02		0	1	55.2
0.03		0	2	52.8
0.04		0	3	50.4
0.05		0	4	48.0
0.06		0	5	45.6
0.07		0	6	43.2
0.08		0	7	40.8
0.09		0	3	38.4

千等份

磅	=	盎司	打兰	格令
0.001		0	0	5.76
0.002		0	0	11.52
0.003		0	0	17.28
0.004		0	0	23.04
0.005		0	0	28.80

千等份

磅	=	格令
0.006		34.56
0.007		40.32
0.008		46.08
0.009		51.84

万等份

磅	=	格令
0.0001		0.576
0.0002		1.152
0.0003		1.728
0.0004		2.304
0.0005		2.880
0.0006		3.456
0.0007		4.032
0.0008		4.608
0.0009		5.184

十万等份

磅	=	格令
0.00001		0.052
0.00002		0.115
0.00003		0.173
0.00004		0.230
0.00005		0.288
0.00006		0.346
0.00007		0.403
0.00008		0.461
0.00009		0.518

附录十

根据埃弗拉德的实验计算的与一定金衡重量的 55°温度的蒸馏水相应的英制立方吋和十进小数表

关于格令

格令		立方吋
1	=	.0039
2		.0078
3		.0118
4		.0157
5		.0197
6		.0236
7		.0275
8		.0315
9		.0354
10		.0394
20		.0788
30		.1182
40		.1577
50		.1971

关于打兰

打兰		立方吋
1	=	.2365
2		.4731
3		.7094
4		.9463
5		1.1829
6		1.4195
7		1.6561

关于盎司

盎司		立方吋
1	=	1.8927
2		3.7855
3		5.6782
4		7.5710
5		9.4631
6		11.3565
7		13.2493
8		15.1420
9		17.0748
10		18.9276
11		20.8204

关于磅

磅	立方吋
1	22.7131
2	45.4263
3	68.1394
4	90.8525
5	113.5657
6	136.2788
7	158.9919
8	181.7051
9	204.4183
10	227.1314
50	1135.6574
100	2271.3148
1000	22713.1488

图　版

· *Plates* ·

除了事实之外我们什么都不必相信：事实是自然界给我们提供的，不会诓骗我们。我们在一切情况下都应当让我们的推理受到实验的检验，而通过实验和观察的自然之路之外，探寻真理别无他途。

——拉瓦锡

拉瓦锡侧面像

图版 I

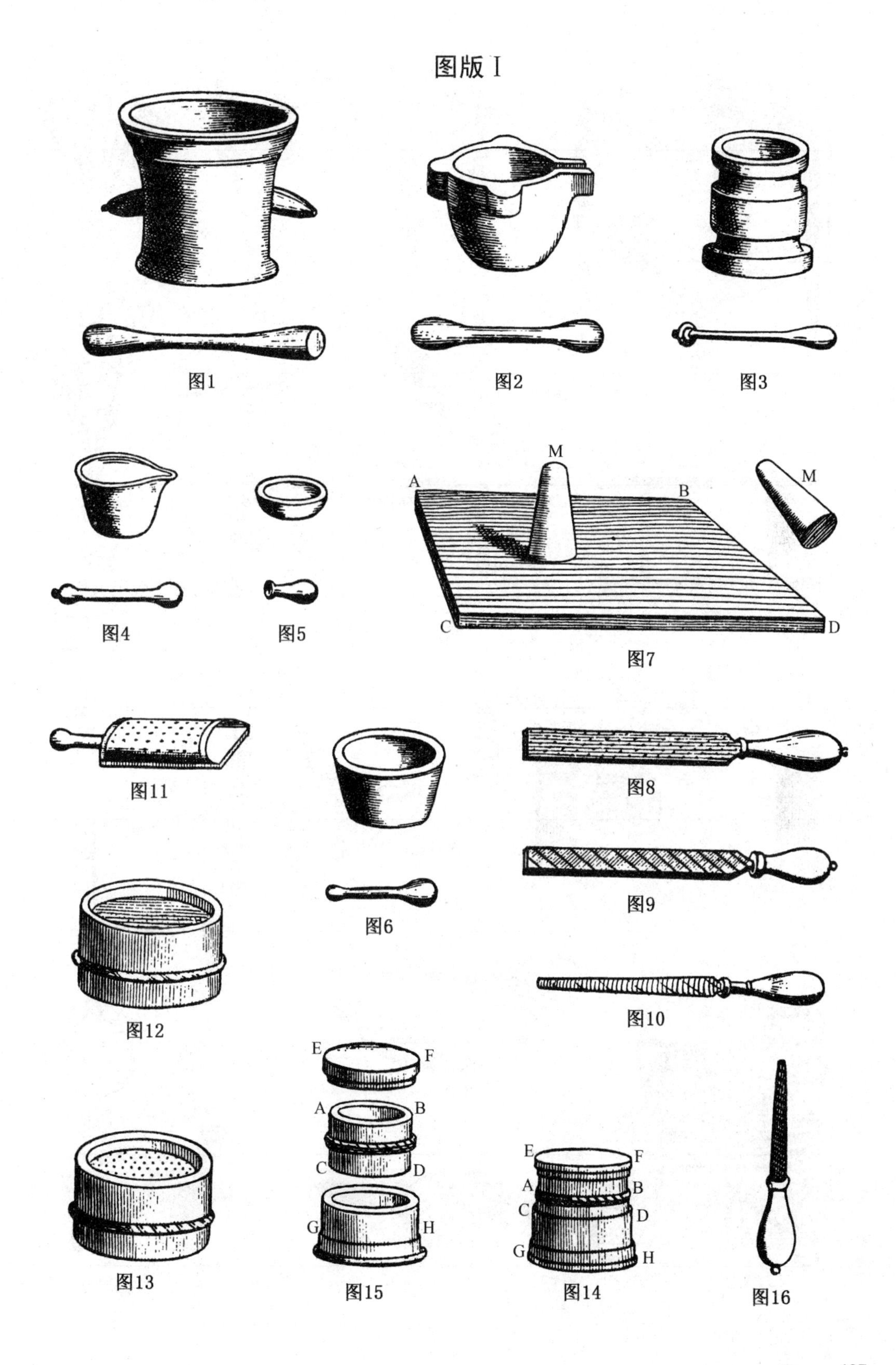

图1 图2 图3

图4 图5 图7

图11 图6 图8 图9 图10

图12 图13 图15 图14 图16

图版 II

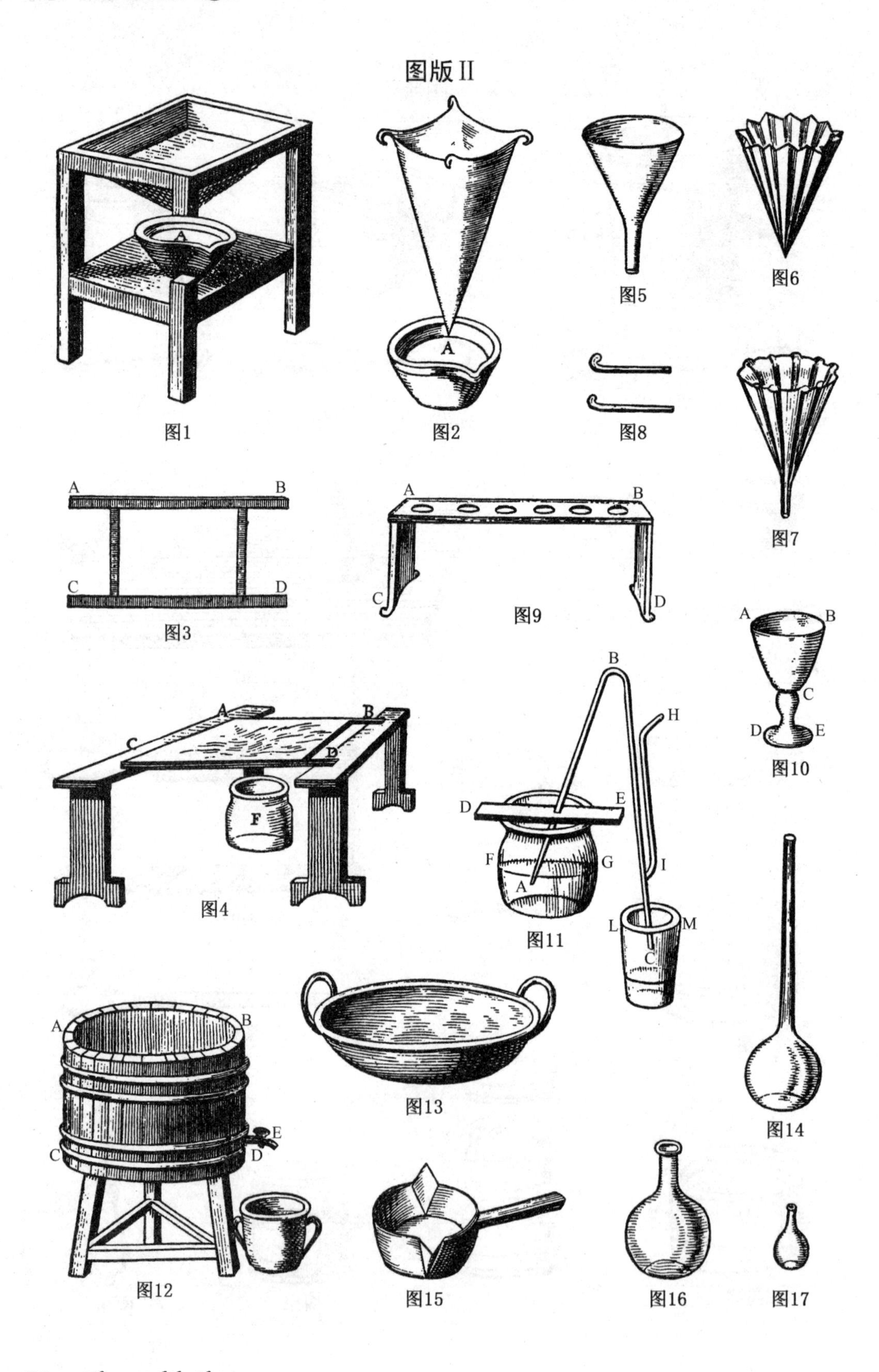
A
图1
A
图2
图5
图6
图8
图7
A
B
C
D
图3
A
B
C
D
图9
A
B
C
D
E
图10
A
B
C
D
F
图4
B
H
D
E
F
G
A
I
L
M
C
图11
A
B
C
D
E
图12
图13
图14
图15
图16
图17

图版 III

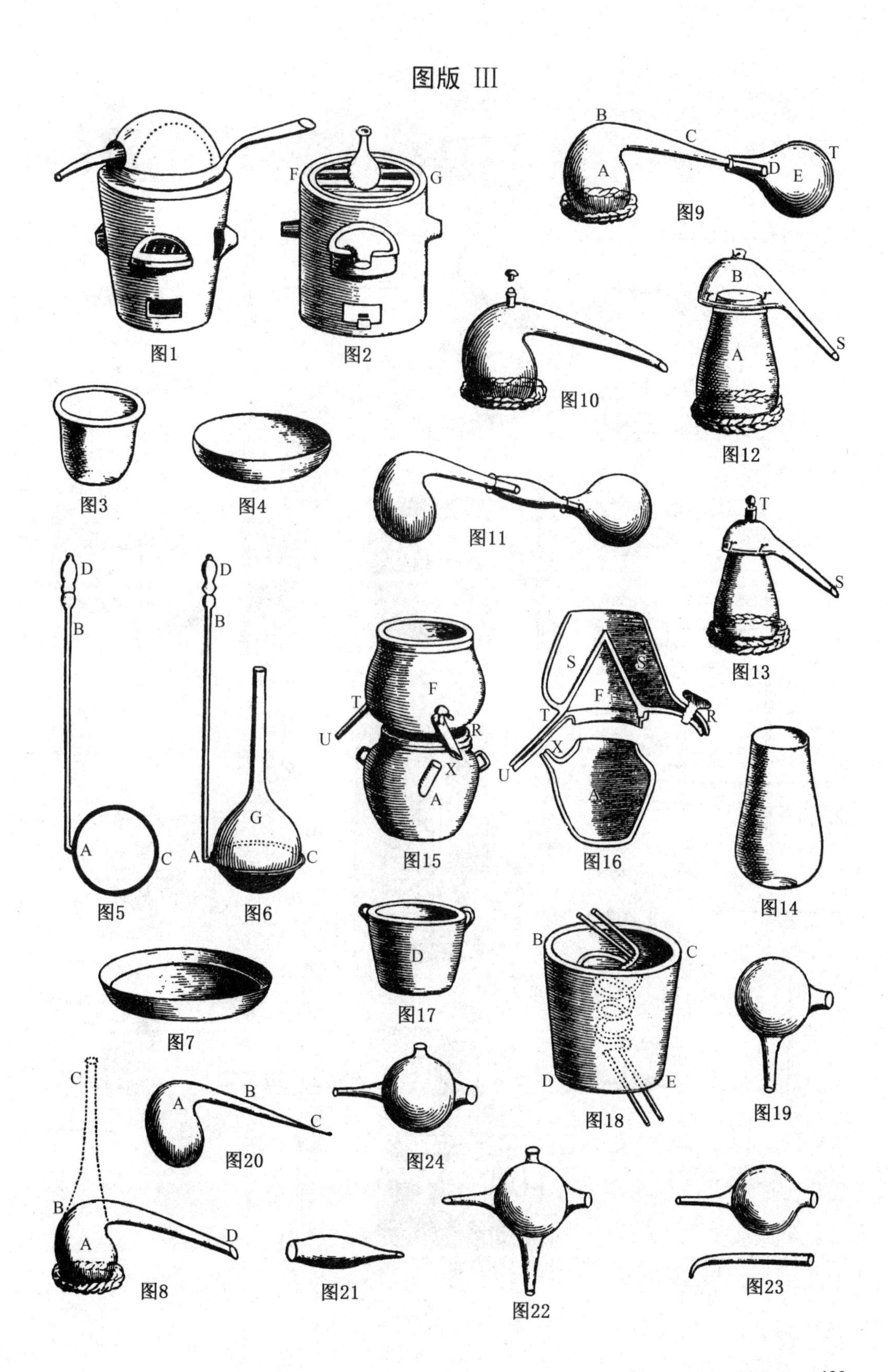
图1
F G
图2
B C A D E T
图9
图10
B A S
图12
图3
图4
图11
T S
图13
D B A C
图5
D B G A C
图6
F T U R X A
图15
S S F T R U X A
图16
图14
D
图17
图7
B C D E
图18
图19
C
A B C
图20
图24
B A D
图8
图21
图22
图23

图版 IV

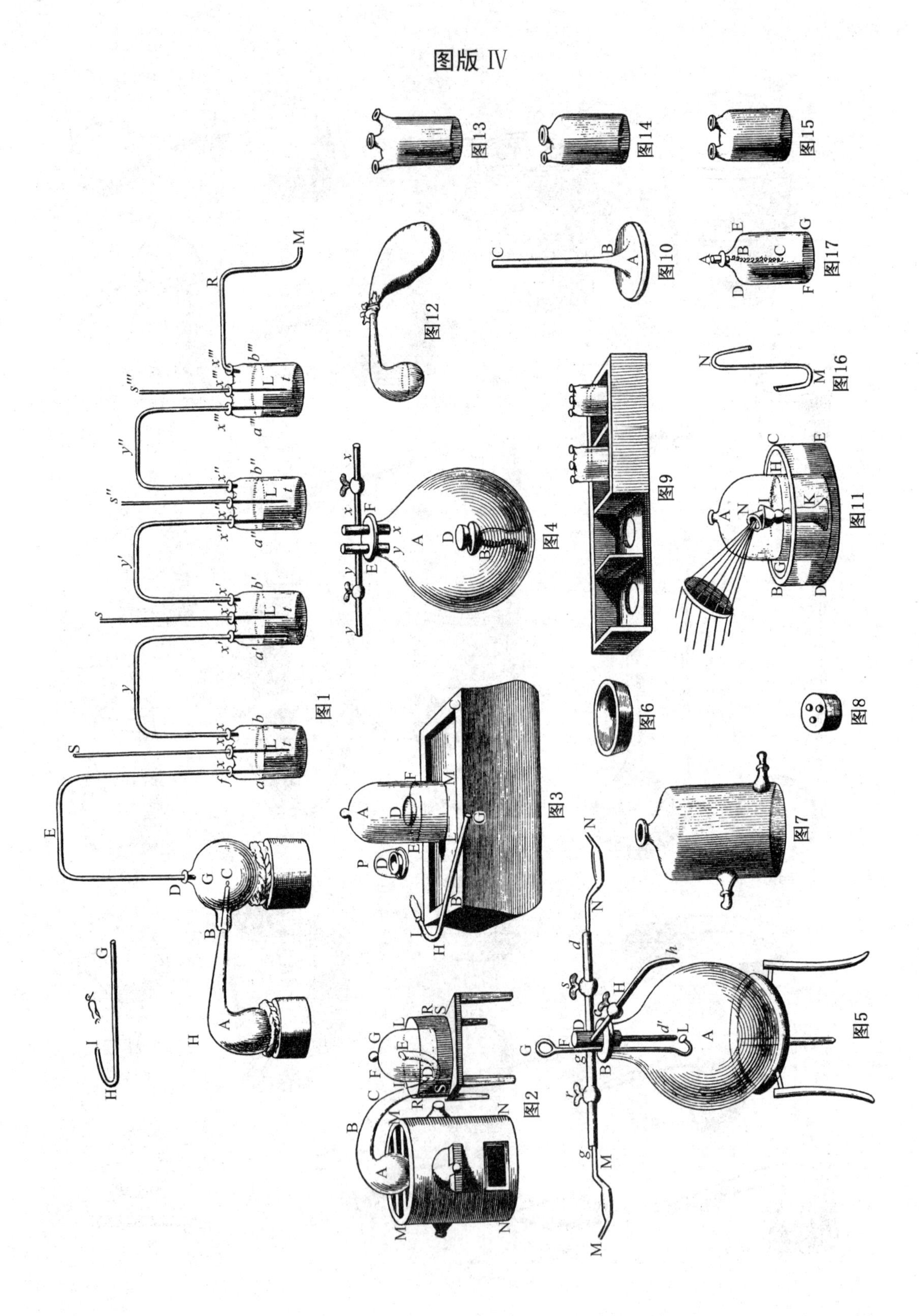

图版 V

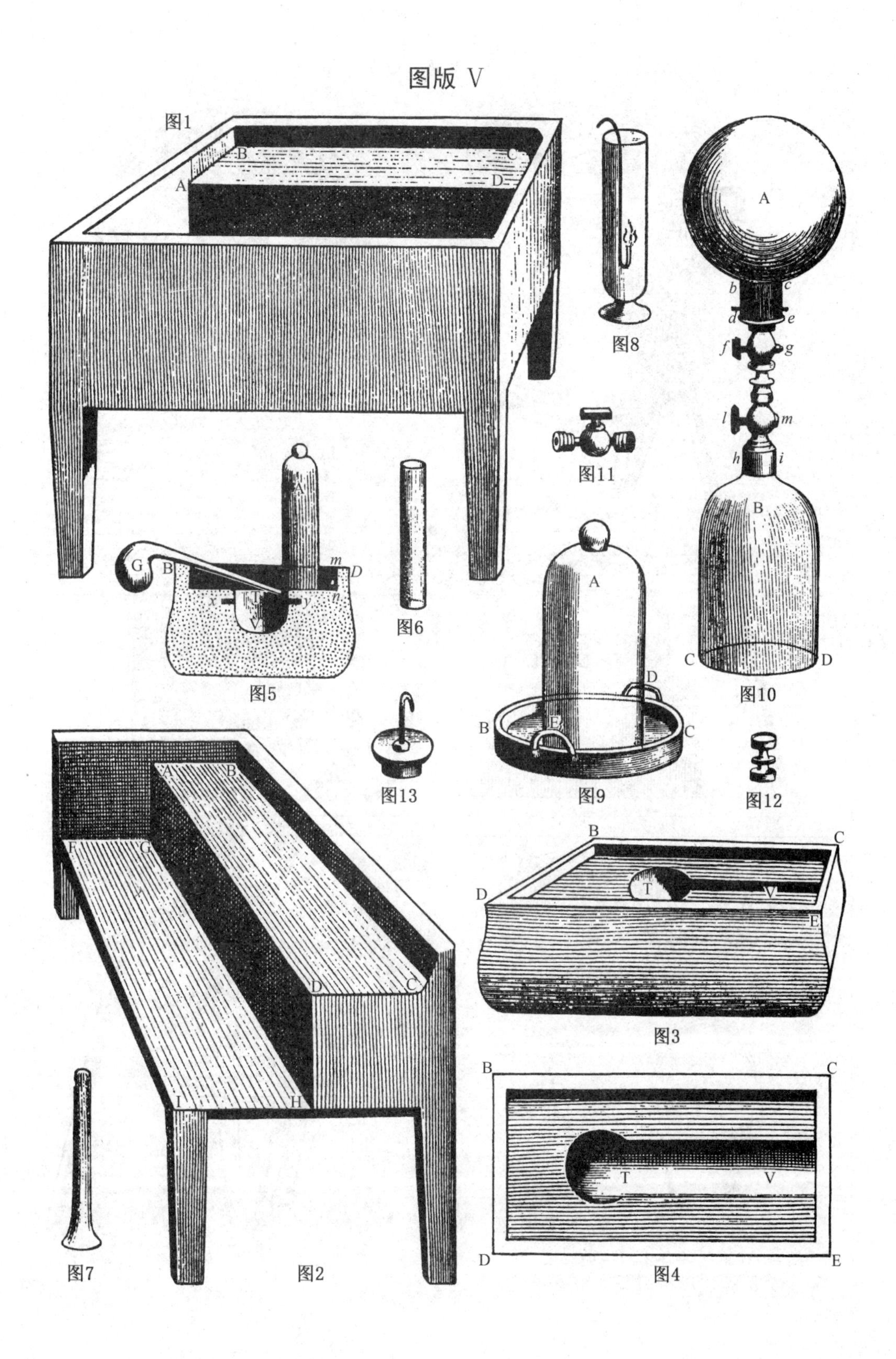
图1
A
B
C
D
图8
A
b
c
d
e
f
g
l
m
h
i
B
C
D
图10
图11
A
G
B
m
D
x
T
y
n
V
图5
图6
A
D
B
E
C
图9
图13
图12
A
B
F
G
D
C
I
H
B
C
D
T
V
E
图3
B
C
T
V
D
E
图7
图2
图4

图版 VI

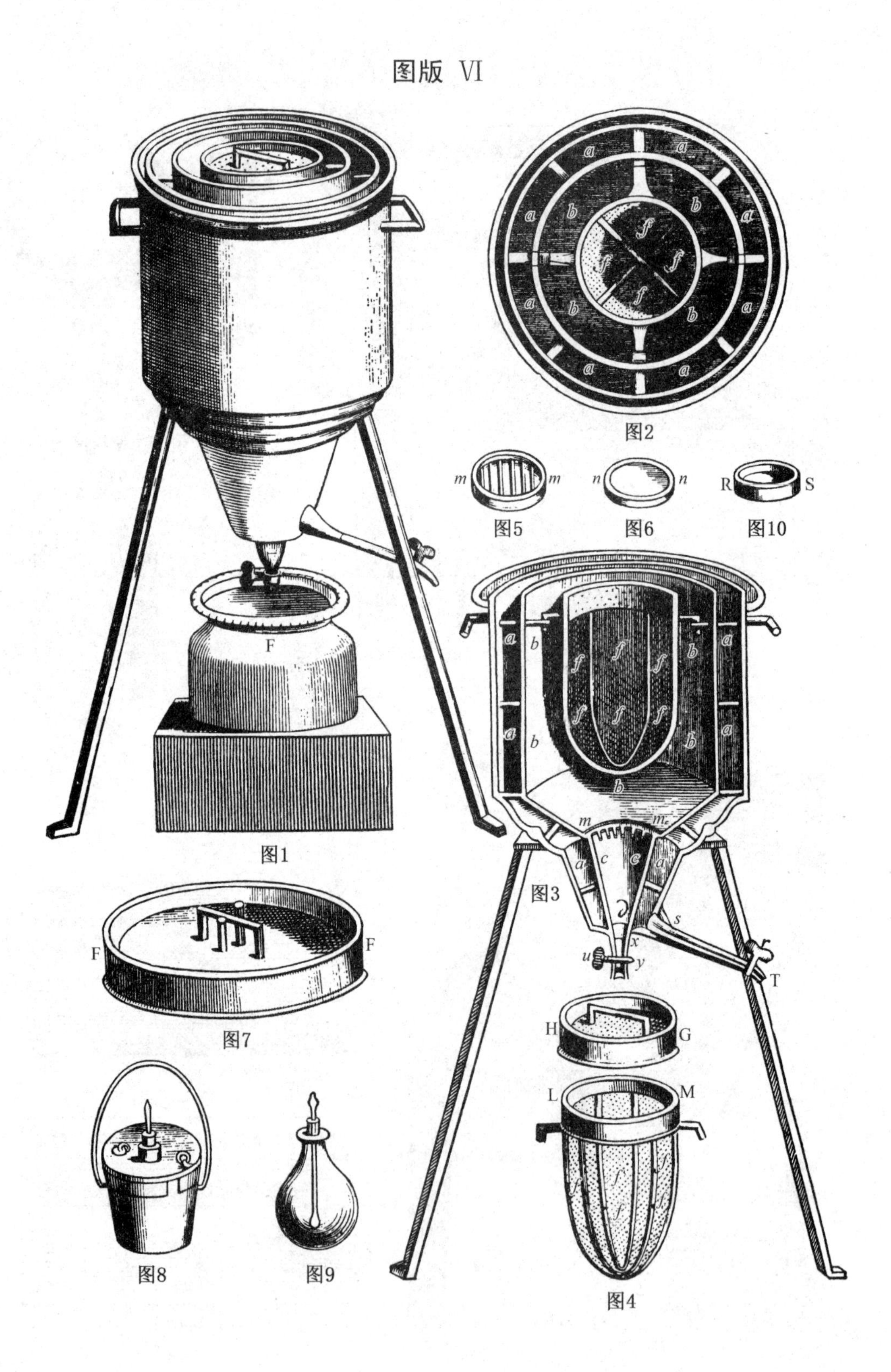

图1 图2 图3 图4 图5 图6 图7 图8 图9 图10

图版 Ⅶ

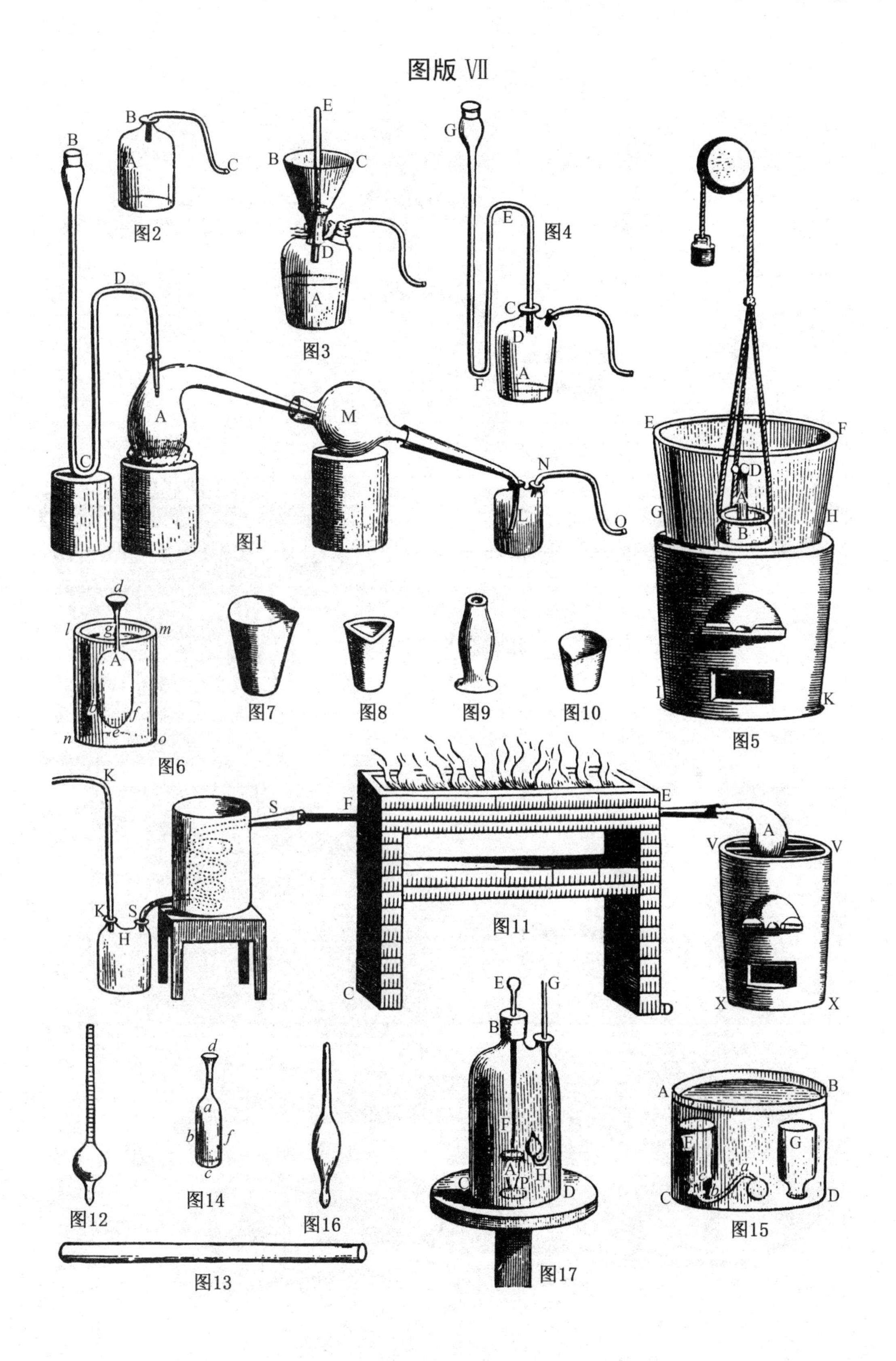

图版 Ⅷ

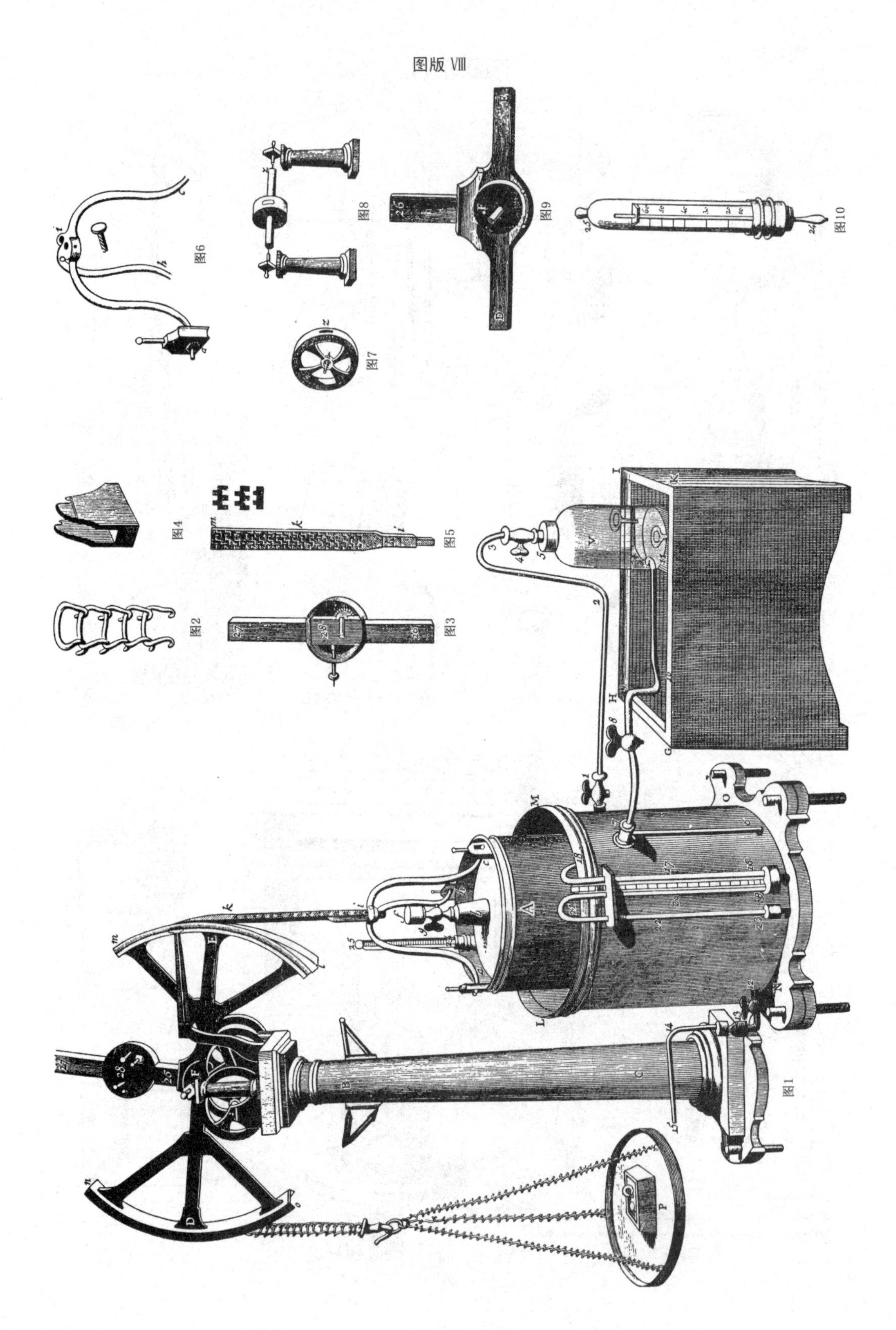

图版 IX

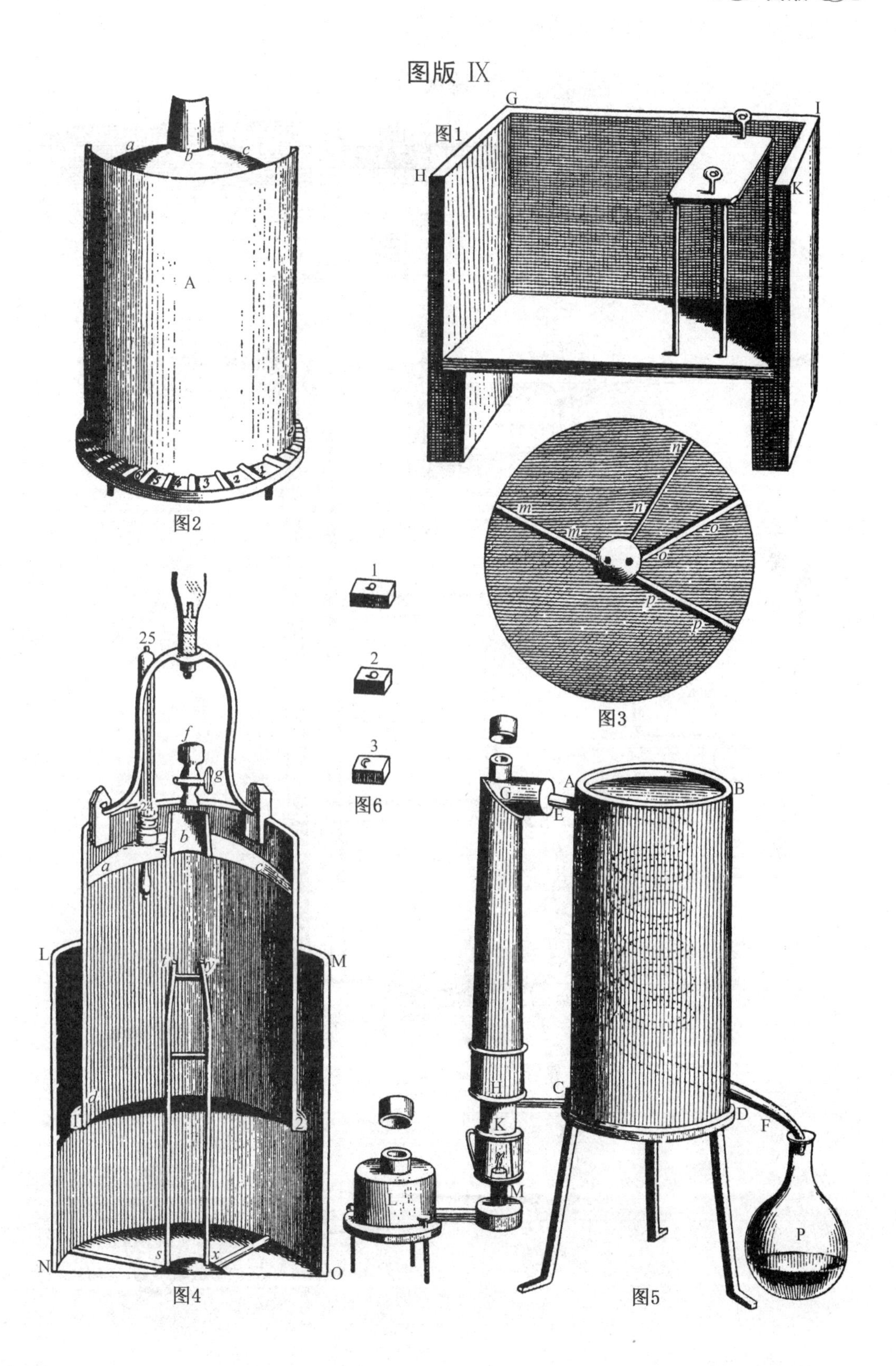
图1
G
I
H
K
a
b
c
A
图2
n
n
m
m
o
o
p
p
图3
1
2
3
图6
25
f
g
24
b
a
c
L
M
d
1
2
s
x
N
O
图4
A
B
G
E
C
D
F
H
K
M
L
P
图5

图版 X

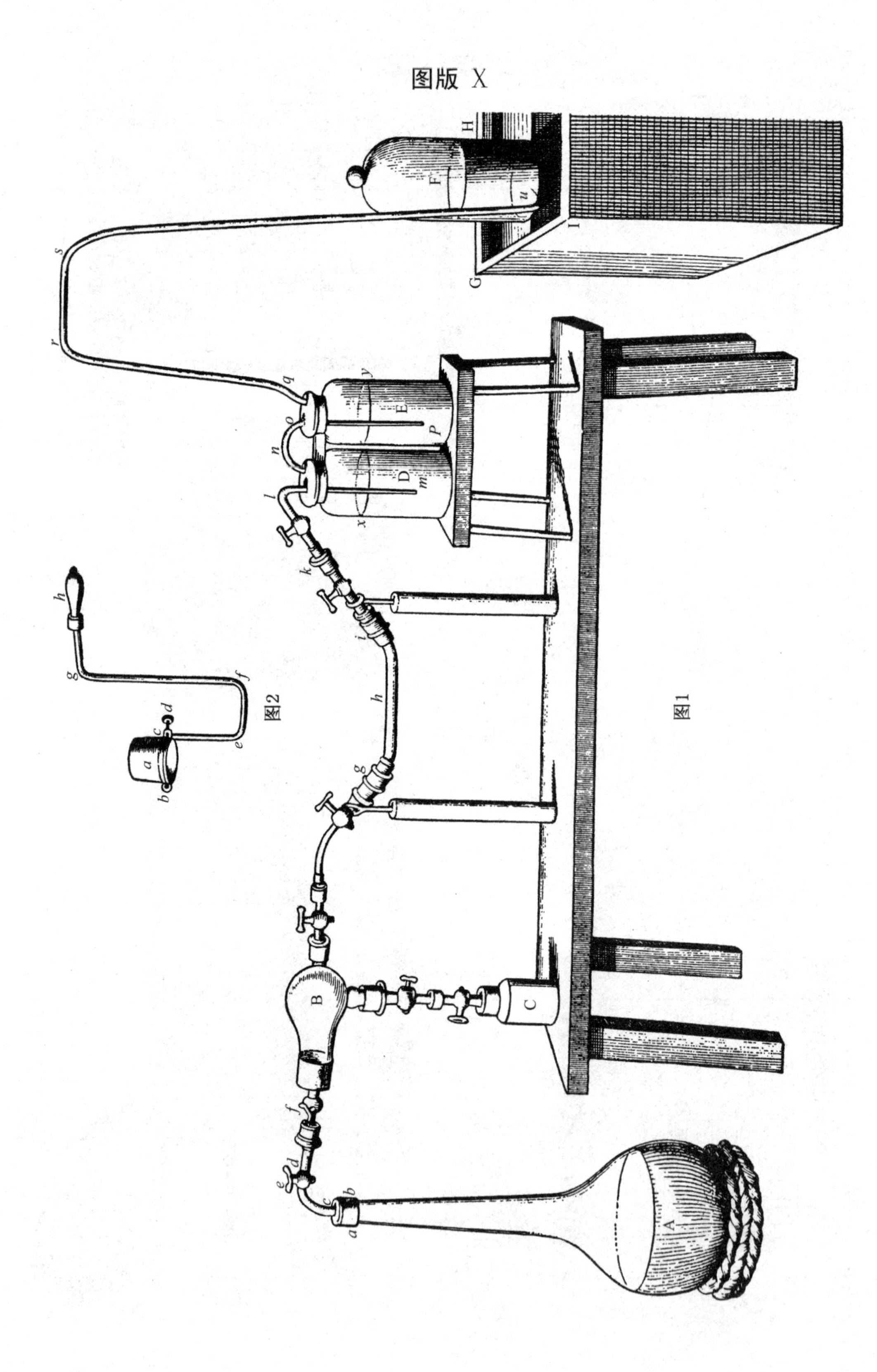

图版 XI

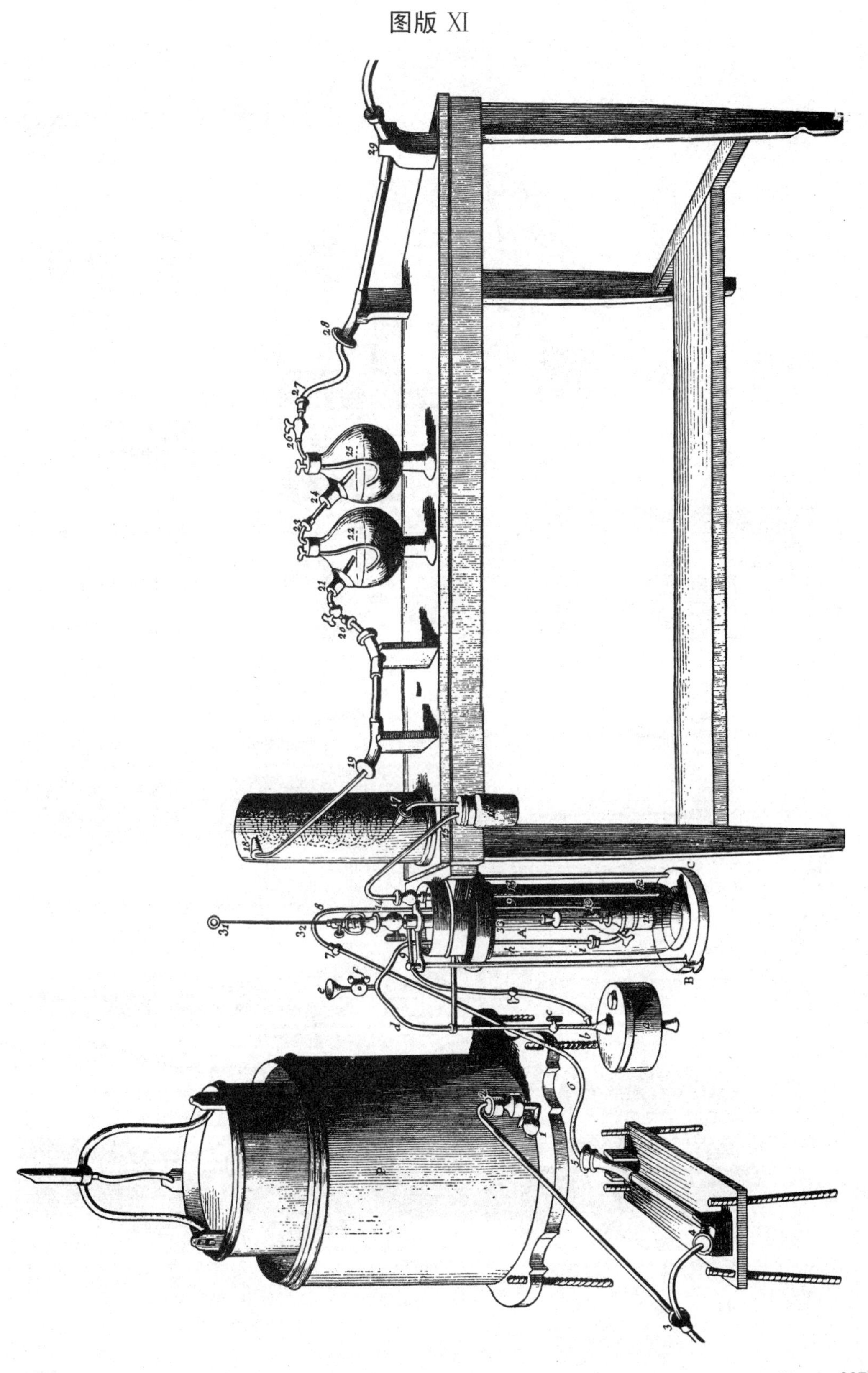

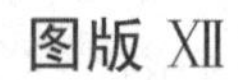
图版 XII

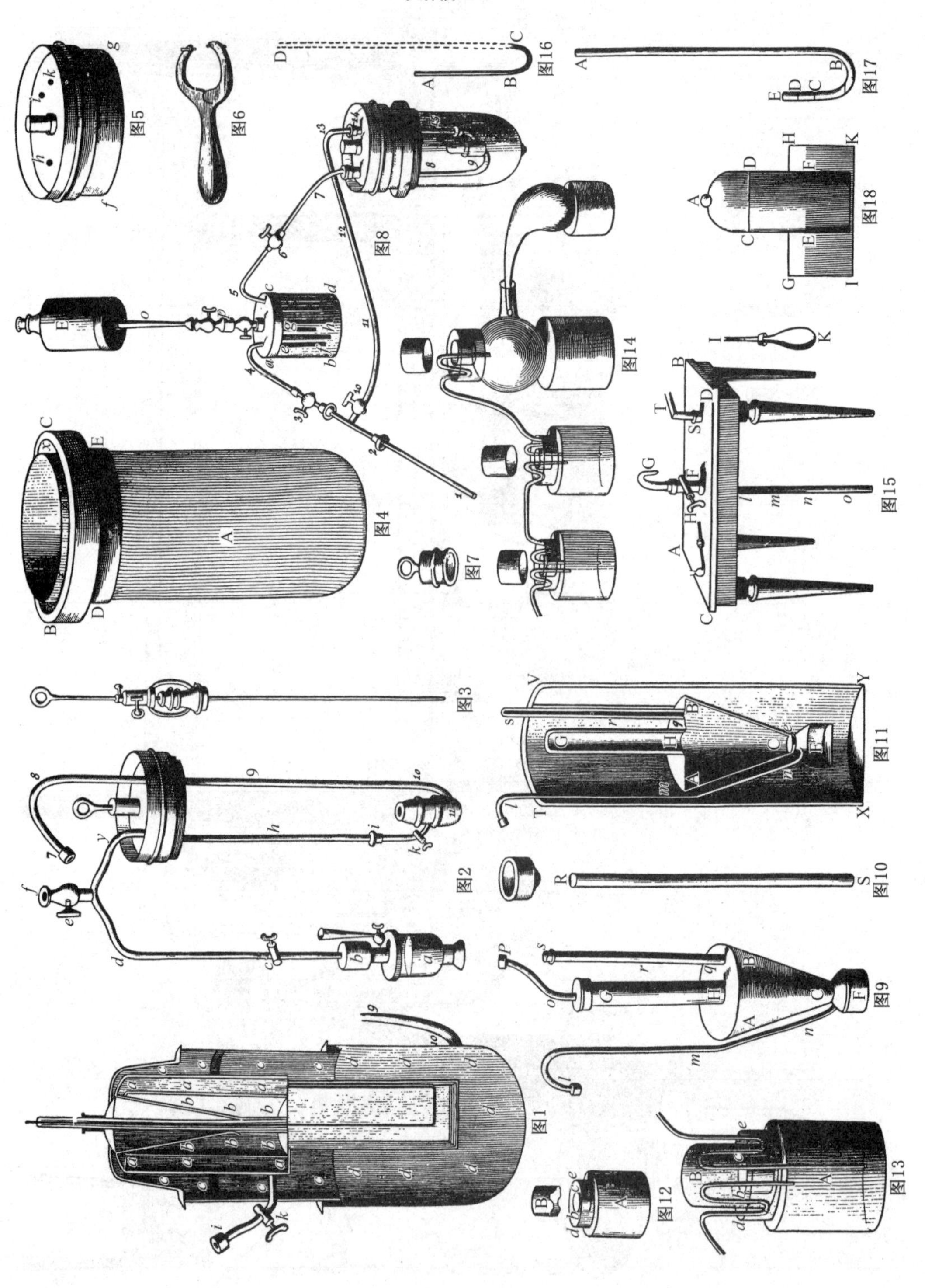
图1
图2
图3
图4
图5
图6
图7
图8
图9
图10
图11
图12
图13
图14
图15
图16
图17
图18

图版 XIII

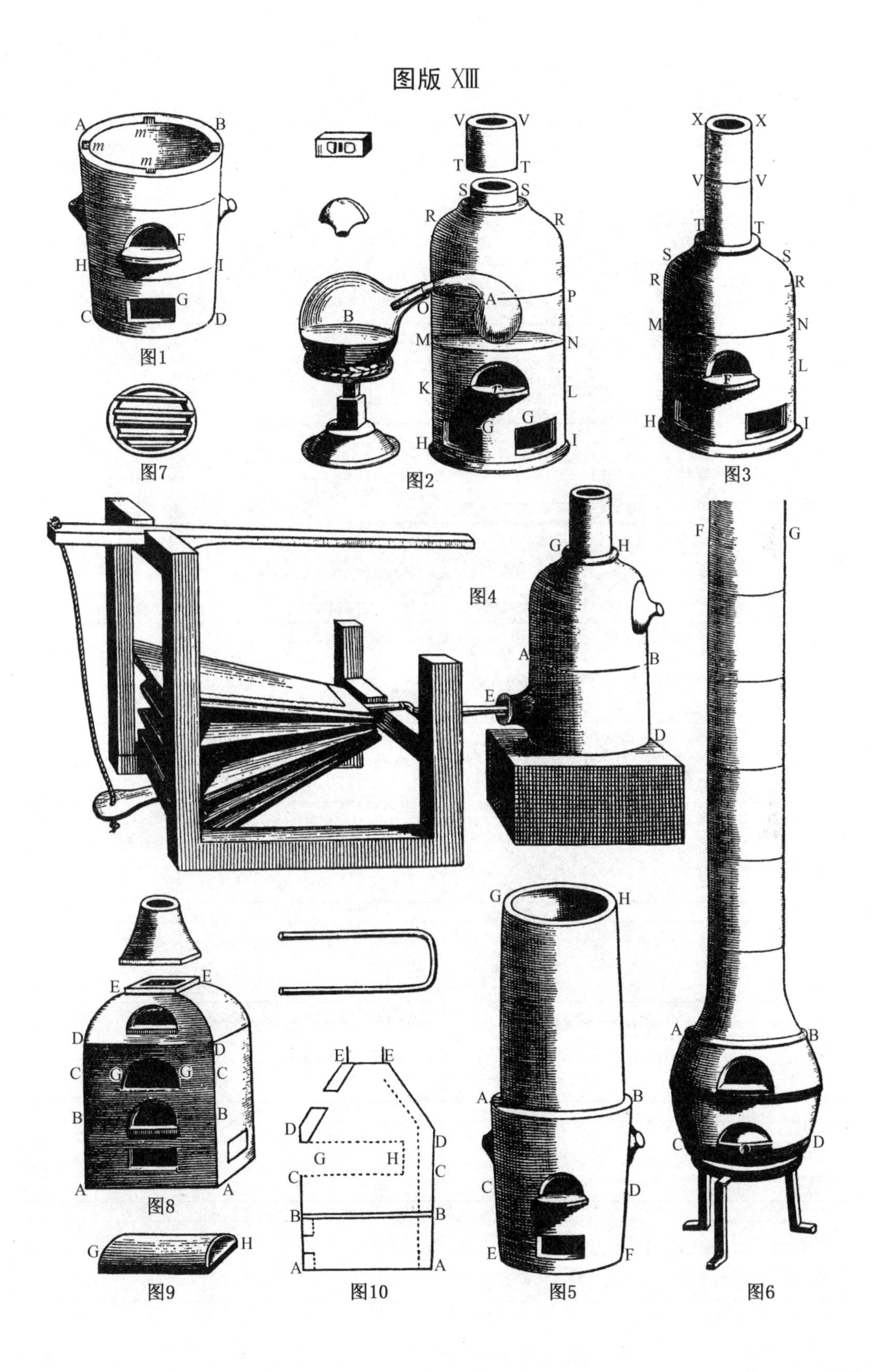

图1 图7 图2 图3 图4 图8 图9 图10 图5 图6

LAVOISIER.
Né à Paris en 1744, décapité le
19 Floréal, l'an 2e de la Rép.

拉瓦锡

人名译名对照表

· *Translated Term Comparison* ·

拉瓦锡在《化学基础论》中详尽论述了氧化理论，推翻了统治化学百余年之久的燃素理论，这一智识壮举被公认为历史上最自觉的科学革命。

Achard	阿哈德
Ardwisson	阿德维森
Argand	阿甘德
Bacon	培根
Beaumé	博梅
Becher	贝歇尔
Bergman	伯格曼
Berthollet	贝托莱
Black	布莱克
Boerhaave	波尔哈夫
Bomare	博马拉
Boulanger	布兰杰
Bouriot, Abbé	布里奥特,阿贝
Boyle	波义耳
Brandt	勃兰特
Brisson	布里松
Cadet	卡德
Cavendish	卡文迪什
Chaptal	夏普塔尔
Chatelet	夏特尔
Chaussiet	肖西埃
Clouet	克卢埃
Crell	克雷尔
de Breney	德·布雷内
de Clervaux	德·克莱沃
de Condillac	德·孔狄亚克
de Fourcroy	德·佛克罗伊
de la Briche	德·拉·布里谢
de Laplace	德·拉普拉斯
de Lassone	德·拉索涅
de Luc	德·吕克
de Morveau	德·莫维
de Trudaine	德·特鲁戴恩
Dippel	迪佩尔
Duclos	杜克洛
Du Hamel	杜阿梅尔
Everard	埃弗拉德
Fahrenheit	华氏(华伦海特)
Fisher	菲希尔
Fontin	方廷
Fourche	傅尔谢
Franklin	富兰克林
Gahn	盖恩
Gellert	盖勒特
Gengembre	让热布雷
Geoffroy	乔弗罗瓦
Georgius	乔治乌斯
Glauber	格劳伯尔
Geotling	戈特林
Hassenfratz	哈森夫拉兹
Haüly, Abbé	阿维,阿贝
Helment	赫尔蒙特
Hermbstadt	赫尔姆布施塔特
Homberg	荷伯格
Ingenhouz	英根豪茨
Kirwan	柯万
Kosegarten	科斯加顿
Kunkel	孔克尔
Lange	兰格
Lavoisier	拉瓦锡
L'Eguillier	勒吉利埃

◀1789 年 7 月攻占巴士底狱,已成为法国大革命开始的象征。

Libavius 李巴尤斯

Macquer 马凯
Margraff 马格拉夫
Meignie,Jr. 小梅格尼
Meusnier 黑斯尼尔
Monge 蒙日

Ochrn 奥克恩

Papin 帕平
Pelletier 佩尔蒂埃
Picard 皮卡尔
Priestley 普里斯特利
Proust 普鲁斯特

Quinquet 奎因奎特

Ramsden 拉姆斯顿
Reaumur 列氏(列奥米尔)
Robertson 罗伯逊
Robinson 鲁滨逊
Rochell 罗谢尔
Rouelle 鲁埃尔

Sage 萨热
Saussure 索修尔
Scheele 舍勒
Seguin 塞甘
Seignette 塞涅特
Stahl 施塔尔
Sylvius 西尔维斯

Tchirnausen 特彻诺森
The Duke de Liancourt 德·利安考特公爵
Thouret 图雷特

Valentine 巴伦丁
Vandermonde 范德蒙特
Vaucanson 沃康松
Volta 伏打

Wenzel 文泽尔
Woulfe 沃尔夫

科学元典丛书

1	天体运行论	[波兰] 哥白尼
2	关于托勒密和哥白尼两大世界体系的对话	[意] 伽利略
3	心血运动论	[英] 威廉·哈维
4	薛定谔讲演录	[奥地利] 薛定谔
5	自然哲学之数学原理	[英] 牛顿
6	牛顿光学	[英] 牛顿
7	惠更斯光论(附《惠更斯评传》)	[荷兰] 惠更斯
8	怀疑的化学家	[英] 波义耳
9	化学哲学新体系	[英] 道尔顿
10	控制论	[美] 维纳
11	海陆的起源	[德] 魏格纳
12	物种起源(增订版)	[英] 达尔文
13	热的解析理论	[法] 傅立叶
14	化学基础论	[法] 拉瓦锡
15	笛卡儿几何	[法] 笛卡儿
16	狭义与广义相对论浅说	[美] 爱因斯坦
17	人类在自然界的位置(全译本)	[英] 赫胥黎
18	基因论	[美] 摩尔根
19	进化论与伦理学(全译本)(附《天演论》)	[英] 赫胥黎
20	从存在到演化	[比利时] 普里戈金
21	地质学原理	[英] 莱伊尔
22	人类的由来及性选择	[英] 达尔文
23	希尔伯特几何基础	[德] 希尔伯特
24	人类和动物的表情	[英] 达尔文
25	条件反射:动物高级神经活动	[俄] 巴甫洛夫
26	电磁通论	[英] 麦克斯韦
27	居里夫人文选	[法] 玛丽·居里
28	计算机与人脑	[美] 冯·诺伊曼
29	人有人的用处——控制论与社会	[美] 维纳
30	李比希文选	[德] 李比希
31	世界的和谐	[德] 开普勒
32	遗传学经典文选	[奥地利] 孟德尔 等
33	德布罗意文选	[法] 德布罗意
34	行为主义	[美] 华生
35	人类与动物心理学讲义	[德] 冯特
36	心理学原理	[美] 詹姆斯
37	大脑两半球机能讲义	[俄] 巴甫洛夫
38	相对论的意义:爱因斯坦在普林斯顿大学的演讲	[美] 爱因斯坦
39	关于两门新科学的对谈	[意] 伽利略
40	玻尔讲演录	[丹麦] 玻尔

41 动物和植物在家养下的变异 [英] 达尔文
42 攀援植物的运动和习性 [英] 达尔文
43 食虫植物 [英] 达尔文
44 宇宙发展史概论 [德] 康德
45 兰科植物的受精 [英] 达尔文
46 星云世界 [美] 哈勃
47 费米讲演录 [美] 费米
48 宇宙体系 [英] 牛顿
49 对称 [德] 外尔
50 植物的运动本领 [英] 达尔文
51 博弈论与经济行为（60 周年纪念版） [美] 冯·诺伊曼 摩根斯坦
52 生命是什么（附《我的世界观》） [奥地利] 薛定谔
53 同种植物的不同花型 [英] 达尔文
54 生命的奇迹 [德] 海克尔
55 阿基米德经典著作集 [古希腊] 阿基米德
56 性心理学 [英] 霭理士
57 宇宙之谜 [德] 海克尔
58 植物界异花和自花受精的效果 [英] 达尔文
59 盖伦经典著作选 [古罗马] 盖伦
60 超穷数理论基础（茹尔丹 齐民友 注释） [德] 康托
化学键的本质 [美] 鲍林

科学元典丛书（彩图珍藏版）

自然哲学之数学原理（彩图珍藏版） [英] 牛顿
物种起源（彩图珍藏版）（附《进化论的十大猜想》） [英] 达尔文
狭义与广义相对论浅说（彩图珍藏版） [美] 爱因斯坦
关于两门新科学的对话（彩图珍藏版） [意] 伽利略

科学元典丛书（学生版）

1 天体运行论（学生版） [波兰] 哥白尼
2 关于两门新科学的对话（学生版） [意] 伽利略
3 笛卡儿几何（学生版） [法] 笛卡儿
4 自然哲学之数学原理（学生版） [英] 牛顿
5 化学基础论（学生版） [法] 拉瓦锡
6 物种起源（学生版） [英] 达尔文
7 基因论（学生版） [美] 摩尔根
8 居里夫人文选（学生版） [法] 玛丽·居里
9 狭义与广义相对论浅说（学生版） [美] 爱因斯坦
10 海陆的起源（学生版） [德] 魏格纳
11 生命是什么（学生版） [奥地利] 薛定谔
12 化学键的本质（学生版） [美] 鲍林
13 计算机与人脑（学生版） [美] 冯·诺伊曼
14 从存在到演化（学生版） [比利时] 普里戈金
15 九章算术（学生版） （汉）张苍 耿寿昌
16 几何原本（学生版） [古希腊] 欧几里得